U0181121

FULI ZIBENZHUYI DE WEIJI YU
MEIOU QIHOU ZHENGCE

福利资本主义的危机与美欧气候政策

刘慧　著

上海人民出版社

目录

导　言

福利国家是20世纪以来西方政治的一个重要特征。当代福利国家并非只是工业发展的一个被动的副产品，随着福利国家的制度化，它已成为一种强大的、对未来社会具有决定性影响的机制。面对财政支持与环境治理之间的矛盾，如何应对财政和公共福利压力，分配好有限的国家资源已成为美欧福利资本主义变革面临的重大问题。总体上看，气候变化挑战预示着一个全新的环境与福利政策治理网络，既需要控制碳排放、污染等环境政策，也需要重新分配工作、时间、收入和财富等社会政策。

我国学者张海滨（2008）、庄贵阳等（2009）、于宏源（2011）、薄燕（2012）、徐焕（2015）、李慧明（2017）、李昕蕾（2019）等出版了关于气候问题的著作，[1]分别从国际关系、气候治理、中美欧气候政策分析、权力转移、中美欧关系、绿色发展、清洁能源

[1] 张海滨：《环境与国际关系》，上海人民出版社2008年版；庄贵阳、朱仙丽、赵行姝：《全球环境与气候治理》，浙江人民出版社2009年版；于宏源：《环境变化和权势转移》，上海人民出版社2011年版；薄燕：《全球气候变化治理中的中美欧三边关系》，上海人民出版社2012年版；徐焕：《当代资本主义生态理论与绿色发展战略》，中央编译出版社2015年版；李慧明：《生态现代化与气候治理》，社会科学文献出版社2017年版；李昕蕾：《清洁能源外交》，中国社会科学出版社2019年版。

外交等角度论述了当前气候政治的主要格局及影响，逐渐形成了政治学、经济学、社会学等多学科交融互动的研究格局，极大地推动了气候问题的国际政治研究。这些研究紧跟美欧政治变化，准确把握了美欧气候政策不同阶段的变化。

围绕资本主义制度背景下的美欧气候政策发展，国外研究主要涉及以下主题：清洁能源转型的制度基础、环境主义的三个世界、减排技术创新的体制差异、社会关切、市场环境主义政策的成效等。代表人物及其代表作有：戴特莱夫·雅恩（Detlef Jahn）对环境主义三个世界的研究（2014），[1]约翰·米克勒（John Mikler）、尼尔·哈里森（Neil E. Harrison）关于应对气候变化的减排技术创新的分析（2012），[2]埃里克·拉沙佩勒（Erick Lachapelle）、罗伯特·麦克尼尔（Robert MacNeil）、马修·帕特森（Matthew Paterson）对清洁能源转型的国际分工的研究（2017），[3]约翰·米克勒（John Mikler）关于西方国家公众的环境关切的分析（2011），[4]马克斯·科赫（Max Koch）、马丁·弗里兹（Martin Fritz）关于生态国家建设的影响因素研究（2014），罗伯特·麦克尼尔（Robert MacNeil）关于市场主义环境政策失

[1] Andreas Duit, *State and Environment: The Comparative Study of Environmental Governance*, MIT Press, 2015.

[2] John Mikler, Neil E. Harrison, "Varieties of Capitalism and Technological Innovation for Climate Change Mitigation," *New Political Economy*, Vol. 17, No. 2, 2012, pp. 179–208.

[3] Erick Lachapelle, Robert MacNeil & Matthew Paterson, "The Political Economy of Decarbonisation: from Green Energy 'Race' to Green 'Division of Labour'," *New Political Economy*, Vol. 22, No. 3, 2017, pp. 311–327.

[4] John Mikler, "Plus ça Change? A Varieties of Capitalism Approach to Social Concern for the Environment," *Global Society*, Vol. 25, No. 3, 2011, pp. 331–532.

败根源的研究（2016），[1]丹尼尔·贝利（Daniel Bailey）关于福利国家环境保护与财政可持续性之间的矛盾研究（2015），[2]麦克尼尔、斯特凡·埃特科维奇（Stefan Ćetković）、阿隆·巴扎德（Aron Buzogány）关于福利资本主义体制下美欧以及欧盟内部气候政策差异的研究（2015）等。[3]

首先，既有研究主要集中于气候问题的实证分析及相关政策的评估，以定量分析为主，很少上升到一定的理论高度来思考和理解气候问题的本质。其次，新自由主义一定程度上主导了气候问题的研究。虽然缺乏明确的理论指引，但大多数气候问题研究受到新自由主义潜移默化的影响。而新自由主义的私有化、市场化理念被实践证明是美欧气候政策呈现倒退趋势的主要原因。最后，已有研究主要以跨问题领域、跨学科研究为主，同时也存在一小部分跨国比较研究，上述研究虽然视角众多，但都没有把气候问题视为一个国际政治经济学的问题来研究，因此对涉及气候政策的公司治理、劳资关系、社会权利等问题重视不够，难以揭示气候问题背后复杂深刻的社会经济和政治制度方面的原因，

[1] Max Koch, "The State in the Transformation to a Sustainable Postgrowth Economy," *Environmental Politics*, Vol. 29, No. 1, 2020, pp. 115–133; Robert MacNeil, "Death and Environmental Taxes: Why Market Environmentalism Fails in Liberal Market Economies," *Global Environmental Politics*, Vol. 16, No. 1, 2016, pp. 21–37.

[2] Daniel Bailey, "The Environmental Paradox of the Welfare State: The Dynamics of Sustainability," *New Political Economy*, Vol. 20, No. 6, 2015, pp. 793–811.

[3] Robert MacNeil, "Seeding an Energy Technology Revolution in the United States: Re-conceptualising the Nature of Innovation in 'Liberal-Market Economies'," *New Political Economy*, Vol. 18, No. 1, 2013, pp. 64–88; Stefan Ćetković & Aron Buzogány, "Varieties of Capitalism and Clean Energy Transitions in the European Union: When Renewable Energy Hits Different Economic Logics," *Climate Policy*, Vol. 16, No. 5, 2016, pp. 642–657.

因此也就难以从根本上提出科学解决气候问题的政策建议。

随着福利资本主义被新自由主义政策的日益侵蚀，美国气候政策呈现倒退趋势，欧盟对全球气候政策的领导权也显得力不从心。不少学者已经注意到这一点，但没有就此展开深入论述，因此，从美欧福利资本主义的危机及变革切入气候问题研究，可望成为一个有价值的突破口。本书的研究以不同福利资本主义体制下美欧气候政策的具体表现为主线，对其发展演变及差异进行深入探究，在一定程度上有助于深化对美欧气候政策的研究。为应对可持续生产和消费变革中出现的收入、平等与就业之间的冲突问题，福利资本主义与气候政策的协调将成为可持续发展的重要议题。伴随着福利资本主义的危机，美欧气候政策的市场化、金融化趋势明显。美欧气候政策的日趋保守给中国应对气候变化带来巨大压力，本书的研究有助于更深入地了解美欧气候政策演变的实质，从而有助于我们更好地进行自我定位并作出战略回应。

福利资本主义危机伴随着气候问题的凸显。1984 年，联合国大会成立世界环境与发展委员会（World Commission on Environment and Development，WCED），协调环境与经济发展之间的关系。1987 年 2 月，以挪威首相布伦兰特夫人为主席的世界环境与发展委员会通过了《布伦兰特报告》。该报告明确指出，环境问题只有在经济和可持续发展中才能得到真正的解决。在向环境友好型经济增长模式和生产方式转型的过程中，西方福利国家往往处于财政可持续发展和环境可持续发展的两难处境。财政可持续发展是指一个国家通过保障自身在未来经济、税收和财政方面的持续增长，应对人口、民主、经济等一系列改变所带来的压力。财政可持续发展关涉政体的稳定、政权正当性和合法性，是一个民主政府安身立命的根基之一。环境可持续发展是通过减少经济扩张和经济的增长速度，规避由于当下环境污染和资源消耗等问题所造成的对于福利国家可持续发展的威胁。[1]气候政策受到福利资本主义体制的制约，随着福利资本主义被新自由主义政策日益侵蚀，美国气候政策呈现倒退趋势，欧盟对全球气候政策的领导权也显得力不从心。本书的研究从美欧福利资本主义的危机及变革切入气候政策研究，主要包括以下几个方面：

第一，美欧市场化气候政策的发展演变。从20世纪70年代开始，欧盟选择了价格管制（碳税），而美国选择了数量管制（碳交易）。碳排放交易体制和市场主导的可再生能源发电体系在美英发展最为迅速。尽管欧盟也采用了碳排放交易体制，但最初是迫于来自美国的压力。21世纪初，由于国际示范效应和政策学习，美欧逐渐形成一种以市场为基础的混合政策，欧洲引入排放交易（数量管制），加州确立上网电价补贴机制（价格管制）。欧洲和美国开始综合使用价格管制和数量管制两种政策，欧洲的上网电价补贴和碳税以及美国的可再生能源组合标准和碳排放交易机制在大西洋两岸广泛使用，并推广到全球各地。在气候变化领域的自由主义政策类型的混合，从地理范围的角度来看是不平衡的。就碳交易和碳税政策来看，美国落后于欧洲，其中北欧社会民主主义国家环境税占GDP百分比最高。由于去商品化程度低和分层化社会秩序安排，美国民众的经济不安全感更强，碳税政策的推行阻力重重。

---

[1] Daniel Bailey, "The Environmental Paradox of the Welfare State: The Dynamics of Sustainability," *New Political Economy*, Vol. 20, No. 6, 2015, pp. 793–811.

第二，美欧绿色产业政策。美国官方文件中极少提及产业政策，但却拥有事实上的产业政策。美国绿色产业政策工具主要包括税收抵免、研发、固定上网电价、补贴、绿色政府采购、可再生能源投资组合标准。美国绿色产业政策面临中央与地方职能分工的争论以及内部政治分裂的影响。欧盟强调绿色产业政策的系统性与溢出效应，重视创新驱动，推动能源政策与欧盟一体化的融合，关注市场工具在绿色发展中的作用。在欧盟乃至世界范围内，瑞典与德国都堪称绿色发展以及应对气候变化的领导者和典范。两国绿色发展的主要目标或者方向是基本相同的，即减少温室气体排放、增加可再生能源比重、提高能源效率，同时保持其全球产业竞争力。瑞典在研发投资、可再生能源应用方面的表现都明显优于德国。瑞典等北欧国家在教育和研发领域投资巨大，其产业政策的目标就是形成一种知识驱动型的经济模式，其在实现经济绩效的同时达成了诸如收入均等、社会包容、生态保护等一系列社会目标。

第三，美欧技术创新与汽车业跨国公司的环保差异。研发投入和技术创新是低碳发展的关键，但技术从来不会自行发生作用，技术必须被嵌入更大的政治、经济和社会框架中。欧洲福利国家比美国更易于实现对创新的政策协调。(1)发展型网络国家与美国激进式创新。在隐性发展网络国家这一干预机制之下，美国成功地以技术革命创造新市场，在太空、医药、核反应堆、集成电路、个人电脑技术创新等方面，美国一直处于领先地位，但在减排技术创新上相对落后。(2)公平竞争与德国渐进式创新。德国通过大力发展太阳能、风能、生物质能等可再生能源，提高能源使用效率等措施实现减排目标。其中，在发电领域逐步淘汰化石能源，实现向可再生能源转型是德国气候政策的主要着力点之一。(3)完备的社会保障体系与瑞典绿色创新。以瑞典为代表的北欧国家的创新能力强大，瑞典将企业、大学、政府以及研究机构有机地结合在一起，通过不同机构以及部门之间的合作形成了高效的国家创新系统。此外，美国、德国、瑞典分别作为福利资本主义三个世界的典型代表，其跨国公司的环境保护是截然不同的。美国跨国公司的环境保护更具“漂绿”色彩，即使公司能够研发和提供更为环保的产品，前提也必然是生产成本低，或者政府提供补贴。德国与瑞典跨国公司的环境治理融于企业社会责任之中，公共利益与企业目标更为契合。

第四，右翼民粹主义与美欧气候政策。长期以来，美国气候政策的基本立场是保持灵活性，偏重市场手段，以尽可能低的成本实现减排。这种新自由主义的气候立场如今受到民粹主义的冲击，保守新自由主义体现了危机之中资本主义体系充满矛盾的对抗性反应，这种对抗将矛头指向移民和国外，而非资本主义制度本身。在“美国优先”理念之下，保守新自由主义只关心美国自身能源安全和经济利益。主要体现为市场主导，反对监管政策；环境种族主义与环境中产化；政治极化与气候政策分歧加剧。新自由主义的政治经济危机助长了对移民的敌意，促使欧洲右翼民粹主义政党的各项社会压力也持续加重，极端主义替代方案不断增加，尤其是民族主义替代方案。欧洲在传统上并不否认气候科学，但如今气候问题已从以往的科学共识转变为一个政治争论的焦点。右翼民粹主义坚持生态民族主义，对多边主义持反对立场，加剧了欧洲政治极化与气候分歧。

第五，反思及应对。美欧福利资本主义近三十年来在发展方向上出现了新自由主义的趋同现象，福利国家的右转使其在面对经济发展与环境治理的困境时更加软弱无力。美欧主要的“中立”或“进步”政党都渐渐右倾，气候政策的市场化、金融化趋势明显，美欧气候政策都呈现出倒退的趋势。与此同时，西方出现了绿色国家转向，核心主张是以增强国家的政治干预为突破口来对资本的无限积累及其给自然环境带来的巨大破坏予以一定的“政治修复”，其实质是新自由主义环境治理在全球金融危机后演化出的一种伪装了的形式，并不能真正超越新自由主义。

中国气候治理能否取得成效，关键在于重视探索社会经济与环境协调发展的新路径，使经济发展、社会发展、气候治理相辅相成、相得益彰。主要包括：第一，鉴于现在中国设计的碳市场还未纳入全部碳排放源，可以在建设全国碳市场的前提下，考虑碳税与碳市场作为政策组合的可能性，对未纳入碳市场的行业，通过征收碳税来调动减排积极性。第二，我国绿色产业与技术创新应强化企业的绿色技术创新主体地位，加大政府的政策支持与投入，构建市场导向的创新体系。第三，推动企业社会责任从反应型向战略型转变，协调国家监管与政企关系，提高市场地位。第四，提升公众的环保意识，重点关注社会平等与福利的改善。在国际层面，鉴于美欧气候治理的新自由主义导向与责任弱化，中国应坚持减排与适应并重，以人类命运共同体和社会主义生态文明建设来引领全球气候治理。

第一章 福利资本主义的危机

福利国家是指在家庭、市场、社会中为公民提供某些基本福利保障的资本主义国家。这种保障主要涵盖三个方面，第一，保证个人和家庭获得一份最低收入；第二，减轻疾病、年老或失业等“社会意外”可能给个人及其家庭造成的伤害；第三，保证每个公民不分地位、阶级，都能得到尽可能好的社会服务。[1]美欧福利资本主义近三十年来在发展方向上出现了新自由主义的趋同现象，新自由主义与福利国家之间的关系非常复杂，表现为新自由主义对“大政府”的诘难与福利国家对政府作用的硬性要求之间产生的矛盾。

第一节 福利资本主义的分类

福利国家源于社会福利的演化，社会福利的早期形式带有临时救济性质，曾作为垄断资本主义时期缓解阶级矛盾的手段。现

[1] [英]阿尔弗雷多·萨德-费洛、黛博拉·约翰斯顿编：《新自由主义批判读本》，陈刚等译，江苏人民出版社 2006 年版，第 188 页。

代形式的福利国家起源于19世纪晚期的德国，俾斯麦时期的强制性社会保险被视为现代福利制度的雏形。20世纪30年代资本主义的大萧条期间，福利国家被视为介于共产主义和自由放任资本主义之间的“中间道路”，众多国家纷纷转向福利国家建设，从部分或有选择地提供社会服务转变为对公民提供全面的社会保障服务。二战结束后，国家急需恢复民众的生活水平，西方福利国家制度最终形成一套体系。20世纪60年代，得益于快速发展的经济，“高福利”政策继续推行，福利国家的活动已扩大到提供先进福利（如老年养恤金或失业福利）和具体福利服务（如保健或托儿服务）等多个领域。

福利国家建立在国家政治权力对市场力量运行造成的消极后果的修正基础之上，关注国家在管理和组织经济方面的重要角色，从就业、工资等方面进行宏观经济调控被视为福利国家体系的内在组成部分。[1]根据社会权利和社会分层，福利资本主义国家大体可以分为三种类型：自由主义、保守主义（法团主义）、社会民主主义。[2]每种类型都具有不同的特点：（1）自由主义福利国家，以美国、加拿大与澳大利亚为主要代表。这种体制主要以经济调查式的社会救助、少量的普救式转移支付或作用有限的社会保险计划为主要特点。在这种体制下，国家运用积极和消极两种手段促使市场机制发挥作用：消极手段只保证最低限度的

---

[1] [丹]考斯塔·艾斯平-安德森：《福利资本主义的三个世界》，郑秉文译，法律出版社2003年版，第1—2页。

[2] 社会权利和社会分层都是由国家和市场在分配体系中的关系形成的。社会权利是社会政策的本质，体现为“去商品化”的能力，允许人们不通过纯市场力量就可以享受一定水平的生活。社会权利降低了公民地位的“商品性”。社会分层体现为现有分层或阶级差异的大小。参见[丹麦]哥斯塔·埃斯平-安德森：《福利资本主义的三个世界》，苗正民、腾玉英译，商务印书馆2010年版，第7、36—40页。

给付，积极手段则是对私人部门福利计划予以补贴。这种体制的非商品化效应最低，能够有力抑制社会权利的扩张，建立起分层化社会秩序。(2)保守主义(法团主义)福利国家，以奥地利、法国、德国、意大利为主要代表。该体制承认公民基于阶级和阶层的权利和地位差异，并在维护这种差异的基础上，充分发挥国家对经济社会发展的宏观调控作用，由国家随时准备取代市场而成为公民福利的提供者。它将个人整合到社会有机体中的手段，有利于公民个人在一定程度上免受市场竞争的消极影响，并消除他们基于自身权利对社会和国家的反抗，减少社会冲突，促进社会整合。与自由主义国家相比，该类国家中崇尚市场效率和商品化的趋势从未占过上风。(3)社会民主主义国家，以挪威、瑞典、芬兰、丹麦等北欧国家为主要代表。该体制以普救主义原则与去商品化的社会权利为主要特点，主张以公民权利原则扼制商品化原则在社会各领域的扩张，将社会权利覆盖整个中产阶级，着力促使国家保障下的公民权利与市场经济运行有机结合，防止工人阶级与中产阶级之间出现二元分化。由于维持一个普救主义的、去商品化的福利体系需要巨大的财政成本，因此该体制必须竭力使社会问题最小化而使财政收入最大化，因而也就必然要促使更多的人工作，而使更少的人依靠社会转移支付来赡养。[1]这一模式是自由主义和社会主义在一定程度上的融合。

从上述福利资本主义三种体制的划分中可以看出，非商品化

[1] [丹]考斯塔·艾斯平–安德森:《福利资本主义的三个世界》，第29—31页。美国北卡罗来纳大学政治学教授埃沃林·休伯对安德森的福利资本主义世界分类进行了修正，认为还应包括第四世界，即澳大利亚和新西兰的“工薪者的福利国家”，把保守主义 / 法团主义福利国家更名为“基督教民主主义福利国家”，认为这些国家正在全力保护由市场造成的不平等。参见[英]安德鲁·格林编:《新自由主义时代的社会民主主义》，刘庸安等译，重庆出版社2010年版，第273—274页。

和社会权利是判定一个国家福利体制性质的关键指标。当一种服务作为权利的结果而可以获得时，或当一个人可以不依赖于市场而维持其生计时，非商品化便出现了。从上述两个关键指标出发，可以更为具体地分析三类福利国家体制的特点。

第一，非商品化。以经济发展和工业化为重点的早期福利国家理论在很大程度上是功能主义的，福利国家本质上是工业社会的产物。劳动力市场的扩张、城市化进程和劳动力流动性的增加，削弱了归属关系。人与人之间的关系越来越依赖于交换，而不是密切的非正式联系，导致了许多社会问题，而这些问题只能由国家来有效地解决。经济全球化进程倾向于扩大国家内部和国家之间的不平等。福利国家的扩张是为了应对更加开放的经济带来的社会风险。因此，可以认为一个更具竞争力的全球环境实际上为福利国家扩张提供了必要条件。[1]

劳动力商品化是资本主义市场经济的根本要求，但是由于劳动力商品化内含着对劳动者社会权利的异化和否定，这就必然造成劳动者为获取自身权利而展开斗争。作为这种斗争的结果，国家在一定程度上承担起了劳动者权利维护和保障的角色。在非商品化这个维度上，三类福利国家体制表现出不同的特点。保守主义福利国家提倡市场竞争和有选择的社会保障制度，强调公民权利与阶级和地位相联系，将人的商品化视为道德堕落和社会秩序的腐败及紊乱。它主要通过以下两种模式解决商品化问题：一是合作主义，即通过工人阶级互助会来为劳动者提供一种封闭性的服务和保护。二是国家主义，即由国家来保护社会免受市场竞

[1] Nicola Yeates ed., *Understanding Global Social Policy*, Bristol: Policy Press, 2014, pp. 21–51.

争的冲击，并调和资本主义市场经济带来的阶级矛盾。自由主义福利国家强调市场的作用，认为市场有利于劳动力的解放，是自立者和勤劳者的最佳保护。只要不受干扰，市场的自我调节机制将确保所有愿意工作的人被雇佣，并由此保证他们自身的福利。国家有必要对社会进行一定的干预，但仅限于市场失灵的领域。总的来看，在自由主义福利国家体制下，商品化逻辑是至高无上的，任何社会权利原则的维护都应基于商品交换的契约原则。它对劳动者社会权利的维护从根本上说是以保障劳动力商品再生产这个目标为前提的。社会民主主义国家与前者相比，更多地强调对商品化、市场化机制的约束和调节，主张将劳动者从市场依赖中解放出来，以实现劳动者权利最大化和制度化。[1]

第二，社会分层。在社会分层维度上，三类福利体制也表现出不同的特点。保守主义福利体制坚持传统的社会关系、严格的等级制度、合作主义以及宗法制度，力图保持正统的身份差别，以此作为社会和经济的连接纽带。因按社会地位划分社会福利，所以阶级结构的稳定性较高。自由主义福利体制突出由市场培育的竞争性个人主义，主张个人的自我责任与社会权利保障二元主义的组合：社会底层可以依赖于政府救助，以雇佣工人为代表的中产阶级则需要通过自身劳动来保障自身福利，资本家主要通过利润机制来获取其主要福利。自由主义模式容易出现两极分化的结局：穷人靠国家，富人靠市场。市场主要是满足富人高层次福利需求的供给者。社会民主主义福利体制实行普救主义，使得社会福利的对象覆盖到各个阶层。[2]

[1] [丹]考斯塔・艾斯平-安德森：《福利资本主义的三个世界》，第42—52页。
[2] 同上，第66—79页。

安德森对社会民主主义和保守主义世界的理论化比自由主义国家更清晰，被认为有欧洲中心论倾向，误解了英语国家的社会政策发展，高估了英美之间语言文化共同点与相应的福利政策的一致性。事实上，英语国家在20世纪以不同的方式创新了社会政策。在医疗保险领域，原本属于自由主义世界的英国更类似于社会民主主义的瑞典，而不同于美国。克里斯多夫·霍华德（Christopher Howard）提出了北美的“隐性福利国家”概念，认为退税和税收支出等工具起了与其他福利国家的社会福利相似的作用。[1]自由主义制度与英语国家在《福利资本主义的三个世界》中内在定位的一致性也受到质疑。弗朗西斯·卡斯托（Francis Castle）与德博拉·米歇尔（Deborah Mitchell）认为，澳大利亚、新西兰和英国在三个世界中的分类属于“误判”，这些国家应属于第四类福利资本主义，这一类国家以“福利平等”和“福利支出”指数为划分依据。在劳工运动高涨的前提下，澳大利亚和新西兰将国家再分配的重点放在固定工资而非高水平的福利支出上。[2]

20世纪80年代后期，美国保守主义思想家劳伦斯·米德（Lawrence Mead）认为，现代福利制度已经变得过于注重权利和福利，主张取消福利安全网，受惠者可依赖家庭、教会及慈善组织所提供的资源。虽然他接受了提供社会最低限度福利的集体责任，但坚持福利服务必须以履行义务为条件。[3]至少在英

[1] Christopher Howard, *The Welfare State Nobody Knows: Debunking Myths about US Social Policy*, Princeton, NJ: Princeton University Press, 2008.

[2] Francis Castles ed., *Families of Nations: Patterns of Public Policy in Western Democracies*, Aldershot: Dartmouth, pp. 93–128.

[3] Lawrence Mead, *Beyond Entitlement: The Social Obligations of Citizenship*, New York: Free Press, 1986.

语国家，福利国家似乎已经转变为“工作福利制国家”（workfare state）。20世纪八九十年代，经济自由主义者和右翼政党认为，战后自由主义福利国家的“无条件”福利预期回报甚少。因此，“为失业救济金工作”被认为是完美的，在道义上合理的，因为那些领取失业救济金的人现在对社会作出了贡献。这在某种程度上恢复了他们享有平等公民地位的权利，只有承担义务的人才能真正地适当地行使其权利。[1]在克林顿政府的推动下，美国第一个颁布了工作福利制，类似的改革很快在英国、澳大利亚、新西兰、加拿大、爱尔兰推行。1996年8月，美国国会通过了《个人责任和工作机会协调法案》（The Personal Responsibility and Work Opportunity Reconciliation Act，PRWORA）。[2]安德森也探讨了澳大利亚的“工薪阶层福利国家”（Wage Earner's Welfare State）模式，[3]其特点是通过工资仲裁制度在劳动力市场中注入强有力的、功能相当的福利保障。在这一模式之下，男性充分就业事实上已经能够满足社会需求，对收入差距的严格控制、附带一般福利保障的雇佣关系（如房屋所有权与养老金），这些都导致了对福利国家的需求减少。[4]

---

[1] Christopher Deeming, “The Lost and the New ‘Liberal World’ of Welfare Capitalism: A Critical Assessment of Gøsta Esping-Andersen's *The Three Worlds of Welfare Capitalism* a Quarter Century Later,” *Social Policy & Society*, Vol. 16, No. 3, 2017, pp. 405–422.

[2] Christopher Deeming, “The Lost and the New ‘Liberal World’ of Welfare Capitalism: A Critical Assessment of Gøsta Esping-Andersen's *The Three Worlds of Welfare Capitalism* a Quarter Century Later,” *Social Policy & Society*, Vol. 16, No. 3, 2017, pp. 405–422.

[3] Francis G. Castles ed., *Families of Nations: Patterns of Public Policy in Western Democracies*, Aldershot: Dartmouth, 1993, pp. 93–128.

[4] Martin Powell, “‘A Re-Specification of the Welfare State’: Conceptual Issues in ‘The Three Worlds of Welfare Capitalism’,” *Social Policy & Society*, Vol. 14, No. 2, 2015, pp. 247–258.

第二节　福利资本主义的危机

20世纪80年代以来，福利国家的财政危机日益加剧，凯恩斯资本主义在西方各国不同程度地被新自由主义所取代。里根和撒切尔夫人的新自由主义政策在全球大行其道，欧洲各国纷纷效仿英美，放松政府管制，实行国际化和经济自由化的“新政”。美国学者斯科特·拉什（John Urry）与约翰·厄里（Scott Lash）等将后福特主义的弹性积累的兴起及其社会经济后果称为“组织化资本主义的终结”，认为资本主义社会进入非组织化资本主义阶段（disorganized capitalism）。[1]资本力量不断强化，工会力量弱化。虽然各国继续推行公共财政，但将越来越多的社会政策供给外包给私人部门，由此导致成本控制和服务质量都大打折扣。

在新自由主义的鼎盛时期，在美国和英国的畅销书排行榜上都可以找到一本长达900页的书，名为《阿喀琉斯之盾》（*The Shield of Achilles*），这本书的作者飞利浦·波比特（Philip Bobbitt）是一位历史学家，也是美国总统的一位顾问，他指出国家将在21世纪以“市场国家”的面目出现，即企业家的市场国家（entrepreneutrial market state）。市场国家不再对人民负责，而只对市场的运转负责。市场必须为公民提供尽可能多的机会。那些懂得怎样利用这些机会的人不再需要更多的帮助，而对于那些不是很有竞争力、所拥有资源较为有限的人来说，处境将会很

---

[1] John Urry and Scott Lash, *The End of Organized Capitalism*, Madison, WI: University of Wisconsin Press, 1987.

艰难，国家对他们不负有任何责任。这种方案对于商品市场、服务业而言或许可行，但扩展到劳动力市场、教育市场甚至安全市场就成为市场原教旨主义了。[1]

从20世纪90年代末到2005年左右，欧洲左翼政府曾占上风，其中大多数是中左翼政党和支持重新平衡经济及社会一体化的倡议联盟。这一时期，欧盟层面的社会政策更加一体化，集中体现在1997年的《阿姆斯特丹条约》及其所倡导的欧洲就业战略。2000年的里斯本战略进一步推动了这一进程，并为就业、贫困、养老金等一系列社会政策确立了开放式协调方法。欧洲经济货币联盟成立后，经济和货币政策导向紧缩，对就业和社会政策关注不足，社会政策因为欧洲货币联盟的财政目标而受到挤压。欧洲央行的政策基于供给侧经济学，支持结构性改革，如减税、私有化、劳动力市场灵活化和放松管制。从2005年开始，里斯本战略的社会目标被忽视，而在社会政策领域的新的欧洲立法举措也相对很少。2008年金融危机后，社会政策进一步削弱，成员国不得不减少公共支出，实行结构性改革，这些改革主要涉及劳动法和社会保护，完全忽略了如何减少不平等、提供援助和保护。[2]

20世纪90年代，产品和资本市场的国际一体化和欧洲一体化已经取代了战后“嵌入式自由主义”，各国政府放弃了用于调控国内经济的政策工具。对于欧盟和欧洲经济货币联盟的成员国来说，这种约束尤其强烈。各国必须设法保护其开放部门在高

[1] [德]弗里德里希·艾伯特基金会编:《社会民主主义的未来》，夏庆宇译，重庆出版社2014年版，第19—20页。

[2] Caroline de la Porte, Philippe Pochet, “Boundaries of Welfare between the EU and Member States during the ‘Great Recession’,” *Perspectives on European Politics and Society*, Vol. 15, No. 3, 2014, pp. 281–292.

度竞争的国际产品市场上的竞争力，保持国内各地区对资本的吸引力，应对资本流动对税收来源的影响。就斯堪的纳维亚和盎格鲁–撒克逊福利国家来看，尽管它们之间差异巨大，但都有机会在战后基本模式的正常制度框架内实现政策调整，无需改变传统政策的基本结构。但是，对于欧洲大陆福利国家来说，挑战是难以应对的。在加入欧洲经济货币联盟后，欧洲大陆国家的传统税源很容易受到新的竞争压力的冲击。而且，由于在政治上没有对"斯堪的纳维亚式"公办社会服务的强烈需求，他们难以通过发展受保护部门中的服务业，来补偿开放部门中的就业损失。与此同时，在政治上存在对私营服务部门"盎格鲁–撒克逊"式放松管制的强烈反对。其结果是，欧洲大陆国家的总体就业率和妇女的就业参与率一直都是最低。在迅速老龄化和传统的性别角色迅速发生变化的社会里，这样一种社会福利制度能否继续保持在经济上的发展能力和政治上的合理性，是不确定的。[1]

在战后初期的"嵌入式自由主义"时代，国内经济与国际环境只有微弱的联系，一国能够控制本国的资本流动、汇率高低和商品、劳务进出口条件。这就使得各国政府在构建本国就业、税收、调控和福利供给制度时，有相当大的自由度。而在新自由主义时代，随着资本流动的增强和产品、劳务市场国际竞争相对程度的增加，一国经济所受到的约束越来越多：（1）由于消费者在国产产品和进口产品之间具有自由选择权，如果一国的税收、管制和集体（劳资）议价协议提高了国产产品和劳务的相对价格，则该国将失去部分市场份额；（2）企业可以自由选择生产地点，如果一国的税收、管制和集体（劳资）议价协议增加了国内生产

[1] 丁开杰、林义选编：《后福利国家》，上海三联书店2004年版，第377—378页。

的相对成本，将引起生产外移，该国将失去部分就业机会；（3）由于资本在国际上的流动性，如果一国的税收、管制和集体（劳资）议价协议降低了生产商的相对税后利润，将引起资本外流，该国的生产性投资将下降；（4）由于资本在国际上趋向于流动性，对资本收益征收较高的税收将导致资本外流，最终使该国的财政收入减少。[1]经济约束对发达福利国家的就业和社会政策目标的影响，主要体现在以下方面：第一，全球化对就业的影响。随着贸易的增长，开放部门的竞争变得愈加激烈。结果是劳动力成本较高国家的厂商，要么被迫将生产转向价格敏感性低的优质产品，要么利用所有可能的组织和技术要素，通过合理化策略来降低生产成本。无论何种情形，对技术的要求都提高了，而需要雇用的职工总量却下降了。第二，全球化对财政的影响。面临严峻的财政约束，这种约束降低了利用财政赤字融资的可能性和从流动资本与企业利润中征税的能力。

福利制度面临空前的预算压力，这主要与发达工业民主国家内部发生的一系列"后工业化"变化有关。服务业在西方社会的就业结构中越来越发挥其主导作用，人口老龄化，家庭结构也发生了根本的变化。第一，生产力发展减缓、服务业的崛起。服务业在生产力方面一般无法与制造业相提并论，特别是劳动密集型服务业。在所有发达的工业经济体中一直存在一种大规模的稳定的就业结构转移，从效率越来越高的制造业转向相对停滞的服务业。全面经济增长的减缓抑制了工资薪金的增加，而福利制度的收入在很大程度上依赖于工资的增加。从较长期来看，就业机会的增加不是来自做得较好的行业，而是来自做得较差的行业。

[1] 丁开杰、林义选编：《后福利国家》，第343页。

如美国在粮食生产方面效率极高，只需在农业上使用2%的劳动力就能满足国内外需求。在美国经济中餐饮服务和零售却创造了大量就业机会。生产力水平发展迅猛的产业越来越多地削减就业机会，而不是提供就业机会。[1]第二，政府承诺的扩张与透支。大范围既定的政府承诺成为后工业化民主国家的根本特征。这些扩张的政府承诺在当前导致了持续不断的预算压力，并使政策失去了灵活性。20世纪70年代和80年代出现的预算赤字意味着更多的财政资源被提前透支。政府用于当前事务的收入越来越少，因为越来越多的收入必须用以支付利息。第三，人口老龄化。人口出生率下降和寿命延长，发达工业化民主国家的人口不断老龄化。老年人是保健服务的最大消费者，人口老龄化直接导致更高的健康费用。第四，家庭结构的转变。妇女在就业中占比大幅上升，生育率下降，单亲家庭显著增加。这种变化导致了福利制度的紧张状况，因为现行福利制度是为传统的“男性挣钱养家”的完整家庭结构所设计的。妇女大量参与劳动力市场将会刺激家庭裂变，为社会增添新的负担。[2]

美欧福利国家的危机主要体现为：第一，自由主义体制的税收和支出保持在较低水平，公共服务部门就业机会较少，许多转移项目是基于收入审查的，私营部门在养老金和儿童护理之类的社会服务方面活动广泛。在这些国家里有组织的劳动力的政治能力都不强，雇主的集体行动能力也很有限，公司没有能力来集体协调其活动，无法团结起来与国家协商达成自主的框架，这些

[1] [英]保罗·皮尔逊编：《福利制度的新政治学》，汪淳波、苗正民译，商务印书馆2004年版，第124—127页。

[2] 同上，第130—140页。

国家里的政治变革只能通过选举政治和党派政治来实施。自由福利国制度结构重组的一个鲜明特点是优先考虑再商品化。在所有自由福利制度里，那些向处于工作年龄但失业的人提供转移支付——失业救济金和社会救助的项目都面临重大削减，享受门槛更加严格，救济水平大幅下降，对失业人员的覆盖率急剧下降。[1]第二，如果说社会民主体制能够在中期成功地恢复财政平衡，其直接挑战是应对失业率的上升。社会民主制度在失业率为3%时能够维持财政平衡。但鉴于其慷慨的转移项目，当失业率急剧上升后，就会陷入危机。为了恢复平衡，这些国家结合使用福利削减和节约性的社会服务改革，而且还增加了税收。[2]社会民主福利制度面临的长期问题是如何调和持续的成本控制需求与维持福利制度团结性两者之间的关系。第三，保守体制在目前的经济与社会环境下，高额的社会保险收费，特别是为养老金融资（通过制定很高的工资底线）妨碍了私营服务就业的发展，也阻碍了公共服务就业的发展。而失业与劳动参与率的停滞反过来又会削弱养老金体系的收入基础。对公共与私营服务发展的阻碍严重影响了妇女同时参与劳动和生育的能力，生育率的下降进一步将这些体制的长期财政平衡置于危险境地。改革的核心是成本控制，目的是减少对工资税收的依赖，扩展就业。[3]

总体来看，在自由主义福利国家，改革的焦点是成本控制和再商品化，其重大分歧在于：一些人倡导彻底的新自由主义紧缩，另一些人试图采取一种更能被各方接受的补偿性解决方法。

[1] [英]保罗·皮尔逊编：《福利制度的新政治学》，汪淳波、苗正民译，商务印书馆2004年版，第628—629、631页。

[2] 同上，第640、646页。

[3] 同上，第649、650页。

关键因素在于党派对政府的控制以及制度能否集中政治权威。在社会民主主义国家，改革的焦点是成本控制，其目的是使各种项目合理化，提高实现既定目标的能力。改革一直是协商性的、各方同意的和渐进的。在保守体制里，改革集中于成本控制和重新校准，重心在于更新旧的项目，以满足新的需求。[1]

第三节　福利资本主义的变革

20世纪70年代后，福利国家陷入滞胀，新自由主义兴起，直接原因是凯恩斯主义无法解决布雷顿森林体系结束所带来的各种经济危机，特别是1974年和1979年两次石油危机的冲击。不仅是决策者，公众舆论也开始意识到“大政府”时代趋于终结。福利国家已成为资本主义经济的一种沉重负担，其所提供的法律权利、服务不断减少，但却是不可逆转的。[2]在福利资本主义的变革中，美国表现为保守新自由主义，欧盟表现为自由新福利主义。

一、美国新自由主义的演变

以20世纪90年代初和2008年为节点，美国新自由主义的演变可以分为三个阶段。这个划分并不是时间上的，而是逻辑上的。[3]

---

[1] [英]保罗·皮尔逊编:《福利制度的新政治学》，汪淳波、苗正民译，商务印书馆2004年版，第661—662页。

[2] [德]克劳斯·奥菲:《福利国家的矛盾》，郭忠华译，吉林人民出版社2006年版。

[3] 在各个国家和地区不同的经济政治条件下，其顺序可能延迟、加速甚至重叠，参见Marco Boffo, Alfredo Saad-Filho, Ben Fine, “Neoliberal Capitalism: The Authoritarian Turn,” *Socialist Register*, Vol. 55, 2019, https://socialistregister.com/index.php/srv/article/view/30951。

第一阶段是激进新自由主义，[1]它是转型或冲击阶段，私人资本侵略性地扩张，在更广范围内造成有限的初步影响；第二阶段形成于第一阶段的失灵及其负面的社会后果，[2]体现为“进步”新自由主义（progressive neoliberalism）[3]，旨在稳定社会关系，巩固并进一步扩张金融对经济和社会再生产的重组；金融危机的冲击过后，新自由主义进入了第三阶段，以合法性危机为表征。危机后得以强化的金融霸权和激进的经济、社会和政治主张，为民族主义和种族主义理论及实践大开绿灯，这种新的政治形式就是保守新自由主义（reactionary neoliberalism）[4]，它冲出了过去的民主外壳，使新自由主义强化国家暴力机器以维护积累体系的冲动更加强烈，但无法带来任何形式的经济繁荣。值得关注的是，拜登新政构想试图带领美国重回“进步”新自由主义，但这一前景并不代表特朗普时代的美国已经彻底结束了。

---

[1] 通常包括镇压劳工运动、瓦解左翼组织、推动国内资本和金融的融合以及构建新的制度框架，具体参见 Marco Boffo, Alfredo Saad-Filho, Ben Fine, “Neoliberal Capitalism: The Authoritarian Turn,” *Socialist Register*, Vol. 55, 2019, https://socialistregister.com/index.php/srv/article/view/30951; Vivien A. Schmidt, Mark Thatcher eds., *Resilient Liberalism in Europe's Political Economy*, Cambridge University Press, 2013, p. 130。

[2] 英、德等国社会民主党转向“第三条道路”，也称为社会民主（social-democratic）新自由主义，参见 Vivien A. Schmidt, Mark Thatcher eds., *Resilient liberalism in Europe's Political Economy*, pp. 124–127。

[3] Johanna Brenner, Nancy Fraser, “What Is Progressive Neoliberalism: A Debate,” *Dissent*, Vol. 64, No. 2, 2017, pp. 130–140.

[4] Daniel Faber, “Global Capitalism, Reactionary Neoliberalism, and the Deepening of Environmental Injustices,” *Capitalism Nature Socialism*, Vol. 29, No. 2, 2018, pp. 8–28; Sasha Breger Bush, “Trump and National Neoliberalism: And Why the World is About to Get Much More Dangerous,” 2016, https://www.commondreams.org/views/2016/12/24/trump-and-national-neoliberalism.

（一）激进新自由主义

进入20世纪70年代，整个资本主义世界体系遭遇石油危机和滞胀危机的双重打击。如果说石油危机主要与当时的国际政治经济形势有密切关系，因而表现为世界历史发展的一种偶然现象，那么滞胀危机则深深地植根于资本积累的内在规律中，植根于生产过剩和资本利润率下降的长期趋势中。[1]为了应对滞胀危机，1971年，尼克松宣布美元与黄金脱钩，试图甩掉妨碍资本积累的一切障碍，推动资本在全球的流动。布雷顿森林体系的瓦解，主要原因不在于其本身的缺陷，而是因为来自美国的压力以及金融资本摧毁了它。实际上，布雷顿森林体系的崩溃是尼克松政府一个深思熟虑的举动，旨在将全球政治经济置于美元标准之中，也就是置于美国与海湾地区石油寡头结盟的基础之上。这意味着货币和信贷的解放，将华尔街和伦敦金融城置于全球金融网络的中心，被称为"美元—华尔街体系"。这一体系可以在不同地区制造危机，然后再由国际货币基金组织牵头实施纾困政策，实际上这是美国财政部的延伸，目的是加深世界各国对其金融体系的依赖。[2]

资本流动的加剧与美国经济帝国主义集合在一起，使各国难以继续推行凯恩斯主义政策。在1980年的总统竞选中，里根沿袭了共和党一贯反对大政府的传统，其著名言论是："政府是问题的所在，而不是解决问题的办法。"里根政府推行后来所谓的里根经济学（Reaganmics），削减政府开支和商业税收、放松监管和收紧货币供应。保守派重新崛起，工会继续减少。里根也推

---

［1］ 参见［美］罗伯特·布伦纳，郑吉伟译：《全球动荡的经济学》，中国人民大学出版社2016年版。

［2］ Peter Gowan, *The Global Gamble*, London: Verso, 1999, pp. 19–59.

行了其他保守主义的议程，包括限制公民权等政策，并使司法系统处于保守派控制之下。[1]同时，也出现了自下而上的意识形态反弹，反对被认为是20世纪60年代的反等级制的、平等主义的、阶级导向的解放运动等种种“越轨”行为，要求回到真正的美国道德价值观上。在这种背景下，诸如美国企业研究所和传统基金会等新保守主义派智囊团提出了新自由主义，而基督教右派则提供了道德，形成了保守主义和新自由主义在意识形态上的替代选择，为解决美国的困境提供了可行的方案。[2]

保守主义与新自由主义的联合，推动着美国两党继续向右转型，并孕育了激进新自由主义。它在理念上崇尚个人权利至上，否定任何其他社会的、集体的价值的合理性；崇尚经济权利的优先性，而否定任何政治的、伦理的、文化的价值的优先性；崇尚适者生存的社会达尔文主义。它的上述理念集中体现在撒切尔夫人的一句名言中：“没有社会，只有个体的男人或女人。”[3]在政策体系上，激进新自由主义主张限制国家对市场的干预，要求国家放松金融管制，促进投资和贸易自由，同时实行减税让利、降低利率、打压工会、削减社会福利等一系列政策。几乎所有经济合作与发展组织国家政府都放弃了对国际资本流动的控制，这并不仅仅是新自由主义思想的扩散，也包含了强制。[4]20世纪70年代末80年代初，美国推动的金融全球化以及激进新自由主

[1] [英]迈克尔·曼：《社会权力的来源（第四卷）：全球化（1945—2011）》（上），郭忠华等译，上海人民出版社2015年版，第195页。

[2] 同上，第192页。

[3] [美]大卫·哈维：《新自由主义简史》，王钦译，上海译文出版社2016年版，第24页。

[4] [英]迈克尔·曼：《社会权力的来源（第四卷）：全球化（1945—2011）》（上），第186页。

义的政策体系是一种“普照的光”，其他一切都不得不染上它的色彩。正如大卫·哈维所说：“自1970年代中期以来新自由主义国家在世界上的迅速增加，背后都藏着美帝国主义的利爪。”[1]

放松管制使金融机构的地位明显增强，而劳动力的讨价还价地位则显著削弱。非金融公司面临着将所谓的“股东价值”放在首位并提高其回报率的巨大压力，除了持续的降低劳动力成本的压力外，还推动了金融资产投资的大幅增长，损害了对生产性资产的投资。[2]20世纪70年代，制造业占美国国内生产总值的份额和利润都下降了，而金融业的份额则上升了。到了80年代，随着制造业岗位和工厂被出口到南半球国家，金融业的利润超过了制造业，这被视为熊彼特“创造性破坏”的另一个阶段，制造业被毁灭了，金融业则创造性地扩张了。[3]金融业本身几乎不存在阶级冲突，占主导地位的白领劳动者几乎没有参加工会。股东们也几乎没有组织，金融业高度卡特尔化，由几家大银行所主导。保险公司和养老基金或许会成为大众阶级的反制力量，因为它们代表了数百万老百姓的存款。美国有一半家庭通过共同基金而持有股份，这些基金与银行之间的连锁管理保障了精英与一般人之间的利益一致性，而不是使之相互冲突。[4]越来越多的白人男性工人抛弃了工会和民主党，而是转向保守派道德观以及法律和秩序。在这种情况下，美国的自由主义已分

[1] [美]大卫·哈维：《新自由主义简史》，第9页。

[2] Trevor Evans, “The Crisis of Finance-led Capitalism in the United States,” in Eckhard Hein, Daniel Detzer and Nina Dodig eds., *Financialisation and the Financial and Economic Crises: Country Studies*, Edward Elgar, 2016, p.64.

[3] [英]迈克尔·曼：《社会权力的来源：全球化（1945—2011）》（上），第183—184页。

[4] 同上，第185页。

化为阶级斗争和认同斗争两种形式，前者已经衰落，后者正在高涨。[1]

（二）“进步”新自由主义

美国经济以金融机构危机和1990年的衰退而告终，这孕育了“进步”新自由主义政策体系和意识形态。[2]“进步”新自由主义的核心特征是金融化兼解放（financializtion-cum-emancipation），它混合了断章取义的解放理想（truncated ideals of emancipation）与金融化形式，新社会运动中的“解放”光环成为社会保障缺失的幌子，[3]以稳定社会关系。面对严重的经济衰退和社会问题，1992年上台的克林顿政府标榜新政，“进步”新自由主义获得认可，其继任者奥巴马也延续了这一政策。作为美国“新民主党”的代表，克林顿被视为英国前首相布莱尔（Tony Blair）曾领导的新工党的美国版本——的首要设计师和领导者，他主张超越传统左派、右派的分界线，提出要走介于“自由放任资本主义和福利国家之间的第三条道路”，建立一种现代形式的新型社会民主。这反映了民主党“温和派”的观点，它既非共和党的自由放任计划，也非民主党的政府干预，而是要扩大公共投资、削减财政赤字、改革福利制度以及缩减工会权力。为取代由制造业工人联合会、非洲裔美国人和城市中产

[1]［英］迈克尔·曼：《社会权力的来源：全球化（1945—2011）》（上），第115页。

[2] Johanna Brenner, Nancy Fraser, “What Is Progressive Neoliberalism: A Debate,” *Dissent*, Vol. 64, No. 2, 2017, pp. 130–140; Nancy Fraser, “The End of Progressive Neoliberalism: A Chance to Build a New, New Left,” January 6, 2017, https://publicseminar.org/2017/01/the-end-of-progressive-neoliberalism/.

[3] Nancy Fraser, “The End of Progressive Neoliberalism: A Chance to Build a New, New Left,” January 6, 2017, https://publicseminar.org/2017/01/the-end-of-progressive-neoliberalism/.

阶级结成的“新政联盟”(the New Deal coalition),克林顿组建了一个由企业家、新社会运动和年轻人构成的新联盟,通过拥抱多样性、多元文化主义和女性权利来宣扬他们所谓现代的、进步的善意,这之中削减社会保障的行为被性别解放的虚假魅力所遮蔽。[1]“进步”新自由主义在支持所谓的“进步”思想的同时,也没有冷落华尔街,而是将经济权交予高盛集团,解除对银行系统的管制,签署了北美自由贸易协定,推动改革关税及贸易总协定,并成立了 WTO,进一步推进美元—华尔街体系,消除以华尔街为中心的金融市场与各国之间的障碍。其政治联盟的基础是表现为主流性质的新社会运动的联盟(包括女性主义、反种族歧视、多元文化主义以及女同性恋者权益运动),和以服务为基础的商业体(华尔街、硅谷与好莱坞)的联合。在这种结盟内,所谓的“进步力量”实际上与金融资本紧密结合在一起。女性主义与华尔街是一丘之貉,二者完美地统一于希拉里·克林顿身上。[2]

金融化并不能带来经济的实质性增长,随着美国去工业化进程的加剧,贸易赤字以及消费者债务的增加,金融资本通过“帝国主义”不断地把“非资本主义的生产关系”纳入资本主义的体系之中,实现资本的积累和扩张。老布什和克林顿将北约组织扩展到俄罗斯边境,北约扩张的目的是在东欧地区维持民主化和市场化改革,美国谋求使其庇护的国家组成非正式帝国。如果说

[1] Nancy Fraser, “The End of Progressive Neoliberalism: A Chance to Build a New, New Left,” January 6, 2017, https://publicseminar.org/2017/01/the-end-of-progressive-neoliberalism/.

[2] [德]海因里希·盖瑟尔伯格:《我们时代的精神状况》,孙柏等译,上海人民出版社 2018 年版,第 74、76 页。

克林顿政府集中于国际贸易和金融，小布什政府则视其为软弱，力图通过军事侵略来扭转经济衰退，并确保对中东石油的控制。9·11事件使帝国主义能够以反恐形式进行军事干预，除了阿富汗战争、伊拉克战争，美国还公开对叙利亚、朝鲜和伊朗进行军事威胁，并增加了在拉美的军事力量。美国在统治形式上从温和逐渐变得更具侵略性，从非正式帝国主义，到附庸政府，又到大规模的军事干预。[1]

"进步"新自由主义使西方左翼放弃了传统的阶级政治，全面转向身份政治。以多样性及赋权为特征的新社会运动，主要体现在个人权利话语上，被用来粉饰资本主义经济全球化政策，但正是这些政策导致了制造业的萎缩，并削弱了中产阶级。劳动者与新社会运动之间的潜在联系日益微弱，美国一直没能出现一种全面的左派主张，无法以反种族主义、反性别歧视与反等级制的立场开展解放运动。[2]在制造业深陷谷底的这些年里，美国热衷于谈论"多样性"、"女性赋权"和"反歧视的斗争"。这是识别精英群体的过程而非追求真正的平等，这些术语将"解放"等同于在公司等级制中"有才华"的女性、少数族裔和同性恋者的崛起，这为损害制造业和削弱中产阶级起了推波助澜的作用。在自由个人主义的喧嚣中，左派不断式微，他们对资本主义社会的结构性批判逐渐消失。社会分为了少数成功者的崛起和多数失败者的沉默。在经历了金融危机之后，沉默的大多数不想再继续沉默下去

---

[1] [英]迈克尔·曼:《社会权力的来源：全球化(1945—2011)》(下)，郭忠华等译，上海人民出版社2015年版，第348、368页。

[2] Nancy Fraser, "The End of Progressive Neoliberalism: A Chance to Build a New, New Left," January 6, 2017, https://publicseminar.org/2017/01/the-end-of-progressive-neoliberalism/.

了，其结果就是“民主的疲劳”和全球性右倾趋势。[1]

（三）保守新自由主义

多元文化主义与金融资本之间并不协调，美国中西部和南方的工业中心遭受重大打击，工人群体生活条件日益恶化。伴随着金融危机、族群矛盾、右翼民粹主义的加剧，这一组合随着特朗普上台被彻底撕裂了。特朗普的上台表明了解放及金融扩张二者合作的失败，但他未能对现存危机提出解决办法。实际上，在2016年的美国总统选举中，民主党与共和党就已表现出了对全球化和贸易协定的民粹化观点，特朗普当选这一事件被视为右翼民粹主义者对“进步”新自由主义的否定。[2]实际上，特朗普也信奉新自由主义的原则，同时提倡本土主义和排他性民族主义，这为美国新自由主义注入了新的色彩，[3]被称为保守新自由主义。

2021年1月20日，拜登成为第46任美国总统。拜登会继

---

[1] [德]海因里希·盖瑟尔伯格：《我们时代的精神状况》，第74页。

[2] Ronald Inglehart and Pippa Norris, “Trump, Brexit, and the Rise of Populism: Economic Have-Nots and Cultural Backlash,” 2016, https://www.hks.harvard.edu/publications/trump-brexit-and-rise-populism-economic-have-nots-and-cultural-backlash.

[3] 具体参见Daniel Faber, “Global Capitalism, Reactionary Neoliberalism, and the Deepening of Environmental Injustices,” *Capitalism Nature Socialism*, Vol. 29, No. 2, 2018, pp. 8–28; Sasha Breger Bush, “Trump and National Neoliberalism: And Why the World is About to Get Much More Dangerous,” 2016, https://www.commondreams.org/views/2016/12/24/trump-and-national-neoliberalism; Ian Bruff, “The Rise of Authoritarian Neoliberalism,” *Rethinking Marxism*, Vol. 26, No. 1, 2014, pp. 113–129; Cemal Burak Tansel ed., *States of the Discipline: Authoritarian Neoliberalism and the Contested Reproduction of the Capitalist Order*, New York, NY: Rowman and Littlefield, 2017; Ian Bruff and Cemal Burak Tansel, “Authoritarian Neoliberalism: Trajectories of Knowledge Production and Praxis,” *Globalizations*, Vol. 16, No. 3, 2019, pp. 233–244。

承奥巴马政府时期的部分政策，让美国重回到“正常轨道”，但是不可否认的是，在特朗普时期，全球政治经济就逐渐脱离了经济组织的自由世界主义原则，迈向更具组织性的资本主义形式，更加关注国家的作用。[1]特朗普和拜登之间的总统竞选，可以深刻反映美国民众对保守新自由主义抑或“进步”新自由主义之间的两难抉择。这种“两害取其轻”的策略每四年重现一次，已是老生常谈。这种策略虽然意在摆脱“最糟糕”的选项，但实际上成为滋生新的和更可怕的对手的温床，而这又反过来让左派继续失声，周而复始，成为恶性循环。恰当的回应应是确立政治合法性，施行左派方案，将被压迫的痛苦和愤怒化为深刻的社会改革和民主政治革命。然而，这样的方案难觅踪影，令人窒息的霸权才是新自由主义的常态。[2]新冠肺炎疫情进一步加剧了美国的政治经济危机，特朗普主义仍将保持强势影响。面对一个日益分裂的美国，拜登政策的推行在很大程度上取决于美国国内政治力量和国际合作能否管控当今右翼民粹主义的崛起。然而，自由主义和右翼民粹主义在资本主义世界体系中是深度关联的，它们之间并不敌对。因此，尽管拜登胜选，垄断金融资本这一新自由主义的本质特征也不会发生改变。实际上，美国新自由主义政客长期听从跨国资本家阶级的命令，他们在民主党和共和党内都有着很深的根基。他们试图通过微调来维持其政治霸权，而不是决定性地向左转或向右转。[3]

---

［1］［德］安德里亚斯·讷克：《英国脱欧：迈向组织化资本主义的全球新阶段？》，刘丽坤译，载《国外理论动态》2018 年第 6 期，第 50—57 页。

［2］［德］海因里希·盖瑟尔伯格：《我们时代的精神状况》，第 79—80 页。

［3］［美］杰瑞·哈里斯，［美］卡尔·戴维森，［美］保罗·哈里斯：《右翼权力阵营与美国法西斯主义》，高静宇译，载《国外理论动态》2018 年第 12 期，第 57—66 页。

20世纪70年代以来的美国新自由主义经历了激进新自由主义、"进步"新自由主义、保守新自由主义三个发展阶段，而如今拜登的"进步"新自由主义复归在美国社会分裂的大环境下势必遭遇重重阻力，特朗普主义（反全球化、反移民、反精英、反平权）仍有庞大的支持基础，不排除2024年会卷土重来。总体来看，美国新自由主义从"进步"到反动的演变实际上体现了新自由主义兴起、发展和遭遇危机的整个过程。通过这个完整的过程，新自由主义逐步地暴露出自己的真实面貌，新自由主义的"面相"是自由，但实质是统治，具体来说，就是垄断金融资本的统治。的确，新自由主义主张竞争自由、契约自由、个人自由[1]，但正如马克思所说："在自由竞争中自由的并不是个人，而是资本。"[2]竞争自由、契约自由、个人自由这些所谓的自由并不能防止资本的统治，资本的统治地位恰恰是从这种自由当中自然发展起来的。同时，这些自由也不能从根本上防止处于自由竞争的资本不断向垄断过渡，因此它也就不能从根本上防止金融垄断集团、寡头集团日益掌握经济和社会的统治权力，从而把之前许诺的竞争自由、契约自由和个人自由进一步消解掉。正因为如此，它也就不能从根本上防止掌握了经济和社会统治权力的金融寡头集团对国家公共权力的控制和支配，从而使先前许诺的经济自由被抹掉之后，进而又使公民个人的政治自由、政治民主变得形同虚设。用鲁道夫・希法亭（Rudolf Hilferding）的话说，走向垄断的金融资本不再相信自由贸易、民主平等和利益和谐的可能

---

[1] 新自由主义在倡导自由时进行了隐秘的概念偷换：它把个人与企业进行了混淆。参见［美］大卫・哈维：《新自由主义简史》，第22页。

[2] 《马克思恩格斯文集》（第8卷），人民出版社2009年版，第179页。

性了，“民主平等的理想被寡头统治的理想所替代了”。[1]因此，金融危机和债务危机表面上是新自由主义政策和意识形态的危机，但实际上是金融寡头独裁统治的危机。这种危机的到来是金融资本积累的内在规律和自由市场内在矛盾的必然产物，也就是说它迟早要来。正如卡尔·波兰尼（Karl Polanyi）所说，自由市场不可能长命，因为它如果发展太快，社会肯定遭殃，必然会激起反向运动。社会正是通过这种反向运动来进行自我保护的。[2]

但是，从目前来看，社会的这种反向运动和自我保护（这里指底层民粹主义的兴起）并不足以推翻金融寡头的统治，反而被金融寡头所利用。之所以会出现这种局面，是因为无论是激进新自由主义、“进步”新自由主义还是保守新自由主义，终究都是新自由主义，其区别仅仅在于垄断金融资本统治之下国家职能、意识形态、种族关系、帝国主义的策略调整。既然都是新自由主义，那么它的目的就只有一个：维护资本尤其是金融资本的统治地位。正如法国经济学家热拉尔·迪梅尼尔（Gérard Duménil）和多米尼克·莱维（Dominique Lévy）所说，战后以来新自由主义政策和意识形态崛起的根本目的是重建“金融资本家”的权力，也即“金融复辟”[3]，而它也确实达到了这个目的。金融寡

[1]［德］鲁道夫·希法亭：《金融资本》，福民等译，商务印书馆 1994 年版，第 322 页。

[2] 参见［英］卡尔·波兰尼：《大转型：我们时代的政治与经济起源》，刘阳、冯钢译，浙江人民出版社 2007 年版。

[3]［法］热拉尔·迪梅尼尔、［法］多米尼克·莱维：《大分化》，陈杰译，商务印书馆 2015 年版，第 27 页。19 世纪末 20 世纪初，资本主义从自由竞争的产业资本主义发展到垄断（金融）资本主义阶段。金融资本的权力在 1929 ～ 1933 年的金融危机后长期受到国家主导的凯恩斯主义政策的压制，因此，迪梅尼尔和莱维所说的“金融复辟”指的就是金融资本家阶级的权力在新自由主义政策下的恢复和重建。

头在社会总财富再分配中所获取利益的比例在近几十年中都大大增加了，而它对整个社会生产的支配力也发展到了一个空前的高度，以至于连金融危机都没有对它们构成大的影响。[1]由于金融资本的统治地位没有根本改变，因此，金融危机和债务危机后，美国新自由主义政策的实施也就没有发生质的变化。比如，金融危机期间，美国政府前后总共向花旗集团注资450亿美元，导致花旗集团当时被市场视为被美国政府高度“国有化”。尽管美国金融机构的国有化看似背离了新自由主义制度，但它并没有从根本上挑战资本的力量。国有化旨在保障资本积累体系本身的可行性，并没有其他社会目标，如为劳动力提供廉价信贷，或利用银行资金为充分就业提供支持。[2]由于没有强有力的左翼政治制衡，美国新自由主义可能进入一个长时间的政治危机阶段：在全球化时代，却开始越来越反贸易；在金融化的后果已经被认识到的情况下，却继续倾向金融资本；在人员流动前所未有地活跃的时代，却反对移民；在资本积累极度依赖国际政策协调的情况下，却煽动民族主义；等等。然而，以上这些冲突和矛盾，并不会自动地使新自由主义为一种更先进的积累系统所取代。[3]

---

[1] 即使在金融危机中，金融寡头获得的股息和红利都基本没有受到影响，而且正是在金融危机中，金融资本和金融寡头之间残酷的兼并收购进行得最快，也最为顺利，因而危机过后，一些金融机构的实力反而得到了进一步增强。金融危机只是打击了个别的金融寡头，但金融资本家阶级的整体实力反而有所增强。

[2] Damien Cahill, “Beyond Neoliberalism? Crisis and the Prospects for Progressive Alternatives,” *New Political Science*, Vol. 33, No. 4, 2011, pp. 479–492.

[3] Marco Boffo, Alfredo Saad-Filho, Ben Fine, “Neoliberal Capitalism: The Authoritarian Turn,” *Socialist Register*, Vol. 55, 2019, https://socialistregister.com/index.php/srv/article/view/30951.

二、欧洲福利国家转型与自由新福利主义

（一）福利国家的危机与转型

新自由主义的概念较为宽泛，既是自由市场导向的经济原则，又是一种旨在维护资产阶级权利的政治规划。新自由主义的核心理念是自由市场、自由企业、经济效率和国家作用最小化。也就是说，市场应尽可能自由、促进竞争和跨境开放，而国家仅仅在产权保护、保障竞争和促进自由贸易的制度框架方面发挥有限的政治作用。[1]在半个世纪的发展历程中，新自由主义与欧洲福利国家的斗争呈现一种抛物线轨迹。抛物线的第一阶段贯穿了20世纪80年代，是激进新自由主义阶段，它比20世纪50年代德国的秩序自由主义（ordoliberalism）更加亲市场反国家，[2]主张废除国家对市场的干预，肯定市场的自我调节能力以及市场机制的优越性。新自由主义的拥护者对福利国家的"两个过度"行为进行大肆批判：首先是过度的税收与平等主义导致的效率低下、创新减少，甚至可能产生扭曲的市场激励；其次是过度的官僚主义和社会控制创造了"保姆国家"，导致个人选择狭窄、责任弱化、市场活力下降，特殊利益集团也因此获得了更多的掠夺机会。由此，福利不断被削减，新自由主义政策不断扩展。如撒切尔政府将诸如失业援助之类的政府福利定义为"不道德的浪费行为"，提倡接受一定程度的社会不公，对医疗保险和养老保障等福利计划进行大范围削减。[3]在超国家层面，国际经济组织都以新自由主义为

[1] Vivien A. Schmidt and Mark Thatcher eds., *Resilient Liberalism in Europe's Political Economy*, Cambridge: Cambridge University Press, 2013, p.4.

[2] Ibid., pp. 10–11.

[3] Ibid., p.81.

宗旨，坚持完全的市场目标，如价格稳定、财政纪律、公平竞争、自由贸易、消费者选择、去管制、自由化与私有化。

激进新自由主义在激活市场的同时，必然会带来“市场至上主义”所固有的各种矛盾和弊病，比如贫困和两极分化。面对激进自由主义政策带来的这些“后遗症”，欧洲越来越多的国家和政府开始面临“合法性”危机。所谓合法性，在哈贝马斯看来，就是“承认一个政治制度的尊严性”[1]。没有这种合法性，国家“就不可能永久地保持住群众（对它所持有的）忠诚，这也就是说，就无法永久地保持住它的成员们紧紧地跟随它前进”[2]。正是出于国家作为公共权力合法性建设的需要，德国的秩序自由主义和“社会市场经济”理念才在激进新自由主义主导经济发展二十多年后再次在一定程度上得以“复活”。20 世纪 90 年代中后期，社会上开始出现重新阐述新自由主义内涵、加强国家对市场管制作用的声音。而欧洲各国的社会民主党也自觉地顺应这种大势，极力抨击新自由主义带来的各种弊病，并提出自己的社会民主改革纲领，迅速从政坛崛起。到 20 世纪 90 年代中期，欧盟 15 国中有 13 个由以社会民主党为主的中左翼政党执政。[3]国家不得不重视公平、包容和团结原则，此时的福利国家话语融入了社会民主主义、社会和民主自由主义等古典欧洲自由传统，同时借鉴了以罗尔斯为代表的英美自由主义学派的思想精髓。[4]

---

[1] ［德］尤尔根·哈贝马斯：《重建历史唯物主义》，郭官义译，社会科学文献出版社 2013 年版，第 199 页。

[2] 同上，第 201 页。

[3] 谢峰：《英国工党第三条道路研究——兼论西欧社会民主党的革新》，贵州人民出版社 2003 年版，第 102—122 页。

[4] Vivien A. Schmidt and Mark Thatcher eds., *Resilient Liberalism in Europe's Political Economy,* Cambridge: Cambridge University Press, pp. 83–84.

此外，20 世纪 70 年代以来，人口结构、家庭模式与性别关系及经济发展模式的变化使福利国家的社会和经济环境也随之改变。由于出生率较低和预期寿命延长，老年人数量不断增加，国家医疗保健部门也逐渐扩大了实际支出。同时，家庭和两性关系也变得更加多元化。双职工家庭、单亲家庭增多，生育率下降、离婚率增加，表明了西方社会关系的普遍不稳定与流动性。在经济发展方面，原有的经济生产与社会再生产发展模式是"工业主义"，随着服务业重要性的日益提高、家庭模式的变化以及人口老龄化加剧等问题，出现了向后工业秩序的过渡。[1]欧洲一体化和全球化浪潮不断从外部冲击着福利国家。向外部开放市场的要求打破了福利国家所依赖的"国家边界"，原本并不突出的社会问题在新自由主义改革后日益突出，福利国家不得不寻求一种超越新自由主义的发展模式。社会与经济环境的改变影响了福利政治。伴随后工业主义、后物质主义以及个人主义价值观的兴起，传统的社会民主妥协及其中产阶级根基无法在新的社会背景下继续发挥作用，新自由主义的福利削减无法再赢得中产阶级的支持。此外，就业结构的变化与低工资、低附加值工作的增加，扩大了依赖国家福利而生存的贫困人口。[2]在超国家层面，欧盟虽然坚持新自由主义发展模式，但出于合法性考虑，不得不将社会保护和内部市场进行紧密结合，提出了"重新校准"(recalibration)、"积极包容"(active inclusion)、"社会投资"(social investment)、"社会品质"(social quality) 等概念，就如

[1] Maurizio Ferrera, "The European Welfare State: Golden Achievements, Silver Prospects," *West European Politics*, Vol. 31, No. 1–2, 2008, pp. 82–107.

[2] Gosta Esping-Anderson et al., *Why We Need a New Welfare State*, Oxford University Press, 2002, pp. 96–129.

何实现福利国家经济和社会目标的平衡进行了一系列新的思想与政策辩论。[1]在思想和意识形态领域，1971 年，约翰·罗尔斯《正义论》的出版复兴了规范性政治哲学，即康德的契约论传统，同时在理论上综合了以权利为基础的自由个人主义和社会民主的财富再分配原则，开启了英美自由主义政治哲学的新时代。罗尔斯对自由和平等关系的讨论为福利国家的未来发展提供了新的方向。著名的“差别原则”坚持社会和经济的不平等应该有利于最不利成员的最大利益，也就是说不平等只有在保证最少受惠者的最大优势时才是正当的。这种平等主义的诉求在许多社会民主国家得到了呼应。此外，大规模移民的出现使欧洲国家不得不面对文化多样性问题，对政治自由主义的认可伴随着欧洲文化从分配政治向承认政治的转向。[2]

（二）自由新福利主义的发展

自由新福利主义正是在上述背景下发展起来的，它在本质上仍旧属于自由主义范畴，认同市场功能，核心是个体本位、权利平等和价值多元。自由新福利主义是一种意识形态综合，汇集了不同思想传统的核心内容。具体来说，自由新福利主义包含自由民主和社会民主传统中关于自由与平等关系的核心价值，并试图调和两者之间的矛盾。“福利主义”主要指斯堪的纳维亚地区社会民主党对国家福利的强调，新（neo-）这一前缀代表对传统问题的重新审视以及对传统政策途径的创新，“自由”代表对自由主义的规范性遵从。也就是说，既要坚持社会自由主义或福利自

[1] Maurizio Ferrera, “The European Welfare State: Golden Achievements, Silver Prospects,” *West European Politics*, Vol. 31, No. 1–2, 2008, pp. 82–107.

[2] Cécile Laborde, “The Reception of John Rawls in Europe,” *European Journal of Political Theory*, Vol. 1, No. 2, 2002, pp. 133–146.

由主义这一基本原则，还要保证对个性、理性和开放的承诺，以及在竞争与规范性之间保持平衡。[1]自由新福利主义是对新自由主义和新保守主义的回应，在一定程度上将社会民主主义、社会自由主义和基督教民主的思想精粹加以融合。

欧洲国家政党内部的中左翼和中右翼都受到了自由新福利主义的影响，其中英国的第三条道路和福利国家的北欧模式最为典型。第三条道路也称为中间路线，是一种超越传统左右对立的政治经济路线。它由现代民主社会的中间派倡导，也称为"现代化的社会民主主义"，属于中间偏左的政治立场，既不走向极端的市场开放，也不要求完全的政府高福利，而是认为权力的三个领域——政府、经济和市民社会都需要受到约束，民主秩序和有效的市场经济依赖于繁荣的市民社会，而后者反过来也需要前两者的制约。[2]在北欧国家，政府通过各种法定计划建立一种包含高社会福利的社会保障网，涵盖社会服务和社会补贴等方面，使公民不因某些不可抗力而影响到正常生活。这种高福利以税收为基础，目的在于通过税收杠杆来调节社会再分配以保障国民的福利。同时，还具有大规模公共支出、财产权和契约精神、市场开放与贸易自由等特征。[3]在此意义上，美国学者薇安·A.施密特（Vivien A. Schmidt）认为，20世纪90年代末至21世纪的新自由主义在欧洲逐渐发展为"社会民主（social-democratic）

[1] Vivien A. Schmidt and Mark Thatcher eds., *Resilient Liberalism in Europe's Political Economy*, Cambridge: Cambridge University Press, pp. 95–99.

[2] [英]吉登斯：《第三条道路及其批评》，孙相东译，中央党校出版社2001年版，第56—66页。

[3] [丹]托本·安德森等：《北欧模式：迎接全球化与共担风险》，陈振声等译，社会科学文献出版社2014年版，第4页。

新自由主义”。[1]

执政后的社会民主党试图对先前的激进自由主义发展路线进行一定的“修正”，它的施政纲领概括而言，就是在推行新自由主义的同时，对新自由主义带来的一系列“副作用”予以一定的规制或整治。用法国社会民主党政府总理若斯潘的“名言”来说，就是“要市场经济，不要市场社会”。[2]如英国布莱尔政府提出“要培养工人适应变化的能力，保证劳务市场能在一个由各种制度和规范组成的合理框架内运作”，同时大力加强对劳工的职业技能培训，推动公民积极就业。法国若斯潘政府提出要削减中产阶级可能得到的救济金，并将财政资源集中用于针对贫困群体的救助。德国施罗德政府推出了减少劳动力市场刚性的“哈茨方案”，推动政府的劳动管理部门职能转变，为劳动力市场提供积极主动的服务，同时增加面向失业者的就业服务中心，强化职业培训，调整失业补助金等。总的来看，欧洲各国社会民主党在积极推动市场自由化的同时，加强了国家职能的发挥和延伸，在某种程度上弥补了市场带来的弊病，缓和了社会矛盾。这种施政理念被时任德国总理施罗德和英国首相布莱尔阐述为“第三条道路”或“新中间道路”。这条道路既不同于“国家是答案”的传统民主社会主义，又不同于“国家是敌人”的传统自由放任主义，而是一条“非左非右”、超越传统左右政治的道路，主张从以往民主社会主义自身和新自由主义两大派别中吸取营养，在经济发展和社会公平分配之间寻求新的平衡点。[3]

---

[1] Vivien A. Schmidt, Mark Thatcher, *Resilient liberalism in Europe's Political Economy*, pp. 124–127.

[2] 吴国庆：《法国政治史》，社会科学文献出版社 2018 年版，第 319 页。

[3] 刘少华：《施罗德时期德国社会民主党执政经验教训及启示》，载《当代世界与社会主义》2013 年第 1 期，第 90—93 页。

“社会民主新自由主义”确实取得了一定的效果。在英国工党重新执政的第一个任期，英国国内生产总值持续上升，社会平等和公正原则在一定程度上得到贯彻：收入最低的10%的人群的家庭税后平均收入提高8.8%，而最富有的前30%人群的收入却有所下降；[1]失业率从1997年的5.3%下降到了2001年的3.2%，长期失业的年轻人在工党执政两年后减少了一半[2]，大约一百万人走出贫困。法国经济也步入了稳步增长的轨道，国内生产总值增长率达到3%。德国的“哈茨”改革措施的实施，有效降低了德国的失业人数和失业率，失业人数从2004年的425万人降到了2007年的338万人；失业率则从2004年的10.3%降到2007年的8.1%。[3]总体上看，20世纪90年代末至21世纪初，新自由主义的发展从“激进”走向“温和”，整个欧洲经济仿佛步入了另一个凯恩斯时代：物价水平相对稳定，市场竞争得到保持，消费需求有所回升，社会矛盾有所缓和。

在具有强大社会民主力量的欧洲国家，更有可能出现一种新型的利益调解形式和相对和平的共处结构，它们旨在决定福利国家扩张的“合适的度”，既要与资本积累的要求相容，也要顾及工人阶级的要求，即新法团主义（Neo-corporist），也就是政府与关键社会团体代表（如劳动和资本所有者）之间官僚制过程之外的非正式交易和政策制定。然而，这种法团主义的变通模式并不能有效应对福利国家的困境，主要局限在于：一是法团主义的决

[1] 谢峰：《英国工党第三条道路研究——兼论西欧社会民主党的革新》，第117页。

[2] [英]托尼·布莱尔：《新英国——我对一个年轻国家的展望》，曹振寰等译，世界知识出版社1998年版，第157页。

[3] 徐磊、陈浩：《德国哈茨改革对缓解我国结构性失业的启示》，载《当代经济管理》2016年第6期，第92—97页。

策机制倾向于形成对第三方（如顾客）的剥削，无法使社会、政治问题得到公正的解决，而是，相反把负担转移给那些目前还没有坐到谈判桌边来的其他人，实质上在输出这些问题。二是资本与劳动组织之间存在不对等的关系。为了使三方以一种非剥削性和非歧视性的方式运作，必须假定协议对三方具有同等的约束力。但是，这种假设只有满足以下条件才会有效：资本代表对其成员公司以及其价格和投资政策拥有管制能力，劳动组织的代表对个体工人的工资要求也拥有管制能力。显然，在财产私有的条件下，这种假设是不成立的。[1]

小 结

美欧福利资本主义近三十年来在发展方向上出现了新自由主义的趋同现象，尽管福利资本主义的“三个世界”在去商品化程度上依旧存在明显差别，表现出了路径依赖在福利国家体制上的初始分化效应，但在经济全球化的强力影响下，不同类型的福利国家表现出明显的趋同。经济全球化日益融入福利国家政策制定的理念和实践当中，成为它们未来发展的新的“路径依赖”，这一新的路径依赖效应可能会导致在全球一体化的进程中，不同类型的福利国家体制会越来越相近，并且更加偏向市场原则。[2]约翰·彼得斯（John Peters）研究发现美欧各国政府在

[1] ［德］克劳斯·奥菲：《福利国家的矛盾》，郭忠华等译，吉林人民出版社2011年版，第249页。

[2] 王远、阙川棋：《论福利资本主义国家的右转：分析框架及去商品化指标的证明》，载《国外理论动态》2019年第11期，第41—52页。

1990—2005 年间的政策大幅趋同，都引入财政紧缩措施，通过私有化、市场化和公私伙伴关系，对公共部门管理和运作进行实质性改革，导致了失业、劳动力市场的分割和公共部门劳动力的下降。[1]新自由主义成为福利国家的主导思想，“市场原教旨主义”导致非正规雇佣劳动者数量的增加、贫富差距扩大、环境破坏等问题。美欧经济呈现了许多共同点：投资降低、公共和私人债务居高不下、经常收支失衡。[2]

---

[1] John Peters, “Neoliberal Convergence in North America and Western Europe: Fiscal Austerity, Privatization, and Public Sector Reform,” *Review of International Political Economy*, Vol. 19, No. 2, 2012, pp. 208–235.

[2] [法]热拉尔·迪梅尼尔、[法]多米尼克·莱维：《大分化：正在走向终结的新自由主义》，第 163 页。

第二章　美欧碳交易和碳税政策

碳定价是对碳排放定价以减轻碳排放造成的负外部性，通常有两种方式：一是碳税，每单位污染拥有固定的价格，向污染者强制征收。另一个是碳排放交易体系（ETS），设置一个固定的排放量和单位污染物的价格，允许排污者在市场上对排放权进行交易。碳交易和碳税是应对气候变化的主要政策工具，它们被分别或联合运用，目的是实现二氧化碳减排目标。总量管制就是通过明晰碳排放产权，并通过碳市场参与者的自由交易来使社会总效用最大化；碳税是基于价格控制的碳定价机制。对于碳税与排放交易体系，或者广义来看，价格管制与数量管制两种选择，美欧表现出不同的政策偏好。美国坚持市场环境主义，这一体制下的公共服务受到挤压，工人的经济安全感降低，选民更加关注当前物质需求，而非长远的环境保护。同时，国家和企业利益紧密结合。在这种背景下，化石燃料利益集日益主导环境政策，选民越来越不愿意承担额外的监管成本。因此，碳定价政策很难推行，[1]美国仅有一些州制定了碳定价体系。与之相反，欧洲福利

[1] Robert MacNeil, "Death and Environmental Taxes: Why Market Environmentalism Fails in Liberal Market Economies," *Global Environmental Politics*, Vol. 16, No. 1, 2016, pp. 21–37.

国家的碳定价政策较为领先，许多欧盟成员国除了参与欧盟排放交易体系外，还征收碳税。例如，在瑞典，公司为每吨碳排放支付的总价约为 200 美元。虽然欧洲碳价往往很高，但在欧洲大陆以外，大多数碳定价系统下每吨碳收费不到 20 美元，许多甚至不到 5 美元。[1]

第一节　碳交易的发展

气候变化作为一种政治议题形成于 1980 年，由于新自由主义观念的强烈影响，排放交易成为优先的政策选择。1989 年，英国经济学家戴维·皮尔斯（David Pearce）在其著作《绿色经济的蓝图》，即广为人知的“皮尔斯报告”中，主张充分利用市场刺激，通过环境税和碳排放交易计划，把特定环保目标的决定权交给个人和企业，政府只需设定总体性激励或整体污染水平的限制，让市场决定谁将减少二氧化碳排放。[2]碳排放税也被提出（在瑞典和荷兰等国实施），但在欧盟，由于工业界的反对未能实施。在《联合国气候变化框架公约》实施过程中，关于引入碳税的提议也从未被通过。排放交易之所以更受欢迎在于其与新自由主义的契合，同时也与新兴的、占主导地位的金融行为体的利益相契合。1996 年 12 月，美国提出了第一份正式的排放交易提

[1] Sanjay Patnaik and Kelly Kennedy, “Why the US Should Establish A Carbon Price either Through Reconciliation or Other Legislation,” Oct.7, 2021, https://www.brookings.edu/research/why-the-us-should-establish-a-carbon-price-either-through-reconciliation-or-other-legislation/.

[2] Anil Markandya, Edward B. Barbier, David Pearce, *Blueprint for a Green Economy*, Earthscan, 1989.

案。在《京都议定书》谈判中，由于美国对排放交易的支持和其他国家想让美国留在谈判之中的强烈意愿，大部分国家最终同意了排放交易。

从全球碳市场政策网络的形成来看，气候政策金融化的历史进程开始于20世纪90年代早期，此时推动碳排放交易的政策网络已初具雏形。一批来自英美的经济学家开始就这一主题展开研究，其中的核心成员有气候变化专家迈克尔·格拉布（Michael Grubb）、前科尔比学院（Colby College）教授汤姆·蒂坦伯格（Tom Tietenberg）、哈佛大学教授罗伯特·斯塔文斯（Robert Stavins）、哥伦比亚大学自然资源研究所教授斯科特·巴雷特（Scott Barrett）、环境金融产品公司（Environmental Financial Products）董事长兼首席执行官理查德·桑德尔（Richard Sandor）和奥斯陆大学（University of Oslo）经济学教授迈克尔·赫尔（Michael Hoel）。20世纪90年代中期，在《联合国气候变化框架公约》（United Nations Framework Convention on Climate Change，UNFCCC）谈判进程中，附件一专家工作组在经济合作与发展组织的协调下对碳排放交易的相关问题进行了讨论。1994年，英国在商业及环境咨询委员会（Advisory Council on Business and the Environment）和英国工业联合会（Confederation of British Industry，CBI）的支持下率先形成了碳排放交易的非正式政策网络。[1]该政策网络的参与者既包括英国政府职员，也包括受碳排放交易体系约束的企业内部人员。由于地理位置、国内政治体制与观念的诸多差异，相比

[1] Matthew Paterson, "Who and What are Carbon Markets for? Politics and the Development of Climate Policy," *Climate Policy*, Vol. 12, No. 1, 2012, pp. 82–97.

于英国的政策网络，美国早期的政策网络更具有非正式性。但美国的政策网络对于气候变化和碳排放交易体系知识库的建立至关重要，在联合国气候框架公约的谈判中影响巨大。

在京都谈判之后，欧盟委员会出现一次大范围人事变动，新的一批对碳排放交易持支持与肯定态度的经济学家取代了原本在京都谈判中持怀疑态度的行政人员，这类经济学家被称为碳排放交易领导小组（Bureaucrats for Emissions Trading' group，BEST），核心成员包括欧盟气候行动司司长乔斯·德贝克（Jos Delbeke）和欧盟气候部门政策协调主管彼得·扎浦菲尔（Peter Zapfel）。除了这批新引入的欧盟委员会工作人员，以英国发展研究所（Institute of Development Studies）环保律师法尔哈纳·亚明（Farhana Yamin）和欧盟委员会气候政策与国际谈判顾问尤尔根·勒弗维尔（Jurgen Lefevere）为首的咨询顾问和尼克·坎贝尔（Nick Campbell）等商业游说者也为BEST小组的工作增添一份助力。欧盟的政策网络逐步发展成为最具活力的一支，并消除欧盟内部成员国对碳排放交易的疑虑，促成了欧盟碳排放交易体系的最终形成。[1]

从碳市场基础设施与主要市场参与者来看，相关企业、银行、组织机构纷纷涌现，围绕碳市场建立所开展的会议和政府间活动层出不穷。益可环境国际金融公司（Ecosecurities）、气候关怀公司（Climate Care）和未来森林公司（Future Forests）等都在这一时期成立。巴克莱（Barclays）、康托·菲茨杰拉德公司（Cantor Fitzgerald）等纷纷建立碳排放交易办公室（carbon

[1] Matthew Paterson, "Who and What are Carbon Markets for? Politics and the Development of Climate Policy," *Climate Policy*, Vol. 12, No. 1, 2012, pp. 82–97.

trading offices)。国际排放交易协会(International Emission Trading Association, IETA)、排放市场协会(Emission Market Association, EMA)和碳市场与投资者联合会(Carbon Market and Investors Association, CMIA)相继建立,[1]它们或作为代表企业利益的游说组织,或作为碳市场发展的评估者与信息发布者,支持着碳市场的运转。例如,成立于1999年的国际排放交易协会,被公认是该领域最大的国际性游说组织,拥有包括通用电气、壳牌、高盛、巴克莱资本等169位成员机构,业务范围涉及碳市场的买卖双方及中介、交易、咨询和认证机构,不但建立了国际排放交易的信息和活动平台,也深度参与国际规则的制定和实施。另外,碳金融会议(Carbon Finance conferences)作为首个研究讨论碳市场基本原理、特点、制度设计和运作的会议,影响了后续包括碳博览会会议(Carbon Expo conferences)与点碳年度会议(Point Carbon's annual conference)在内的许多会议。伴随着政策网络的完善和对碳排放交易有效性的共识,人们对碳市场的热情不断高涨,参与碳市场的金融机构数量急剧增加,政府也对其合法性充满信心。2003年之后,碳排放交易政策处于迅速扩散时期。[2]欧盟最为领先,其次是新西兰、瑞士、澳大利亚等国,以及美国的一些区域的碳排放交易机制。不同地域辖区的碳排放体系各有特点,通过自下而上的方式构成了碎片化的全球碳市场网络。

---

[1] [英]彼得·纽厄尔、[加]马修·帕特森:《气候资本主义:低碳经济的政治学》,王聪聪译,载《中国地质大学学报》2013年第1期,第24—31页。

[2] Katja Biedenkopf, Patrick Müller, Peter Slominski & Jørgen Wettestad, "A Global Turn to Greenhouse Gas Emissions Trading? Experiments, Actors, and Diffusion," *Global Environmental Politics*, Vol. 17, No. 4, 2017, pp. 1–11.

第二节　碳税政策

20世纪90年代初，北欧国家开始征收碳税，芬兰是第一个在1990年实行碳税的国家。之后，荷兰（1990）、挪威（1991）、瑞典（1991）和丹麦（1992）相继实行了碳税。英国于2001年开始征收气候变化税（Climate Change Levy，CCL）。北美的省或市层面也出台了几项新的税收政策。在2007年，博尔德、科罗拉多和魁北克省引入了碳税；不列颠哥伦比亚省、加州湾区空气质量管理局（Bay Area Air Quality Management District，BAAQMD）在2008年开始实施碳税；加州空气资源局（California Air Resource Board，CARB）在2009年提议征收碳税，并于2010年正式生效。[1]同时，各国政府也开始关注如何实现碳税与其他碳减排政策相结合。

在北欧国家中，芬兰于1990年率先设立碳税，成为世界上第一个征收该税种的国家。首先，根据其征税标准可以将芬兰碳税制度划分为三个阶段：1994年之前，征税的对象为除运输燃料外的所有能源产品，所依据的仅仅是能源产品中的含碳量，实际上碳税只是能源消费税的一种额外税收；从1994年至1996年，能源消费税以统一的能源税/碳税混合税取代了原有的"能源税"和"碳税"条款，碳税的征收须同时根据能源产品的碳含量和能量含量来加以确定，两者的相对比重开始为60%与40%，后来改为75%与25%；自1997年以后，该税的征收完全由能源

---

[1] Jenny Sumner, Lori Bird & Hillary Dobos, "Carbon Taxes: A Review of Experience and Policy Design Considerations," *Climate Policy*, Vol. 11, No. 2, 2011, pp. 922–943.

产品燃烧所排放的二氧化碳量确定，并于 2011 年之后脱离能源消费税而成为一个独立税种。[1]其次，就税率水平而言，芬兰于 1990 年引入碳税之初其税率为每吨二氧化碳 1.2 欧元，在三十年的时间里这一数字逐渐增加，至 2020 年已增至每吨二氧化碳超过 60 欧元。[2]此外，芬兰还“通过对工业企业制定较低的电力税同时对高能耗工业企业给予税收返还等两种方式，维护本国工业企业的竞争力”，[3]但由于本身征税范围相较其他北欧国家相对较小，因此这一退税政策的实施并不广泛。

瑞典于 1991 年正式引入碳税政策，碳税的征收主要是根据能源产品燃烧后的二氧化碳排放量确定，即一种基于化石燃料碳含量的衡量标准。瑞典碳税所覆盖的二氧化碳排放量约占其总量的 40%，出于对本国产业竞争力的考虑，工业部门得到了很大程度的豁免（受欧盟碳排放权交易体系管制），用于汽车或取暖之外的燃料不需要缴纳碳税，商业航海或航空所消耗燃料也可得到豁免。[4]1991 年碳税政策开始实施时，税率水平为每吨二氧化碳 250 瑞典克朗（24 欧元），而到 2021 年已经提高至 1200 瑞典克朗（114 欧元）每吨，是全球碳税税率最高的国家。瑞典逐步提高税收

[1] Stefan Speck and Jirina Jilkova, “Design of Environmental Tax Reforms in Europe,” in Mikael Skou Andersen and Paul Ekins, eds., *Carbon-Energy Taxation: Lessons from Europe*, Oxford and New York: Oxford University Press, pp. 32–33; 段茂盛、张芃：《碳税政策的双重政策属性及其影响：以北欧国家为例》，载《中国人口 · 资源与环境》2015 年第 10 期，第 23—29 页。

[2] Elke Asen, “Carbon Taxes in Europe,” Tax Foundation, 2020, https://taxfoundation.org/carbon-taxes-in-europe-2020/.

[3] 范允奇、王文举：《欧洲碳税政策实践对比研究与启示》，载《经济学家》2012 年第 7 期，第 96—104 页。

[4] Samuel Jonsson, Anders Ydstedt and Elke Asen, “Looking Back on 30 Years of Carbon Taxes in Sweden,” Tax Foundation, 2020.9.23, https://taxfoundation.org/sweden-carbon-tax-revenue-greenhouse-gas-emissions/.

水平，给予了家庭和企业足够的适应时间，提高了增税在政治上的可行性。欧盟碳排放权交易体系以外的部门历来采用较低的税率，而该体系涵盖的行业则可以完全豁免，但在 2018 年，欧盟碳排放权交易体系以外的部门所适用的税率上调到了一般税率水平。[1]

挪威的碳税制度同样在 1991 年开始实施，其征税范围涵盖原油、汽油和天然气等化石燃料的使用，较为特殊的还包括对离岸石油开采工业所征收的碳排放税，部分欧盟碳排放权交易体系下的产业则可以获得碳税豁免。[2]挪威碳税的税率水平设计与其他北欧国家有所不同，表现为单位碳排放所对应的碳税税率水平因不同行业和能源品种而不同，[3]且上下限税率水平相差悬殊。[4]1991 年，挪威平均碳税税率为每吨二氧化碳 21 美元，汽油为 40.1 美元每吨。1996 年税率调整后，针对石油焦的税率为 17 美元每吨，汽油及北海所用气为 55.6 美元每吨。2005 年，汽油燃料碳税为每吨二氧化碳 41 欧元，轻、重燃料油分别为 24 欧元与 21 欧元；[5]2008 年挪威加入欧盟碳排放交易体系，此后该体系下的碳价下跌导致挪威的碳税税率出现了较大增长，近年来关于离岸石油开采工业的碳税税率上调也引起了诸多关注。

丹麦也是世界上最早实行碳税政策的国家之一，1992 年开

---

[1] Government Offices of Sweden, “Sweden’s Carbon Tax,” Feb. 26, 2018, https://www.government.se/government-policy/taxes-and-tariffs/swedens-carbon-tax/.

[2] Jeremy Carl and David Fedor, “Tracking Global Carbon Revenues: A Survey of Carbon Taxes versus Cap-and-trade in the Real World,” *Energy Policy*, Vol. 96, 2016, pp. 50–77.

[3] 段茂盛、张芃：《碳税政策的双重政策属性及其影响：以北欧国家为例》，载《中国人口・资源与环境》2015 年第 10 期，第 23—29 页。

[4] World Bank Group, “State and Trends of Carbon Pricing 2020,” Washington DC: World Bank, 2020, p. 12.

[5] 周剑、何建坤：《北欧国家碳税政策的研究及启示》，载《环境保护》2008年第 22 期，第 70—73 页。

始对家庭消费的能源产品征收碳税，并于1993年将该税的范围扩大至农业及工业企业。这一政策成为丹麦能源税领域的一个重大转折点，因为在此之前工业能源消费几乎免于缴纳能源税。正因为如此，丹麦政府设计实施了一套较为完善的税收优惠措施，1993年到1995年，工业企业适用的碳税税率得到了50%的减免，而且政府还在1993年设计了一系列根据碳税税负与企业净收入之差额而定的税额返还标准和措施；[1]此外包括电力、汽油、天然气、生物燃料等在内的使用则得到了不同程度的碳税豁免。丹麦政府的碳排放税收并没有直接纳入一般预算，“来自工业的碳税收入全部循环回到工业，主要有降低雇主的社会保障缴款、改善能效的投资赠款、小企业基金”等。[2]

表2-1 北欧各国碳税税率（2020年4月1日的名义价格）

国家及类别	碳价水平（US$/$tCO_2e$）
瑞典碳税	119
芬兰碳税（运输业燃料）	68
芬兰碳税（其他化石燃料）	58
挪威碳税（上限）	53
挪威碳税（下限）	3
丹麦碳税（化石燃料）	26
丹麦碳税（含氟气体）	22

资料来源：World Bank Group, “State and Trends of Carbon Pricing 2020,” Washington DC: World Bank, 2020, p. 12.

[1] Stefan Speck and Jirina Jilkova, “Design of Environmental Tax Reforms in Europe,” in Mikael Skou Andersen and Paul Ekins, eds., *Carbon-Energy Taxation: Lessons from Europe*, Oxford and New York: Oxford University Press, 2010, pp. 27–28.

[2] 周剑、何建坤：《北欧国家碳税政策的研究及启示》，载《环境保护》2008年第22期。

北欧国家作为世界上第一批推行碳税政策的国家，成为世界范围内绿色发展的典范，其碳税制度存在着一些值得深思的共性。首先，北欧国家的碳税税率水平不仅在实践中逐年上升，还始终远远高于世界其他国家和地区，这无疑为其能源结构的优化改善和温室气体排放的显著下降作出了巨大贡献；其次，北欧国家在制定碳税政策时充分考虑到了本国的比较优势及产业竞争力，实行不同程度的碳税返还，在激励减排和维持竞争力之间做到了较好的平衡；最后，充分考虑不同产业部门及家庭与产业部门之间的税率差异和分配效应。

英国气候变化税于 2001 年 4 月 1 日开始实施。它是英国在“气候变化计划”中提出的一项实质性的政策手段，计税依据是使用的煤炭、天然气和电能的数量，气候变化征税只适用于商业和工业用途，使用热电联产、可再生能源等可减免税收。该税的目的是提高能源效率和促进节能投资，这也是英国气候变化总体战略的核心部分。气候变化税、排放价格支持机制（Carbon Price Support）和气候变化协议（Climate Change Agreements）三种政策相辅相成，构成英国碳税政策的制度基础，并与碳排放交易体系相互配合，共同为英国的绿色发展提供激励和约束。英国的碳税制度与北欧国家存在着显著不同。总的来看，英国征收碳税的时间与北欧国家相比较晚，税率也更低，并“没有将碳税作为一个单独的税种直接提出，而是通过将碳排放因素引入已有税收的计税依据形成潜在的碳税”。[1]

美国科罗拉多州博尔德市在 2006 年通过了一项对公用电力公司征收碳税的提案，该提案于 2007 年 4 月生效。博尔德是第

[1] 范允奇、王文举:《欧洲碳税政策实践对比研究与启示》，载《经济学家》2012 年第 7 期。

一批实施气候行动计划税（Climate Action Plan Tax，CAP）和其他能源效率和保护计划的地区之一。税收收入用来资助与气候变化相关的其他项目，具体包括Energy Smart、Smart Regs和《建筑性能条例》等。CAP税率设置基于千瓦时电力的使用，最初税率为普通居民0.0022美元每千瓦时，商业客户每千瓦时0.0004美元，工业客户0.0002美元每千瓦时。2009年8月，税收增加到《税务条例》所允许的最大税率：居民0.0049美元每千瓦时，商业客户每千瓦时0.0009美元，工业客户0.0003美元每千瓦时。[1]湾区空气质量管理局合并了旧金山海湾地区的九个市，它在2008年7月制定了一项碳排放费，根据2017年6月21日最新数据，每吨二氧化碳当量（CDE）排放费0.1030美元。该费用适用于来自湾区空气质量管理局许可设施的温室气体排放，用于资助各项活动，包括完成和维护区域温室气体排放清单，支持当地的固定污染源减少温室气体排放量，推进加州环境质量行动和执行管理活动。2006年9月27日，《2006年全球变暖解决方案法案》（Global Warming Solutions Act of 2006）第32号（Assembly Bill 32，AB32）签署为法律，旨在到2020年将温室气体排放量减少到1990年的水平，而到2050年则低于1990年的水平。AB32还授权加州空气资源局通过一份由温室气体排放源支付的费用表。这些费用用于资助与国家机构发展、管理和实施减少温室气体排放的AB32项目直接相关的费用。在2009年9月25日的公众听证会后，加州空气资源局通过了《执行费用规章》（AB32 Cost of Implementation Fee Regulation），于2010年

[1] "Carbon Energy Tax," https://www.smartgrowthamerica.org/app/legacy/documents/Boulder-Carbon-Tax.pdf.

7月17日生效，随后在2011年、2012年和2014年进行了修订，以更好地与强制性报告规定及总量管制与交易规定保持一致。[1]

美国至2022年尚没有在全国范围内推行碳税政策，即使在各州层面也没有任何重大进展。世界银行2020年的一份报告介绍了美国各州在碳定价机制中的一些举措，只有少数几个地方试图通过碳排放权交易体系和总量控制与交易体系等价格机制促进温室气体减排。[2]华盛顿州曾有多项提议征收碳税的法案，但最后均修改为“总量控制与交易体系”方案；科罗拉多州博尔德市曾于2007年实施了一项气候行动计划，其中包含了对电力使用等征收“气候税”的举措，这也是美国第一次由选民支持通过的应对气候变化的税收。[3]2019年众议院提出的《2019年能源创新和碳红利法案》（the Energy Innovation and Carbon Dividend Act of 2019）再次引发了关于在全国范围内实行碳税政策的讨论；[4]且随着拜登政府上台执政，也有一些声音开始再次呼吁美国实行碳税政策以应对全球气候变化问题。[5]与美国相比，欧洲所面临的一个重要问题是各国国内的碳税政策与碳排

[1] AB32 Cost of Implementation Fee Regulation (HSC 38597), https://www.arb.ca.gov/cc/adminfee/adminfee.htm.

[2] World Bank Group, “State and Trends of Carbon Pricing 2020,” Washington DC: World Bank, 2020, pp. 41–42.

[3] Price on Carbon, “State Actions,” Sep. 14, 2020, https://priceoncarbon.org/business-society/state-actions/.

[4] Monica de Bolle, “A Carbon Tax for the United States?” Peterson Institute for International Economics, Sep. 30, 2019, https://www.piie.com/blogs/realtime-economic-issues-watch/carbon-tax-united-states.

[5] Henry M. Paulson Jr. and Erskine B. Bowles, “Biden Should Embrace a Carbon Tax,” *Washington Post*, May 10, 2021, https://www.washingtonpost.com/opinions/paulson-bowles-biden-carbon-tax/2021/05/10/2230cda4-af62-11eb-b476-c3b287e52a01_story.html.

放交易体系的冲突与协调，无论是在北欧国家还是英国均是如此。碳税和碳排放交易是最常见的两类市场导向的减排工具，两者的同时或叠加运用可能会产生某种程度的冲突，或者不利于减排的真正实现，并有损本国产业的竞争力，因此北欧国家及英国都采取了一系列制度安排以实现管制范围的互补和二氧化碳价格的协调。

第三节 价格管制与数量管制

1990 年，美国成为第一个支持污染定价、建立二氧化硫交易项目的国家。鉴于美国经济活动造成了大约四分之一的全球温室气体排放量，其政策目标在于使美国工业的履约成本保持在尽可能低的水平，这意味着通过市场机制创造最大的“灵活性”。[1]1997 年 12 月通过的《京都议定书》是推进全球碳排放市场化机制的纲领性文献，它允许无法完成减排指标的发达国家从超额完成减排指标的发展中国家购买超出的额度，即所谓“碳交易”。美国最终拒绝批准《京都议定书》，但此后，所有其他签署国接受了全世界范围内的碳排放定价。尽管碳税在美国被抵制，作为潜力巨大的新金融市场，碳排放交易体系却受到欢迎。2007 年，由企业和非政府组织共同发起成立了美国气候行动合作组织（United States Climate Action Partnership，USCAP），成员包括通用汽车、通用电气等大企业及环保组织。这些企业和组

[1] Robert MacNeil, “Death and Environmental Taxes: Why Market Environmentalism Fails in Liberal Market Economies,” *Global Environmental Politics*, Vol. 16, No. 1, 2016, pp. 21–37.

织携手游说政府采取措施，加强对二氧化碳排放量的监管和控制。该组织要求美国到 2050 年二氧化碳排放量要在目前的排放量基础上削减 60%—80%，同时构建一个碳排放交易的全国性统一市场。然而，以化石燃料为主导的能源企业在政界影响巨大，反对设置全国性碳排放交易总量，只有部分地方政府和企业自下而上地探索区域层面的碳交易体系建设，如芝加哥气候交易所的自愿交易、加州总量控制与交易体系等。

欧盟的价格管制主要包括碳税和上网电价补贴。第一，碳定价。在 20 世纪 90 年代末期，芬兰、挪威、瑞典、丹麦、荷兰和英国等许多欧洲国家相继实行了碳税政策。1991 年，欧盟委员会提议在全欧范围征收碳—能源税（carbon-energy-tax），但最终失败了。之后，瑞士（2008）、爱尔兰（2010）先后施行了不同形式的碳税政策。第二，促进可再生能源发展。早期关于可再生能源政策的尝试建立在价格管制之上，即行政型上网电价补贴（administrative FITs）。最早将上网电价补贴写入法律的是德国（1990），要求可再生电生产商为每千瓦时的可再生电缴纳固定的税额。这一规定在 2000 年进行了修改，以适应不断增长的可再生能源生产趋势。而这一措施也经由德国在整个欧洲范围内得到了发展。上网电价补贴在欧洲的扩散分为两个阶段：1992—1994 年，西班牙、丹麦、意大利、希腊和卢森堡五个国家实行了上网电价补贴政策；1998—2004 年，有十三个国家实行了该项政策。如今，超过二十个欧盟国家都实行了上网电价补贴政策。[1]

[1] Jonas Meckling & Steffen Jenner, "Varieties of Market-based Policy: Instrument Choice in Climate Policy," *Environmental Politics*, Vol. 25, No. 5, 2016, pp. 853–874.

欧盟采取数量管制源于欧盟范围内碳税协议的失败。2005年，欧盟通过排放交易体系以补充在各成员国中已广泛实施的碳税政策。它是欧盟气候政策的核心部分，以限额交易为基础，提供了一种以最低经济成本实现减排的方式。由于欧洲经济衰退和配额供应过量，欧盟排放交易体系近些年来呈现饱和状态，欧盟碳排放配额（European Union Allowance，EUA）价格持续在低位徘徊，清洁发展机制项目产生的核证减排量（Certified Emission Reduction，CERs）价格更是不断下挫。总体而言，作为欧盟气候政策支柱的碳交易市场仍然被广泛地认为是具有高流动性、运转良好的市场。鉴于全球碳交易市场的巨大商机，全球碳交易市场的分割状态正在加剧，这使得欧盟的危机感加强。为巩固欧盟减排机制在全球碳交易市场的领导地位，同时也考虑到条块分割的市场交易将增加不必要的交易成本，欧盟利用欧盟减排机制较容易与未来国际排放交易接轨的优势，将建立与其他地区碳市场机制的联系作为重要一步，确保在全球市场框架内的规则制定权。

从20世纪70年代开始，欧盟选择了价格管制，而美国选择了数量管制。从根本上说，这种不同强力反驳了新自由主义的单一解释，深刻反映了美欧资本主义的差异。在气候政策上，美国更注重市场力量，欧盟致力于创造新的规制型市场。值得注意的是，21世纪初，由于国际示范效应和政策学习，美欧逐渐形成一种以市场为基础的混合政策，欧洲引入排放交易（数量管制），加州确立上网电价补贴机制（价格管制）。欧洲和美国开始综合使用价格管制和数量管制两种政策，欧洲的上网电价补贴和碳税以及美国的可再生能源组合标准和碳排放交易机制都在大西洋两岸广泛使用，并推广到全球各地。从地理范围的角度来看，两种政策的发展是不平衡的。欧盟的混合型政策，如欧盟排放交易机制，所影响的范围比美国的混合型政策要大。这反映出两者在强制性气候政策发展上的程度差异。实际上，政策形式上的趋同并不等同于环境政策严格程度的趋同。[1]2017 年 6 月 6 日，视线学会（Sightline Institute）[2]研究人员发布题为《地图：未来是碳定价，美国正在落后》（Map: The Future is Carbon-Priced and the US is Getting Left Behind）的简报指出，尽管美国宣布退出《巴黎协定》，但其他国家正积极迈向清洁能源的未来，碳定价是未来趋势。世界其他国家正在推进碳定价计划，并在清洁能源经济竞赛中占领先机。各国和地区继续推进碳定价。加拿大和墨西哥在 2018 年实施国家碳定价计划，而欧盟和中国正结成联盟，以成为低碳经济转型的全球领导者。与此同时，美国却落后了。[3]截至 2021 年，有 69 个国家的碳价格从每吨 1 美元到 139 美元不等。从历史上看，美国第一个碳定价提案于 1990 年提出，此后还有其他一些提案，但均未通过。拜登社会安全和气候计划中最新的碳定价提案超出了预期，作为"重建美好未来"（Build Back Better）计划的一部分，拟议的碳税将对每吨碳征收 20 美元的费用。但总体上，拜登的气候政策侧重于税收抵免，以刺激新能源的发展，在立法中有关增加碳税的举措停滞不前。[4]

---

[1] Jonas Meckling & Steffen Jenner, "Varieties of Market-based Policy: Instrument Choice in Climate Policy," *Environmental Politics*, Vol. 25, No. 5, 2016, pp. 853–874.

[2] 由 Alan Durning 于 1993 年创立的独立、非营利的研究与交流中心，旨在使太平洋西北地区成为全球可持续性的典范——强大的社区、绿色的经济和健康的环境。

[3] 全球变化研究信息中心：《碳定价：未来气候行动的大势所趋》，2017 年 6 月 30 日，http://www.globalchange.ac.cn/view.jsp?id=52cdc0665c0ed303015cf6cc3bce023c。

[4] Alicia Doniger, "As Climate Change Policy Takes Shape, Will the U.S. Ever Put A Price on Carbon?" Nov. 15, 2021, https://www.cnbc.com/2021/11/15/will-us-ever-put-a-price-on-carbon-as-part-of-climate-change-policy.html.

2016年7月20日，欧盟委员会提出题为《共同努力规则》（*Effort Sharing Regulation*）的立法提案，为2021—2030年各成员国确定了具有约束力的温室气体排放目标，这些目标涵盖了欧盟排放交易体系覆盖范围以外的所有经济部门，几乎占2014年欧盟排放总量的60%。根据各成员国人均国内生产总值的大小，不同成员国之间的年度温室气体减排目标在0%—40%之间变化。为了以一种具有成本效益的方式实现国家目标，欧盟委员会建议采取一种灵活性机制，从而允许各成员国抵消不被排放交易体系覆盖经济部门的温室气体排放。这种"灵活性机制"包括一次性给不被排放交易体系覆盖的经济部门分配一定数量的排放交易体系配额和获得由土地利用部门产生的排放信用。[1]欧盟强调碳排放交易体系的市场化运作和全球推广，力争在全球气候规制上取得更大的主动权。欧盟委员会于2021年7月提交了碳边境调节机制（Carbon Border Adjustment Mechanism，CBAM）提案。碳边境调节机制的目标是碳密集型产品的进口，防止来自非欧盟国家的产品进口抵消欧盟的温室气体减排努力，从而应对碳泄漏风险。[2]

小　结

20世纪90年代以来，随着经济相互依赖的加深，各国政治

---

［1］ 全球变化研究信息中心：《欧盟提出2021—2030年的国家减排目标和灵活机制》，2016年8月17日，http://www.globalchange.ac.cn/view.jsp?id=52cdc0665432fc8c015697cca13503a5。

［2］ "EU Ministers Reach Agreement on New Carbon Tax," https://www.bignewsnetwork.com/news/272392534/eu-ministers-reach-agreement-on-new-carbon-tax.

经济的差异日益受到重视。最为突出的表现就是美英等盎格鲁—撒克逊国家的经济较为相似，德国等欧陆国家具有共同特点。不同国家具有不同的制度结构来解决环境问题。美欧气候政策的主线在于前者以市场为导向，后者以协调合作为导向，总体差异体现在碳交易市场的范围、碳税税率上。碳税和碳交易等多样化市场政策在自由市场经济国家中成效有限。原因在于，美国作为自由市场经济的原型，新自由主义改革的力度越大，民众的经济担忧就越强，这种担忧很容易转化为反碳税政治思潮。此外，国家与能源公司利益的联姻也是当代新自由主义的一个主要表现。公司利益主导了气候政策。[1]这些国家在过去三十年中，经历着不同程度的去工业化和经济重构，导致数千万制造业和中层管理中中产阶级的就业岗位被削减。公司离开母国到发展中世界寻求更为低廉的成本，以新技术代替人工，曾经能够提供薪资优良、加入工会的职位的产业迅速减少，被低薪的、不受工会管理的、不受保障的服务业岗位所取代。除制造业之外，这一时期大型零售商的大幅扩张，对传统零售商、家庭经营的商店和现存供应链造成巨大破坏。此外，在成千上万的工人失去了雇主给予的福利的同时，施加于联邦政府、州政府和地方政府的财政限制意味着先前充足的社会保障网络将被削减。[2]这一状况在一系列比较资本主义研究中都有涉及。丹麦学者哥斯塔·埃斯平–安德森（Gøsta Esping-Andersen）在其权威著作《福利资本主义的三个世界》中指出，相对于法团主义和社会民主福利国家，美国、

[1] Robert MacNeil, "Death and Environmental Taxes: Why Market Environmentalism Fails in Liberal Market Economies," *Global Environmental Politics*, Vol. 16, No. 1, 2016, pp. 21–37.

[2] Ibid.

加拿大与澳大利亚等自由主义福利国家的去商品化程度最低，为市场提供的保护是最弱的。[1]彼得·霍尔和大卫·索斯凯斯在《资本主义多样性》中也深入剖析了这一差异。这些经济体的主要制度特点包括劳动合同培训与教育体系、工会率、收入分配、市场管理等，都越来越多地反映出一种将工人及其生存条件全部商品化的资本主义形式。[2]

---

[1] [丹麦]哥斯塔·埃斯平-安德森：《福利资本主义的三个世界》，苗正民、腾玉英译，商务印书馆 2010 年版。

[2] Peter A. Hall and David Soskice, *Varieties of Capitalism: The Institutional Foundations of Comparative Advantage*, Oxford: Oxford University Press, 2001.

第三章　美欧绿色产业政策

美国官方文件中极少提及产业政策，“政府不是解决方案，而是麻烦所在”，这一里根在20世纪80年代提出的论断，深刻反映了美国传统观念中对于政府的不信任和对政府干涉的抵触。[1]产业政策在美国受到了广泛的批评和抵制，也因此极少进入公众视野，或像欧洲产业政策那样广泛地被讨论。美国虽未明确提出过产业政策，但却拥有事实上的产业政策。随着近年来经济全球化进程逐步放缓，美欧等发达经济体正利用多种议题推进产业政策。绿色产业政策是“将减缓气候变化作为整体社会福利政策目标约束因素的产业政策”。[2]在“市场失灵”或不完善的市场条件下，绿色产业的政策工具旨在促进结构性变革，实现绿色经济转型。美国绿色产业政策隐藏在公众视野之外，构成了一个综合各方力量的政策发展网络，主要体现为技术创新、次国家管理和规则性调控。[3]欧洲拥有丰富的绿色产业政策举措，

[1] Fred Block, “Swimming Against the Current: The Rise of a Hidden Developmental State in the United States,” *Politics & Society*, Vol. 36, No. 2, 2008, pp. 169–206.

[2] “European Green Deal,” https://www.bruegel.org/tag/european-green-deal/.

[3] Robert MacNeil and Matthew Paterson, “Neolineral Climate Policy: From Market Fetishism to the Developmental State,” *Environmental Politics*, Vol. 21, No. 2, pp. 230–247.

涵盖不同的地理区域。这些措施通常并不是互相协调的，甚至可能是相互冲突的。

第一节　绿色产业政策概述

政策制定者传统上使用产业政策来提高生产力、增强竞争力和促进经济增长。绿色产业政策遵循同样的国家驱动结构变革方法，同时也促成更广泛的社会和环境目标。[1]世界银行对“绿色产业政策”的定义是：“以产生环境效益为目的、以部门为单元、影响经济生产结构的政策。”[2]联合国工业发展组织（United Nations Industrial Development Organization，UNIDO）提出，绿色产业政策是一项“旨在触发和促进结构性变革，以应对当代日趋恶劣的环境问题和危机，并利于社会发展绿色经济、循环经济的产业政策”。[3]哈佛大学肯尼迪政治学院教授丹尼·罗德里克（Dani Rodrik）认为，绿色产业政策是利用政府干预来支持具有环境效益的国内产业而出台的特定产业政策，它已成为开发清洁能源替代品的主要政策工具，有助于减少对排放温室气体的能源的依赖，还利于创造就业和经济机会、应对气候变化。绿色产

[1] “Green Industrial Policy,” https://www.unep.org/explore-topics/green-economy/what-we-do/economic-and-trade-policy/green-industrial-policy.

[2] World Bank, “International Trade and Climate Change: Economic, Legal, and Institutional Perspectives (2007),” Washington, DC. https://openknowledge.worldbank.org/handle/10986/6831.

[3] UNIDO, “Practitioner’s Guide to Strategic Green Industrial Policy and Supplement to the Guide 2016,” http://www.un-page.org/files/public/practitioners_guide_to_green_industrial_policy.pdf.

业是新生行业，需要政府政策的支持和培育，并且，它们可能产生的巨大环境效益尚未被市场合理激发和预见，具有强大的发展潜力。[1]

绿色产业政策是产业政策的一个特定类别。广义而言，产业政策可以被称为“一套有选择性的、有计划的并且有利于某些产业发展的政策”，[2]也可以说，产业政策是“政府出台用来促进新产业的发展、新技术的创造和采用的政策”。[3]从直接支持某些产业起步和发展（如税收减免和补贴）到为创新型企业构建更有利的投资环境（如科学创新政策）等，都可以视为产业政策。[4]首先，绿色产业政策至少在五个重要方面超越了传统的产业政策概念[5]：（1）绿色产业政策将重点放在环境外部性上，认为这是一种额外的市场失灵；（2）绿色产业政策根据技术对环境影响的好坏来预测、区别出有益的绿色技术，从而系统性地引导投资行为朝着绿色经济方向发展；（3）绿色产业政策出台的目的是在短时间内实现结构性改革，以避免逾越环境临界点带来的灾难性风险；（4）绿色产业政策对政策宏观方向的依赖增加了不确定性，

[1] Dani Rodrik, “Green Industrial Policy,” *Oxford Review of Economic Policy*, Vol. 30, No. 3, 2014, pp. 469–491.

[2] Johannes Schwarzer, “Industrial Policy for a Green Economy,” Winnipeg: International Institute for Sustainable Development, 2013, http://www.iisd.org/publications/pub.aspx?pno=2846.

[3] Larry Karp, Megan Stevenson, “Green Industrial Policy: Trade and Theory,” Green Growth Knowledge Platform, 2012.

[4] Robert F. Keane, “The Green Advisor: SRI & Green Investing Grow Up,” *Investment Advisor*, November 2009.

[5] Wilfried Luetkenhorst, Tilman Altenburg, Anna Pegels, Georgeta Vidican, “Green Industrial Policy: Managing Transformation Under Uncertainty,” ResearchGate, 2014.

对政策实施如何落地要求更多特别的政策协调；（5）绿色产业政策要求以全球环境和共同自然生态资源为目标而进行可持续性管理。其次，绿色产业政策的支撑是绿色技术。绿色技术往往是无法得到充分市场投资的、具有高技术风险、高成本和不确定性的新技术。[1]最后，绿色产业政策的目标导向是绿色经济。联合国环境规划署（UN Environment Program，UNEP）执行主任艾瑞克·索尔海姆（Erik Solheim）认为，绿色产业政策超越传统产业政策，建立了一个包含环境和能源政策的框架，有利于加快结构转型，提高生产率。他提出，“绿色产业政策框架可以成为所有经济体应对结构转型的宝贵工具”。[2]

绿色产业政策比一般产业政策具有更广泛的政策目标和政策工具，主要体现在以下五个方面：第一，包容性绿色经济。联合国工业发展组织指出，绿色产业政策的特点之一是寻求将经济生产结构嵌入包容性的绿色经济概念。[3]联合国环境与发展会议（United Nations Conference on Environment and Development，UNCED）认为，绿色产业政策的特点是能够减少经济过程对环境的影响，确保经济发展包容性，并以此作为政策的核心目标。[4]全球环境问题和气候问题已无法通过市场本身

[1] Anna Pegels, “Lessons for Successful Green Industrial Policy,” 2015, https://www.die-gdi.de/externe-publikationen/article/lessons-for-successful-green-industrial-policy/.

[2] UN Environment, “Green Industrial Policy: Concept, Politics, Country Experiments,” 2017, https://www.un-page.org/files/public/green_industrial_policy_book_aw_web.pdf.

[3] UNIDO, 2016.

[4] UN Environment and DIE, *Green Industrial Policy: Concept, Policies, Country Experiences*, 2017.

来解决危机，此时需要政府的力量弥补市场机制的不足和缺陷，并以绿色化和低碳化为前景，稳步推进经济结构转型和升级。第二，协同性与全球性。绿色产业政策旨在应对全球气候变化带来的经济、政治、环境、民生、健康等问题。随着全球化的深入发展，这些问题已不再只是地区或者国家内部的事务。同时，与绿色产业相关的低碳市场和绿色产品的国际贸易使全球联系更加紧密。这就要求充分整合并考虑到国家、地区、全球各个行为体的协同潜力，并且要考虑不同目标之间的权衡和分工问题。[1]第三，政府主导性。绿色产业所需要的政府干预规模比一般性产业要大得多。绿色产业政策的政府主导性更强，其一，绿色产业的市场规模和投资很大程度上取决于绿色产业政策，绿色产业政策又是当前投资的结果。例如，未来的排放上限越不严格，当前投资的利润就越低。[2]其二，除了政策的经济影响，全球环境和气候问题对政府作用和能力的需求更加迫切。产业链的全球合作、绿色产品的国际贸易市场都依赖政策的支持和推进。第四，未来性与长期性。未来性指绿色投资能否盈利、绿色产业能否发展具有不可预估性；长期性指绿色产业政策是一项需要政策长期支持与扶持的过程。例如20世纪70年代，美国挑选了以玉米为原料的乙醇产业，而巴西决定扶持以糖为基础的乙醇产业，两国根据国情选择了不同的“选手”来参加这场绿色经济“大比

[1] World Economic Forum, *The Green Investment Report: The Ways and Means to Unlock Private Fnance for Green Growth*, 2013, Geneva, http://www.weforum.org/reports/green-investment-report-ways-and-means-unlockprivate-fnance-green-growth.

[2] Johannes Schwarzer, “Industrial Policy for a Green Economy,” International Institute for Sustainable Development, 2013, http://www.iisd.org/publications/pub.aspx?pno=2846.

拼”。[1]第五，新生产业。作为新生产业，绿色产业的发展潜力和市场空间大。在全球环境保护和绿色生活意识强化的背景下，未来的绿色产品、低碳市场和绿色国际贸易将会有更多的进步和发展，而绿色产业政策在其中将具有非常重要的作用。[2]

第二节　美国绿色产业政策

美国自1963年首次颁布《清洁空气法案》(Clean Air Act，CAA)起，即开始了绿色产业政策的发展之路，总体呈现出“稳中有进，健康积极”的发展态势，并在奥巴马执政时期达到顶峰，主要表现为政府补贴和采购、绿色技术研发、可再生能源产品和服务的推广等。特朗普上台后，为了实现“重塑环境政策”“重振煤炭产业”“削弱联邦政府监管权”三大目标，特朗普政府全面收缩和调整绿色产业政策，如削减补贴和预算、提高关税、废除前政府法案、重新制定标准等。同时，特朗普一面着手推卸美国在全球环境领域内的责任，一面开始收回联邦政府在国内绿色产业政策上的监管角色，逐渐增加地方政府的主导权。尽管如此，在政策缺位的情况下，随着全球社会对可再生能源产品和服务的需求量不断增大，地方政府、民间企业以及绿色产业政策支持者自

[1] Larry Karp, Megan Stevenson, “Green Industrial Policy: Trade and Theory,” Green Growth Knowledge Platform, 2012, https://www.greengrowthknowledge.org/research/green-industrial-policy-trade-and-theory.

[2] Bruce Greenwald, Joseph E. Stiglitz, “Helping Infant Economies Grow: Foundations of Trade Policies for Developing Countries,” *American Economic Review*, 2006, pp. 141–146.

主推进绿色产业政策的制定和实践，绿色产业政策发展势头逐渐增强，规模也有所拓展。

一、发展历程

绿色产业政策的核心是能源转型和经济发展，而能源和经济能否转型升级、绿色产业政策最终能否成功都离不开一个科学的顶层机制和目标设计。美国对绿色产业政策顶层设计的考量包含了一系列法律法规和规则机制等，其最早可以追溯到1963年的《清洁空气法案》。该法案规定了国家环境空气质量标准（National Ambient Air Quality Standards，NAAQS），并对空气污染物来源地区和企业颁布基于技术的最大可控标准（Maximum Achievable Control Technology，MACT），[1]为之后的绿色产业政策提供了技术标准检验和污染管制的蓝图。1975年国会通过了《能源政策与节约法案》（The Energy Policy and Conservation Act，EPCA），针对1973年的石油危机采取了全面的联邦能源政策措施，主要包括战略石油储备、消费产品节能计划（the Energy Conservation Program for Consumer Products）和企业平均燃油经济性规制（Corporate Average Fuel Economy Regulations）三项政策。在节能计划中，能源部负责开发、修订和实施电器和设备最低节能标准，[2]并对50多种涉及住宅、商业和工业的绿色产品实施了程序测试和最低标准检测。

[1] United States Environmental Protection Agency, “Summary of the Clean Air Act,” https://www.epa.gov/laws-regulations/summary-clean-air-act.

[2] “The Energy Policy and Conservation Act,” *William & Mary Environmental Law and Policy Review*, Vol. 1, 1976, http://scholarship.law.wm.edu/cgi/viewcontent.cgi?article=1488&context=wmelpr.

为应对能源危机和全球变暖问题，时任总统小布什于2005年颁布《能源政策法案》(Energy Policy Act of 2005)，为碳捕获和储存、清洁煤炭、生物燃料、核反应堆设计，包括首次明文确定的潮汐能等各种能源生产提供税收优惠、贷款担保和创新技术支持，[1]改变了长期以来的能源和绿色产业政策的传统。该法案通过对家庭能源产业和混合动力汽车产业实施经济激励，减少了天然气、电力和石油消费，一定程度上改善了居民生存环境和大气环境，减少了对进口石油的依赖。2007年《能源独立与安全法案》(The Energy Independence and Security Act of 2007)以能源清洁、独立、安全为目标，着重在公共建筑产业、照明产业等领域强调可再生能源性能和绿色产品效率，例如，在公共建筑产业方面，该法案提倡支持高性能绿色建筑产业发展，并制定零能耗计划；在照明产业方面，法案提出逐步淘汰低效能白炽灯，并鼓励节能照明产业的新技术研发。[2] 2008年的《能源改进和扩展法案》(Energy Improvement and Extension Act of 2008)为插电式混合动力电动汽车产业提供了一项新的税收抵免，并延长了现有的可再生能源税收抵免，包括纤维素乙醇和生物柴油的开发，以及风能、太阳能、地热能和水力发电。[3]

---

[1] 109th Congress, "Energy Policy Act of 2005," Government Publishing Office of the United States, https://www.gpo.gov/fdsys/pkg/PLAW-109publ58/pdf/PLAW-109publ58.pdf.

[2] 110th Congress, "Energy Independance And Security Act of 2007," Government Publishing Office of the United States, https://www.gpo.gov/fdsys/pkg/PLAW-110publ140/html/PLAW-110publ140.htm.

[3] 110th Congress, "Public Law 343," Government Publishing Office of the United States, https://www.gpo.gov/fdsys/pkg/PLAW-110publ343/html/PLAW-110publ343.htm.

自 2009 年奥巴马总统上任以后，为了应对大衰退和金融危机，奥巴马政府大力发展绿色产业，并创造绿色就业机会。这一时期，绿色产业政策的出台、绿色技术投资的许多激励措施都是在 2009 年《美国经济复苏和再投资法案》(American Recovery and Reinvestment Act of 2009，ARRA)中实施并加强的。该法案针对绿色产业提供包括贷款担保、税收优惠、补贴等在内的共计 270 多亿美元的扶持，[1]例如有 60 亿美元用于可再生能源和电力传输技术的贷款担保，有 30 亿美元用于支持制造汽车节能零部件和电动汽车技术。更重要的是，由绿色产业政策创造的新的就业岗位产生了直接效益，占总体就业规模的 21%。[2]

2013 年 6 月，奥巴马宣布了最终版《气候行动计划》(Climate Action Plan)，该计划最初于2008年制定，之后每两年更新一次。计划提出以减少国内碳排放为最终目标，以能源发电现代化、绿色化为主要路径，对能源企业和相关绿色产业进行监管，为美国应对气候变化做好准备。其中包括为减少温室气体排放和化石燃料使用的先进能源项目提供 80 亿美元的贷款担保，以支持对创新技术的投资；同时，指示环保署与绿色产业界内利益相关者密切合作，为新建和现有发电厂制定碳污染标准，提出到 2030 年累计减少至少 30 亿吨的碳污染的目标。[3]2015 年，奥巴马政

[1] 111th Congress, "Public Law 5," Government Publishing Office of the United States, https://www.gpo.gov/fdsys/pkg/PLAW-111publ5/html/PLAW-111publ5.htm.

[2] Christina Romer, Jared Bernstein, "The Job Impact of the American Recovery and Reinvestment Plan," Office of Vice President-Elect, 2009, http://www.ampo.org/assets/library/184_obama.pdf.

[3] The White House Office of the Press Secretary, "Fact Sheet: President Obama's Climate Action Plan," June 25, 2013, https://obamawhitehouse.archives.gov/the-press-office/2013/06/25/fact-sheet-president-obama-s-climate-action-plan.

府出台《清洁能源计划》(Clean Power Plan)。该计划旨在保护公众健康，减少家庭和企业的能源支出，创造数以万计的就业机会。它确立了有史以来第一个限制发电厂碳污染的国家标准，并提出以2005年为基准，到2030年时二氧化碳排放量减少32%、可再生能源发电量增加30%、可再生能源将占能源总量的28%，为消费者节约近1550亿美元的能源支出，[1]同时进一步加强低碳发电技术，包括可再生能源、能源效率、天然气、核能和碳捕获与储存技术等。

2008年金融危机之后，作为国家刺激经济活动的一部分，绿色产业政策迎来了新的发展。美国注入了数千亿美元资金发展绿色产业，主要政策工具包括以下形式：

第一，税收抵免(Tax Credits)。税收抵免是绿色产业政策最常用的工具之一，也是最直接有效的政策工具。对于个人和企业来说，绿色税收减免可以为绿色产业创造资金上的激励。投资税收抵免(Investment Tax Credit, ITC)和可再生能源生产税收抵免(Production Tax Credits, PTC)是美国在绿色产业和能源转型领域的两大主要政策工具，在风能、地热能、太阳能、水电、生物质、海洋动力等可再生能源发电产业和能源公用事业领域有着重要的激励作用。第二，研究与开发。研发是一项重要的绿色产业政策工具，因为它是产生绿色技术的核心。奥巴马执政时期迎来绿色产业政策发展的第二个高峰，其中一个重要表现即是加大了对研究与开发的资金投入。奥巴马政府提出，在2011财

[1] The White House Office of the Press Secretary, “Fact Sheet: President Obama to Announce Historic Carbon Pollution Standards for Power Plants,” August 3, 2015, https://obamawhitehouse.archives.gov/the-press-office/2015/08/03/fact-sheet-president-obama-announce-historic-carbon-pollution-standards.

年，为能源部研发和相关项目拨款127.97亿美元，[1]其中包括科学、国家安全和能源三大领域的活动。这一政策有利于鼓励各公共部门、机构与私营部门、国际组织、大学和各级政府合作，并将研究技术推广到能源产业和商业领域。第三，固定电价上网制（Feed-in tariff）。价格补贴是为促进可再生能源生产而创造的一系列长期的财政鼓励政策。价格补贴提供了稳定的能源价格，并为其消除成本劣势，保证了可再生能源生产商的收益，有利于投资和创新。其最常用的政策工具是上网电价制度。这一机制以稳定的溢价率为基准，从发电来源购买电力，设定和执行长期的供应合同。2009 年，佛罗里达州批准了美国第一个太阳能上网电价，继而又有 11 个州相继推出太阳能上网电价计划，极大地促进了太阳能电力使用和产业发展。[2]2012 年，加州推出了帕罗阿托尔清洁计划（Palo Alto Clean Program）。第四，补贴。针对目标产业的补贴是最常见的绿色产业政策工具形式之一，它有助于抵消绿色投资的私人成本。国际能源署（International Energy Agency，IEA）定义了三种类型的政府补贴：首先是财政转移或私人转移支付，由政府授权进行预算支出；二是提供低于成本的商品或服务项目；三是基于监管政策下的补贴。[3]1950—2010 年间，美国联邦政府对各种能源的补贴总额达到了历史最高水平。数据表明，石油、天然气和煤炭分别获得了 3690 亿美

[1] John F. Sargent Jr., “Federal Research and Development Funding: FY2011,” Congressional Research Service, 2011, https://fas.org/sgp/crs/misc/R41098.pdf.

[2] John Farrell, “Feed-in Tariffs in America: Driving the Economy with Renewable Energy Policy that Works,” 2009.

[3] International Energy Agency, 2011, http://www.iea.org/media/g20/1_2011_Joint_report_IEA_OPEC_OECD_WorldBank_on_fossil_fuel_and_other_energy_subsidies.pdf.

元、1210亿美元和1040亿美元，占同期能源补贴总额的70%。根据国会预算办公室（Congressional Budget Office）发布，2013年，联邦能源税收补贴年度支出164亿美元，其中可再生能源方面支出73亿美元。2016年，对可再生能源的补贴上升至109亿美元。[1]白宫多次表示，补贴直接促进了可再生能源产业的发展，从民用核能到水电、风能、太阳能和页岩气，美国联邦政府在新能源产业的发展中发挥了核心作用。第五，绿色政府采购（Green Government Procurement Policies）。政府绿色采购是政府在应对气候变化的背景下，为获得对环境友好的产品、工程和服务时所采取的绿色产业政策工具。美国鼓励公共部门及其供应商采购绿色产品，如采购节能电脑、再生纸、绿色清洁服务、电动汽车和可再生能源。根据财政部数据和公私部门合作协议，美国公共部门2017年的绿色产品采购总额为270亿美元。[2]第六，可再生能源投资组合标准（Renewable Portfolio Standards，RPS）。可再生能源投资组合标准是支持并增强可再生能源生产（如风能、太阳能、生物能和地热能等）的一项监管规定。该政策为可再生能源的年生产设定了最低限度，同时允许不同类型的可再生能源之间有更多的价格竞争，以促进竞争、效率和创新。其目的是以尽可能低的成本提供可再生能源，使可再生能源能够与更廉价的化石燃料能源竞争。

---

[1] Terry Dinan, “CBO Testimony, Federal Support for Developing, Producing, and Using Fuels and Energy Technologies,” March, 2017, https://www.cbo.gov/system/files/115th-congress-2017-2018/reports/52521-energytestimony.pdf.

[2] Federal Procurement Data System, “Federal Procurement Report of 2017,” General Service Administration of US, https://www.fpds.gov/fpdsng_cms/index.php/en/reports.

除以上六种主要政策工具外，还有其他更多的政策工具，如日出日落条款（Sunrise and Sunset Policies）、国产化要求（Local Content Requirements）、出口限制（Export Restrictions）、环境税（Environmental Taxes）、管制机制（Regulatory and Control Mechanisms）、贷款担保和优惠贷款（Loan Guarantees and Concessional Lending）、节能债券（Qualifed Energy Conservation Bonds）等。美国学者安·哈里森（Ann Harrison）和安德烈斯·罗德里格斯-克莱尔（Andrés Rodriguez-Clare）提出软工具和硬工具二分法，[1]有助于更好地认识美国绿色产业政策工具的实质及内容。软工具针对改善总体的投资环境，如资金扶持、抵押贷款、产业园区建设等；硬工具针对专门化产业和特定部门活动，如保护性进口关税，以及对各种产业的补贴，包括直接补贴、土地补贴、低息贷款、研发支持、税收减免等。

二、特朗普政府的绿色产业政策

特朗普对前政府的能源政策和绿色产业政策并不积极，而是支持传统能源，并且表示要使美国成为世界上最大的传统能源生产国、供应国。特朗普任内的环境政策有三大目标：第一，重塑美国环境政策，废除前政府制度规则、放松环境方面的监管等，并以“能源独立”“能源主导”“世界最大能源供应国”为主要目标；第二，重振传统能源产业，对煤炭产业和天然气产业大力支持和投入，优先推进传统能源基础设施建设；第三，削弱联邦政

[1] Ann Harrison and Andrés Rodriguez-Clare, “Trade, Foreign Investment and Industrial Policy for Developing Countries,” in Dani Rodrik and Mark Rosenzweig eds., *Handbook of Development Economics* (Vol. 5), The Netherlands: North Holland, Chapter 63, 2010, pp. 4040–4198.

府在环境领域和政策制定方面的作用，给予地方政府更多自主性和灵活性。

（一）政策收缩

特朗普签署了一系列行政命令和总统备忘录，兑现了他的竞选承诺，包括减轻监管负担、创造就业机会、削减可再生能源投入资金、重振煤炭产业和推进能源基础设施建设等。第一，推卸全球责任。特朗普反对大多数旨在保护环境和促进绿色产业的立法和资金投入，并且将“美国利益优先”贯穿在其大部分政策中。2017 年 6 月 1 日，特朗普在白宫发表演讲时表示退出《巴黎协定》是必要的，因为“该协定给我们国家带来了严峻的财政和经济负担”，[1]在他看来，《巴黎协定》并没有“给世界主要污染国施加必要的义务”。2017 年 12 月 18 日，特朗普宣布美国将把气候变化从国家安全威胁名单中删除。无论是在国际范围还是国内，特朗普均主张削弱美国在绿色和能源领域的领导地位，他认为“没必要承担高额成本且回报甚微的责任”。例如，特朗普任内的第一个立法行动是废除《多德–弗兰克法案》（Dodd-Frank act）的修正案。该修正案是奥巴马政府时期的标志性成就之一，同时也获得了 30 多个国家的支持。该修正案要求石油、天然气和矿业公司披露向外国政府支付的款项，并提高透明度。[2]

第二，废除前政府规则和法案。2018 年 9 月 18 日，环保署宣布废除奥巴马时代的甲烷排放规定，降低石油和天然气公司监

[1] Tom Basile, “Trump’s Energy Policy Shows Global Vision,” December 20, 2018, https://www.realclearenergy.org/articles/2018/12/20/trumps_energy_policy_shows_global_vision_110373.html.

[2] “Evaluating the Environmental Impacts of Trump’s Presidency,” Feb 6, 2018.

测和减少油井等排放甲烷的要求。2018 年 12 月 6 日，特朗普政府正式宣布撤销部分奥巴马时代的煤炭产业规则，取消对燃煤电厂排放温室气体的部分限制[1]，不再要求工厂达到严格的排放目标，而是达到或低于工厂通过碳捕获和储存技术所能达到的排放水平。此外，白宫还提议废除或撤销美国国务院的全球气候变化倡议（Global Climate Change Initiative）[2]、碳的社会成本规则（Social Cost of Carbon）、监管海上钻井作业的安全措施规则[3]、地表采矿办公室（Office of Surface Mining）的河流保护规定（River Protection Regulations）[4]，以及保护切萨皮克湾、五大湖和普吉特湾地区的资源保护项目等多项总统行动、规则和报告。[5]

第三，重建新标准。燃油效率标准或称燃油经济性规则（Corporate Average Fuel Economy Standards，CAFE）是奥巴马政府时期出台的一项产业政策标准。2017 年 3 月 15 日，美国环保署署长斯科特·普鲁特（Scott Pruitt）和美国运输部秘书长赵小兰（Elaine Chao）宣布，环保署将重新考虑奥巴马时代对 2022 年至 2025 年车型年份的汽车排放要求。此举预示着奥巴马时代

［1］ 奥巴马政府于2015年通过的这项规定，旨在限制发电厂的二氧化碳排放污染。

［2］ 该倡议在2017年获得了1.6亿美元的资金，主要目的是帮助其他国家通过能源转型和开发清洁技术更好地应对气候变化的影响。

［3］ 2019年5月2日特朗普政府宣布撤销监管海上钻井作业的安全措施规则，该规则是奥巴马在 2010 年针对英国石油公司在墨西哥湾的油井爆炸事件而设立的海上钻井作业的安全规定，包括对钻井设备及工作人员进行详细安全检查。

［4］ 该规定于2016年12月发布，要求煤炭公司禁止山顶采矿活动。因为煤炭露天开采活动产生的有毒废弃物会污染当地水道、土壤环境和威胁居民健康安全。

［5］ White House, Energy and Environment, “Presidential Executive Order on Promoting Energy Independence and Economic Growth,” March 28, 2017.

的燃油经济性规则标准将出现调整或废改。2018 年 4 月 2 日，普鲁特在一份新闻稿中宣布，美国政府经重新审视奥巴马政府对汽车和轻型卡车的燃油效率标准，考虑降低汽车排放标准。普鲁特认为，奥巴马政府的决定是错误的。2018 年 8 月 2 日，特朗普宣布修改奥巴马时代的燃油经济性规则。美国国家公路交通安全管理局（National Highway Traffic Safety Administration，NHTSA）发布了“安全车辆规则”（SAFE Vehicles Rule）。“安全车辆规则”是特朗普政府提出的对 2021—2026 年款乘用车和轻型卡车燃油效率标准的修改，将这些平均燃油经济性标准冻结到每加仑 37 英里。特朗普政府表示，新标准是一项必要的安全措施，将降低新车的成本，从而鼓励人们购买更新、更安全的汽车。[1]

第四，削减补贴、科研经费、预算和人员。2017 年 3 月 13 日，白宫公布了特朗普总统任内的第一份初步预算。这份预算概述了对美国科学和环境机构——尤其是环保署（Environment Protection Agency，EPA）与国家海洋和大气管理局（National Oceanic and Atmospheric Administration，NOAA）项目的大幅削减，环境科学、能源转型、绿色技术等研究预算受到威胁。预算建议取消环保署为《柴油排放削减法案》（Diesel Emissions Emissions Emissions Act）[2] 提供的补贴，以及由国家海洋和大

[1] U.S. Department of Transportation, “U.S. DOT and EPA Propose Fuel Economy Standards for MY 2021–2026 Vehicles,” 2 August 2018, https://www.transportation.gov/briefing-room/dot4818.

[2] 该法案旨在资助更换和改装旧式柴油发动机。从 2009 年到 2013 年，该项目拨款 5.2 亿美元。环保署估计这笔补贴若取消，将不会减少 31.25 万吨烟雾形成的氮氧化物排放，并防止 750 至 1700 人过早死亡。

气管理局主导的海洋拨款（Sea Grant）[1]和20%的海洋能源产业研究。2017年5月23日，特朗普在提交给国会的2018年预算中要求大幅削减环境科学研究和一系列保护空气和水的绿色产业项目。这份名为"美国伟大的新基础"（A New Foundation for American Greatness）的预算草案将美国环境保护局的预算削减了31%。[2]根据世界资源研究所（World Resources Institute）的一项分析，这些削减可能导致27亿美元的支出削减和3200个就业岗位的减少。拟议的预算取消了恢复五大湖生态环境、切萨皮克湾和普吉特湾基建的主要项目，终止了环保署的降低铅风险和氡检测项目，并削减了超级基金清洁项目（the Superfund Cleanup Program）的资金。[3]2019年预算文件草案显示[4]，政府要求国会大幅削减能源部可再生能源和能效项目的预算达70%以上，从2017年预算的20.4亿美元削减到5.755亿美元，还有可能将员工数量从2017年的680人削减到2019年的450人。特朗普在国情咨文中公开表示支持化石燃料行业，认为清洁煤炭才是代替可再生能源和绿色技术以解决气候变化问题的最佳方案。同时，美国环境保护署建议部分或彻底地取消该机构的气候变化

[1] 该项目是一个广受美国国民欢迎的科研项目，拨款7300万美元，旨在对美国水体和污染处理进行务实的研究。

[2] U.S. Environmental Protection Agency, 2017b, "FY 2018 EPA Budget in Brief," May 23.

[3] U.S. Office of Management and Budget, "A New Foundation For American Greatness (Fiscal Year 2018)," 23 May 2017, https://files.eric.ed.gov/fulltext/ED576938.pdf.

[4] Chris Mooney, Steven Mufson, "White House Seeks 72 Percent Cut to Clean Energy Research, Underscoring Administration's Preference for Fossil Fuels," February 1, 2018.

研究项目、[1]自愿减排项目、能源之星项目（Energy STAR）[2]和其他环境服务。

第五，降低监管力度。总统特朗普承诺改变环保署、土地管理局（Bureau of Land Management，BLM）和其他联邦机构的监管立场。监管改革议程重点是放松对现有政策和计划的管制。2017 年 1 月 30 日，他签署了关于减少监管和控制监管成本的 13771 号行政命令（Executive Order 13771 on Reducing Regulation and Controlling Regulatory Costs），[3]该命令强制执行 1∶2 法则，要求各机构用一条新设法规来废除两条现有法规。特朗普政府随后又发布了第二份有关监管改革的行政命令。2017 年 2 月 24 日，他签署了关于执行监管改革议程的行政命令 13777（Executive Order 13777 on Enforcing the Regulatory Reform Agenda），该命令要求每个联邦机构建立一个“监管改革工作组”（Regulatory Reform Task Force），向机构负责人建议废除、替换或修改具有以下特点的规则：（1）抑制就业机会创造的法规；（2）过时的、不必要的或无效的法规；（3）成本严重超出收益的规则。因此放松环保署的监管力度成为特朗普上台后调

---

[1] 该项目每年耗资 1600 万美元。

[2] 该项目由国家环境研究中心（NCER）管理和监督，旨在为环境、绿色技术研究计划提供资金，并向外部环境研究人员发放赠款和奖学金，是一个广受欢迎的标志性节能产品。从 2002 年到 2016 年，能源之星的预算（经通货膨胀调整）下降了超过 70%，2018 年预算提议废止该项目未果，在 2019 年预算提议向企业收取“用户费用”使该项目在财政上自给自足。

[3] Robert W. Hahn, Andrea Renda, “Understanding Regulatory Innovation: The Political Economy of Removing Old Regulations Before Adding New Ones,” August 19, 2017, https://ssrn.com/abstact=3022552.

整绿色产业政策方向的变化之一。[1]

（二）调整联邦政府与州政府的职能分工

特朗普政府重新调整了联邦与州在环境政策、绿色产业政策上的职能分工关系。环保部、内政部（Department of the Interior，DOI）和其他机构已经开始全面调整前政府的方案，除撤销和废除等行动外，还有推迟执行和重新审议联邦法案。例如，2017年6月，普鲁特宣布环保署把各州履行奥巴马政府在2010年10月制定的臭氧环境浓度标准的最后期限延长一年。9月20日，普鲁特还将奥巴马时代的一项规定的最后期限从2018年推迟到2020年，该规定限制从发电厂向公共水道排放有毒金属（如汞、砷、铅）。[2]除了这些行动，环保署还宣布了重新审议大量其他污染相关规则的计划，如燃料效率标准、煤灰废物处理规则以及电厂启动、关闭和故障排放规则，还有与自然资源管理相关的问题，如保护松鸡栖息地的计划和保护国家海洋保护区和补贴海洋清洁能源研究的计划[3]。此外，将更多责任转移至各州政府，承诺与各州密切合作，这体现在环保署政策的两份早期声明及一份初步预算蓝图中。2017年4月，普鲁特呼吁制定一个“回归基层”的议程（Back-To-Basics Agenda）：环境保护署将重新承担其核心使命——通过与州、地方伙伴合作，制定合理

[1] Marcus Peacock, “Implementing a Two-for-One Regulatory Requirement in the U.S.,” George Washington University Regulatory Studies Working Paper, 2016.

[2] Brady Dennis, “Trump Administration Halts Obama-era Rule Aimd at Curbing Toxic Wastewater from Coal Plants,” *Washington Post*, 13 April 2017.

[3] Nadja Popovich, Livia Albeck-Ripka, “52 Environmental Rules on Way Out Under Trump,” *New York Times*, October 6, 2017.

法规来保护环境。[1]尽管这份声明偏离了环保署一直以来的官方使命，即“保护人类健康和环境”，也没有提到促进经济增长，但普鲁特在这里明确强调了与地方政府密切合作的议程。[2]随着环保署2018—2022财年战略计划草案的发布，特朗普政府又发布了第二份政策声明。在该文件中，环保署强调战略计划的目的是：（1）环保署重新回归于其核心使命；（2）恢复各州的权力；（3）改革领导机构程序，坚持法治。[3]该战略计划并不是一份详细的执行文件，但它表明了环保署希望改变职能分工的意愿。

（三）废除《清洁能源计划》

特朗普的议程主旨之一是促进国内传统能源生产、创造就业和改善经济增长，上任以后他已颁布多项行政令来指示联邦机构替换或废除那些阻碍其议程主旨的法规。其中一个重要举措是对《清洁能源计划》进行审查和废除。特朗普在竞选期间曾批评过《清洁能源计划》，认为其“大大超出了联邦政府本该有的权限，不仅规定过度、繁多，而且成本高昂[4]、回报甚微”，谴责它是煤炭行业和整体经济的不公平负担。他在竞选期间曾承诺恢复煤炭开采工作，并在化石燃料行业创造新的就业机会，而《清洁能源计划》是实现其目标的一大障碍。2017年3月，总统特朗

[1] U.S. Environmental Protection Agency, “EPA Launches Back-To-Basics Agenda at Pennsylvania Coal Mine,” 13 April 2017, https://www.epa.gov/newsreleases/epa-launches-back-basics-agenda-pennsylvania-coal-mine.

[2] Ibid.

[3] U.S. Environmental Protection Agency, “Draft FY 2018–2022 EPA Strategic Plan: Public Review Draft,” October 2, 2017.

[4] 根据NERA经济咨询公司的数据，奥巴马政府的《清洁能源计划》每年可能耗资390亿美元。

普签署了一项行政命令，要求环保署采取措施废除《清洁能源计划》。2017 年 10 月 10 日，美国环保署正式表明废除该计划的意图，称取消这项计划将“促进美国能源资源的开发，并减少不必要的监管负担”[1]。

共和党认为，《清洁能源计划》对传统能源供应商提出惩罚性要求，降低美国制造商的竞争力，导致就业岗位减少，并破坏美国的能源安全。例如，美国行动论坛（American Action Forum）数据表明，该计划本质上迫使各州提前淘汰燃煤电厂，可能会造成 1 万亿美元的产出损失和 12.5 万个就业岗位减少，低收入和中等收入的民众，尤其是少数族裔和老年人，首当其冲。[2]美国国家经济研究协会（National Economic Research Associates）指出，该计划可能导致 40 个州的电价出现两位数上涨。[3]美国国家矿业协会（National Mining Association）称，该计划将导致煤炭产量下降 2.42 亿吨，而这与特朗普政府“重振煤炭产业”的目标完全相反。莱斯大学的查尔斯 · 麦康奈尔（Charles McConnell）认为，“该计划完全是徒劳的，美国 2025 年辛苦一年的减排成效将在三周内被其他国家或地区排放抵消”。[4]

[1] U.S. Environmental Protection Agency, “Complying with President Trump’s Executive Order on Energy Independence,” October 26, 2017, https://www.epa.gov/energy-independence.

[2] 根据2015年对能源价格的分析，中等收入的美国人将税后收入的近20%用于住宅和交通能源，而低收入的美国人的这一消费超过 25%。

[3] White House, Energy and Environment, “President Donald J. Trump Wants Reliable and Affordable Energy to Fuel Historic Economic Growth,” August 21, 2018, https://www.whitehouse.gov/briefings-statements/president-donald-j-trump-wants-reliable-affordable-energy-fuel-historic-economic-growth/.

[4] Charles D. McConnell, “Statement on Committee on Science, Space, and Technology Subcommittee on Environment,” 26 May 2016, https://science.house.gov/imo/media/doc/McConnell%20Testimony_0.pdf.

国会两党的大多数议员反对《清洁能源计划》，最高法院暂缓了它的实施，这是美国最高法院前所未有的一次干预，甚至还包括27个州、24个行业协会、37个农村电力合作社和3个工会在内的150个实体对这一计划提出诉讼。[1]诉讼指出，《清洁能源计划》已经超越了《清洁空气法案》赋予它的权力。实际上，《清洁能源计划》是一项已成型、已发布的规则，因此在撤销前，需要经过复杂的规则撤销过程。出台一项替代计划或规则，尽管需要经过漫长的审核和评论过程，但比直接撤销的效果更明显、更省时。普鲁特上任时表示，"我们致力于纠正奥巴马政府的错误。任何替代规则都受欢迎，并且都将认真、谦逊地听取所有受该规则影响的人的意见"。[2]

随后，美国环保署发布了一份关于"拟议修法的提前通知"（Advanced Notice of Proposed Rulemaking，ANPRM），称其正在"征求各州和联邦政府在设定温室气体排放限制方面的适当和有效的建议"。尽管"提前通知"正在寻求对替代规则的意见，然而有一些政府官员仍然坚定地希望在没有替代规则的情况下直接废除《清洁能源计划》。在争论之后，2018年8月21日，特朗普政府公布一项新计划《可负担的清洁能源规则》（Affordable Clean Energy，ACE），旨在代替和废除奥巴马政府时代对美国所有燃煤电厂的统一规定，并赋予各州独立的监管权力。《可负担

[1] White House, Energy and Environment, "President Trump's Energy Independence Policy," March 28, 2017, https://www.whitehouse.gov/briefings-statements/president-trumps-energy-independence-policy/.

[2] U.S. Environmental Protection Agency, "EPA Takes Another Step to Advance President Trump's America First Strargey, Proposes Repeal of 'Clean Power Plan'," October 10, 2017.

的清洁能源规则》将征求公众意见，制定新的排放指南，这条规则为各州提供了多样的、灵活的、可靠的能源投资组合，供各州在制定限制发电厂温室气体排放的计划时使用，并且适合各州的具体需求。[1]其主要通过以下四项关键行动来减少排放：（1）将现有电厂的“最佳减排系统”定义为现场热效率的提高；（2）向各州提供可用于制定绩效标准的“候选技术”清单，这些技术可纳入各州的清洁空气计划；（3）更新环境保护署的新来源审查许可计划（New Source Review，NSR），鼓励对创新发电厂技术的投资；（4）调整规章制度，使各州有足够的时间和灵活性来制定州计划。白宫发言人称，“我们不会利用我们的权力来‘挑选能源市场上的赢家和输家’。自上而下、一刀切的联邦命令时代已经结束。可靠和廉价的能源是美国实力的基础。没有它，我们的繁荣和安全就会失去控制”。[2]与奥巴马政府的《清洁能源计划》不同，特朗普政府的《可负担的清洁能源规则》允许各州建立符合环保署排放指南的绩效标准，不会干扰各州构建多样化、可靠的能源组合，从而为经济增长提供负担得起的能源。同时，《可负担的清洁能源规则》可以在减少温室气体排放的同时节约高达64亿美元的履约成本，并且大大减少官僚主义和形式主义，使美国的能源价格保持在可承受的水平，确立美国在能源领域的主导地位，并在世界舞台上保持竞争力，确保美国仍然是世界能源生

[1] White House, Energy and Environment, “President Donald J. Trump Wants Reliable and Affordable Energy to Fuel Historic Economic Growth,” August 21, 2018.

[2] White House, Energy and Environment, “A Better Way to Ensure Clean, Reliable Energy,” August 21, 2018, https://www.whitehouse.gov/articles/better-way-ensure-clean-reliable-energy/.

产和环境保护的标杆。

（四）政策影响

第一，联邦政府职能缺位。自特朗普上台以后，其“能源主导”和“能源独立”战略一直是联邦政府在环境和绿色产业政策方面的主流，即重振煤炭行业、缩减对可再生能源和绿色技术的投入。特朗普政府支持美国能源独立，放宽化石能源管制，释放页岩气潜能以降低天然气价格，[1]强调增加页岩气部门就业、支持美国成为世界最大的液化天然气出口国。[2]2017年，美国结束了60多年的天然气净进口国身份，成为净出口国。美国能源署（Energy Information Administration，EIA）发布数据表示，2019年2月，美国天然气日均净出口量为46亿立方英尺，连续13个月实现出口超过进口。能源署在其短期能源展望（Short Term Energy Outlook，STEO）中预测，2020年为75亿立方英尺，美国最早将在2022年成为净能源出口国，[3]这背后主要受石油和天然气产业政策的支持和市场变化的驱动。特朗普政府认为，《清洁能源计划》动用了政府力量，使煤炭行业破产。因此废除这种计划是正确的，“应该让市场而不是联邦政府为美国的未来选择正确的能源组合”。[4]能源部2019年预算要求新增2.81

[1] Trump White House, “President Donald J. Trump Has Unleashed American Producers and Restored Our Energy Dominance,” https://trumpwhitehouse.archives.gov/briefings-statements/president-donald-j-trump-unleashed-american-producers-restored-energy-dominance/.

[2] Trump White House, “President Donald J. Trump Unleashes America’s Energy Potential,” https://trumpwhitehouse.archives.gov/briefings-statements/president-donald-j-trump-unleashes-americas-energy-potential/.

[3] 胡琛：《连续13个月净出口！美国无愧北美“产气一哥”》，2019年5月7日，https://wallstreetcn.com/articles/3521540。

[4] White House, Energy and Environment, “Trump’s Energy Progress,” March 29, 2017, https://www.whitehouse.gov/briefings-statements/trumps-energy-progress/.

亿美元用于化石燃料的研发，其中2亿美元将用于研发“清洁煤炭”。同时，联邦政府有必要减少关于可再生能源和绿色技术的政策和行动，给予州政府更多的权力。[1]

尽管这在诸多企业和民众看来是联邦政府不作为的托词，但部分州级官员对特朗普的政策表示支持。阿拉斯加州州长迈克·邓利维（Mike Dunleavy）表示，“感谢特朗普总统认识到需要强有力的能源基础设施、监管改革和释放美国巨大的能源资源”。[2]北达科他州州长道格·伯格姆（Doug Burgum）表示，“简化基本能源基础设施的审批流程，确保市场准入，允许北达科他州这样的出口州在保护我们的清洁空气、水和土地的同时，支持美国的能源主导地位”。[3]得克萨斯州州长格雷格·阿伯特（Greg Abbott）表示，在克罗斯比宣布的总统行政行动，将加快石油和天然气的生产，并为得克萨斯州带来更多的就业机会。[4]爱达荷州州长布拉德利·里托（Bradley Little）、怀俄明州州长马克·戈登（Mark Gordon）也通过不同方式支持特朗普的传统能源政策。[5]此外，美国燃料和石化制造商（American Fuel & Petrochmical Manufacturers，AFPM）总裁兼首席执行官切

[1] White House, “President Trump’s Energy Independence Policy,” 28 March 2017, https://www.whitehouse.gov/briefings-statements/president-trumps-energy-independence-policy/.

[2] White House, “WTAS: Support for President Donald J. Trump’s Executive Orders on Energy Infrastructure Development,” 12 April 2019, https://www.presidency.ucsb.edu/documents/press-release-wtas-support-for-president-donald-j-trumps-executive-orders-energy.

[3] Ibid.

[4] Ibid.

[5] Ibid.

特·汤普森（Chet Thompson）表示坚定支持特朗普的行政命令。美国天然气协会（American Gastroenterological Association，AGA）对“旨在加快批准、批准和建设管道和其他能源基础设施的行政命令表示赞赏”。[1]

第二，地方政府自主推进。州和地方政府正在自主推进可再生能源和绿色产业的发展。在这些城市中，其中有六个主要的“排头兵”城市，包括科罗拉多州的阿斯彭、佛蒙特州的伯灵顿、得克萨斯州的乔治敦、堪萨斯州的格林斯堡、阿拉斯加州的科迪亚克岛和密苏里州的洛克波特。它们通过现场安装、场外采购和可再生能源证书等方式实现可再生能源目标。州级层面上，加州、伊利诺伊州、新泽西州、纽约州和华盛顿州等多个州都承诺在2040年至2050年间生产无碳能源。加利福尼亚州承诺到2030年该州50%的能源将来自可再生能源。加州的龙头绿色产业——莫哈韦沙漠的风力涡轮机和太阳能电池板一直为该州提供可再生清洁能源。到2050年，加州50%的能源将由太阳能发电厂和陆上风能发电，并且，风力发电预计将占加州能源的35%。新墨西哥州公共服务部（Public Service of New Mexico）发布了其持续至2036年的综合资源计划（Integrated Resource Plan），计划指出“我们的能源计划较好地适应了正在发生变化的能源需求。从长远来看，用可再生能源技术和更灵活的发电机取代煤炭供应，将为客户节省资金，并有效改善环境”。[2]

---

[1] White House, “WTAS: Support for President Donald J. Trump’s Executive Orders on Energy Infrastructure Development,” April 12, 2019.

[2] Ken Silverstein, “As Trump’s Political Clout Teeters, His Energy Policies Are Becoming Irrelevant,” Jan 1, 2019, https://www.forbes.com/sites/kensilverstein/2019/01/01/as-trumps-political-clout-teeters-his-energy-policies-are-becoming-irrelevant/#51bbeba92046.

众多依靠雄心勃勃的可再生能源目标竞选的州长候选人在中期选举中获胜。例如，伊利诺斯州新任州长普利兹克（J.B. Pritzker）呼吁该州到2025年可再生能源比例将达到50%，至2050年达到100%。科罗拉多州的贾里德·波利斯（Jared Polis）在一个平台上倡导到2040年实现100%的可再生能源，以及扩大分布式能源资源和效率的项目。新墨西哥州州长米歇尔·卢詹·格雷厄姆（Michelle Lujan Grisham）计划到2030年实现50%的可再生能源，到2040年实现80%的可再生能源目标。[1]缅因州州长珍妮特·米尔斯（Janet Mills）支持到2050年实现100%清洁能源的目标，并提倡扩大分布式发电。[2]内华达州州长史蒂夫·西索拉克（Steve Sisolak）将他的能源计划与一项成功的清洁能源投票计划联系在一起，该计划将修改州宪法，要求到2050年可再生能源的比例必须达到50%。[3]

第三，民间企业绿色转型势头增强。尽管化石燃料仍是美国的主要能源，但可再生能源的最新发展表明，2018年，美国在可再生能源的采购、开发等方面出现了前所未有的增长，企业在联邦政府职能缺位的情况下发挥了重要作用，美国能源体系发生了显著变化，可再生能源占美国总发电量的17%。预测显示，到2050年，风能、太阳能和储能可以满足美国80%的能源需求。过去十年来，美国企业在全球范围内掀起了购买可再生能源的热潮。美国公司购买了史无前例的6.43 GW可再生能源，足以

[1] Gavin Bade, “Ballot Initiative Flops Mask Strong Election for Clean Energy,” November 7, 2018. https://www.utilitydive.com/news/ballot-initiative-flops-mask-strong-election-for-clean-energy/541626/.

[2] Ibid.

[3] Ibid.

为 150 多万户美国家庭提供电力。越来越多的公司也公开承诺使用可再生能源电力。2019 年，有 53 家财富 500 强公司制定了 100% 可再生能源的目标；而在 2017 年 2 月，只有 23 家公司有相同的目标。[1]

同时，美国各大电力公司正在积极推动低碳转型。2017 年 12 月，美国最大的电力公司之一埃克西尔能源（Xcel Energy）率先承诺到 2050 年实现完全脱碳。埃克西尔能源公司预计，与 2005 年相比，碳排放量到 2021 年将下降 45%，到 2030 年将下降 80%，到 2050 年将达到 100%。埃克西尔在科罗拉多州的竞争对手普拉特河电力管理局（Platte River Power Authority）承诺到 2030 年消除所有碳排放。[2]新时代能源（NextEra Energy）旗下的佛罗里达电力照明公司（Florida Power & Light）承诺到 2030 年在佛罗里达州安装 3000 万块太阳能电池板。新时代能源公司表示，这将产生 1 万兆瓦的太阳能发电量，高于整个州的 2159 兆瓦。[3]总部位于密歇根州的电力公司消费能源公司（Utility Consumer Energy）于 2018 年 2 月宣布，到 2040 年，该公司将减少 80% 的碳排放，并停止使用煤炭，同时 40% 的电力来自可再生能源。这是一家传统上主要依赖煤炭的电力公司作

---

[1] Emily Kaldjian and Priya Barua, "The US Underwent a Quiet Clean Energy Revolution Last Year," January 23, 2019. https://www.wri.org/blog/2019/01/us-underwent-quiet-clean-energy-revolution-last-year.

[2] Jacy Marmaduke, "Fort Collins Power Provider Commits to Cut All Carbon Emissions by 2030," *The Coloradoan*, December 6, 2018, https://www.coloradoan.com/story/news/2018/12/06/northern-colorado-utility-commits-100-percent-renewable-electricity/2215172002/.

[3] Julian Spector, "Unpacking Florida Power & Light's '30 Million Solar Panels' Promise," January 18, 2019, https://www.greentechmedia.com/articles/read/florida-power-and-lights-30-million-panel-promise-mean-for-florida.

出的重大承诺。[1]2018 年 5 月，总部位于爱荷华州、服务于 77 万客户的中美能源控股公司（MidAmerican Energy）宣布，到 2020 年新风电场建成时，该公司将成为美国首家 100% 利用可再生能源满足客户用电需求的电力公司。[2]与此同时，尼索思（NiSource）旗下的北印第安纳公共服务公司（Northern Indiana Public Service Co.）也表示要让其全部燃煤机组提前退役，代之以风力和太阳能发电厂。[3]

三、美国绿色产业政策面临的挑战

（一）中央与地方的职能分工

应对空气和水污染、自然资源退化到气候变化等挑战，美国的相关政策应由联邦政府或是地方主导，且哪一个层级更有合理性，针对这一问题争论不休。事实上，在过去 50 年中，美国的环境政治和政策反映了联邦政府与州政府以及地方当局之间的分歧和争论，仿佛一场“拔河”游戏。[4]如小布什政府曾在一段时期内采取了更多由各州主导的行动。奥巴马执政时期又将权力的天平从各州重新回归到联邦政府。而特朗普在竞选之初就曾

---

[1] John Flesher, “Michigan’s Consumers Energy to Stop Burning Coal by 2040,” *The Associated Press*, February 19, 2018, https://www.usatoday.com/story/money/energy/2018/02/19/michigans-consumers-energy-stop-burning-coal-2040/351455002/.

[2] MidAmerican Energy Company, “MidAmerican Energy Passes 50 Percent Mark in Renewable Energy,” June 20, 2018, https://www.messengernews.net/news/local-business/2018/07/midamerican-passes-50-percent-in-renewable-energy/.

[3] NiSource, “NIPSCO Announces Addition of Three Indiana-Grown Wind Projects,” February 1, 2019, https://www.prnewswire.com/news-releases/nipsco-announces-addition-of-three-indiana-grown-wind-projects-300788010.html.

[4] David M. Konisky, “Public Preferences for Environmental Policy Responsibility,” *Publius*, Vol. 41, No. 1, 2011, pp. 76–100.

多次批评奥巴马政府的一系列政策，如指责其监管太严、投入成本过高等，而他则偏向于由地方政府主导。

从历任美国总统的出台政策来看，最常见的是联邦政府依赖于各级地方政府共同承担责任的模式。联邦政府制定国家标准，由各州政府机构执行。这一安排是通过授权程序正式确定的，在授权过程中，环保署授权给予州政府执行联邦计划的优先权。这是大多数环境法规的基本结构，如《清洁空气法》《清洁水法》《安全饮用水法》和《资源保护与恢复法》。[1]各州有权制定等同或高于国家标准的地方标准。这种联邦政府和州政府"共同负责但分工合作"的模式逐渐成为一种法定框架，它不仅需要多方协调，而且需要政府间的高度信任。[2]在实践中，联邦政府与州政府的关系一直是处于动态变化中，在历史上因政治背景、联邦政府的政策重点是否与特定州的政策重点相一致等而有所差异。

（二）两党分歧

民主党主张在国家层面和联邦政府层面上主导政策和制定标准，认为全国需要统一的标准来提供基本的政策指导，如果任由各州自行决定，分散的权力可能导致低效的监管，[3]州政府担心企业会迁址到监管力度更低的州，这可能会导致一场"逐底竞争"。[4]相比之下，共和党人强调国家标准的低效和僵化，认为一刀切的解

[1] 《濒危物种法》和《超级基金计划》是例外。

[2] Denise Scheberle, *Federalism and Environmental Policy: Trust and The Politics of Implementation*, Washington, DC: Georgetown University Press, 1997, pp. 38–69.

[3] Arik Levinson, "Environmental Regulatory Competition: A Status Report and Some New Evidence," *National Tax Journal*, Vol. 56, No. 1, 2003, pp. 91–106.

[4] David M. Konisky, "Regulatory Competition and Environmental Enforcement: Is There A Race to The Bottom?" *American Journal of Political Science*, Vol. 51, No. 4, 2007, pp. 853–872.

决方案不能顾及各州的差异，如不同的工业构成、公民偏好。因此，共和党更倾向州政府掌握主导权，因为州政府更了解当地的情况，能够针对其独特的情况制定政策和解决方案。

以民主党议员亚历山德里娅·奥卡西奥-科尔特兹（Alexandria Ocasio-Cortez）提出的绿色发展方案为例，这一方案延伸到两党对环境政策、国家制度甚至意识形态等方面的讨论。科尔特兹是纽约州民主党籍众议员，也是美国最年轻的国会议员。自2019年1月上任起便处于两党之争和美国舆论的风口浪尖。2019年2月7日，科尔特兹与资深民主党参议员埃德·马基（Ed Markey）隆重推介了一份14页的政纲《绿色新政》，主张通过发展绿色能源来一并解决社会贫富悬殊问题，主要内容包括：（1）在10年内100%使用再生能源，如太阳能和风能；（2）全面淘汰石油、煤炭、核能；（3）全面推动高铁建设；（4）翻新一切建筑，包括住房和工业建筑，达到节能标准；（5）还包括全民健康保险、全民高等教育、实行公平的最低工资、禁止企业垄断、最高所得税率70%等内容。[1]其提案出台的第一天，就获得60多位民主党众议员和11位参议员首肯，多位民主党总统候选人已经公开表态支持，包括“女版奥巴马”卡玛拉·哈里斯（Kamala Harris）、伊丽莎白·沃伦（Elizabeth Warren）、伯尼·桑德斯（Bernie Sanders）、科里·布克（Cory Booker）、克尔斯滕·吉利布兰德（Kirsten Gillibrand）等。而反对派共和党及保守派舆论认为这是民主党用环保包装社会福利，它违背了美国的自由市场经济理

[1] “H.Res.109-Recognizing the Duty of the Federal Government to Create a Green New Deal,” https://www.congress.gov/bill/116th-congress/house-resolution/109/text.

念。此外，废除核能、政府提供福利给“无意愿工作的人”、用电动火车取代飞机、不鼓励吃牛肉等激进主张，更引发对手的冷嘲热讽。[1]由于政治因素主导了气候辩论，气候机构在调解政治冲突方面并不具备独立的力量，持续的政策协调难以实现。美国气候政策协调随着总统担任者从民主党转向共和党而摇摆不定。依靠行政部门内部的自由裁量权来协调气候政策导致了制度上的摇摆，破坏了将气候变化纳入现有政治制度的渐进式努力，因而很难预测美国气候治理转型的前景。[2]

四、发展前景

在2020年的总统大选中，拜登对选民作出多项气候政策方面的承诺，而执政后的拜登政府也将应对气候危机作为其优先事项之一，将其与就业和基建议题相结合，且要求在2050年之前实现净零排放。[3]而拜登政府执政的第一年尽管在气候公正、国际承诺等方面取得了较大进展，但总体而言，其绿色新政仍受到重重阻碍，并未获得理想的成效。[4]

拜登政府在绿色产业领域所取得的成效涉及传统能源减排和新能源投资，且大多可以被整合到2021年11月15日通过

[1] 联合早报：《社论：“绿色新政”象征美国政治撕裂》，2019年2月18日，http://www.zaobao.com/forum/editorial/story20190218-932791。

[2] Matto Mildenberger, “The Development of Climate Institutions in the United States,” *Environmental Politics*, Vol. 30, Issue sup1, 2021, pp. 71–92.

[3] The White House, “The Biden-Harris Administration Immediate Priorities,” https://www.whitehouse.gov/priorities/.

[4] Lena Moffitt, Trevor Dolan, “One Year In: Tracking President Biden’s Progress on 46 Executive Climate Action Campaign Promises,” https://www.evergreenaction.com/documents/46for46_OneYearIn.pdf.

的两党基建法案中(Bipartisan Infrastructure Law)。拜登在2021年1月20日签署行政令要求减少石油和天然气部门的甲烷排放，并取消了美加“拱心石XL”输油管道(Keystone XL pipeline)的许可；[1]通过2021年1月27日的行政令，中止化石燃料补贴，禁止近海油气开采，要求提高能源利用效率；[2]2022年1月21日，拜登发起全国建筑性能标准联盟(National BPS Coalition)，联合地方、州政府制定和施行建筑业减排标准。[3]拜登政府为达成2035年无碳发电时代的目标，更倾向于加速能源的迭代，用太阳能和风能等可再生能源取代石油天然气。[4]就此而言，拜登政府的规划比较激进：并未对利用效率比较高、相对比较清洁的页岩气产业作出政策倾斜，反而加强规管，停止租赁并限制天然气部门的甲烷排放，并投资清理废弃的天然气井，在减排的同时改善当地人的生活环境、拉动就业。[5]美国天

[1] The White House, “Executive Order on Protecting Public Health and the Environment and Restoring Science to Tackle the Climate Crisis,” https://www.whitehouse.gov/briefing-room/presidential-actions/2021/01/20/executive-order-protecting-public-health-and-environment-and-restoring-science-to-tackle-climate-crisis/.

[2] The White House, “Executive Order on Tackling the Climate Crisis at Home and Abroad,” https://www.whitehouse.gov/briefing-room/presidential-actions/2021/01/27/executive-order-on-tackling-the-climate-crisis-at-home-and-abroad/.

[3] “About National BPS Coalition,” https://nationalbpscoalition.org/.

[4] Matt Egan, “Home Heating Sticker Shock: The Cost of Natural Gas is Up 180%,” https://edition.cnn.com/2021/09/28/business/natural-gas-inflation/index.html.

[5] The White House, “President Biden Tackles Methane Emissions, Spurs Innovations, and Supports Sustainable Agriculture to Build a Clean Energy Economy and Create Jobs,” https://www.whitehouse.gov/briefing-room/statements-releases/2021/11/02/fact-sheet-president-biden-tackles-methane-emissions-spurs-innovations-and-supports-sustainable-agriculture-to-build-a-clean-energy-economy-and-create-jobs/.

然气协会（AGA）于2021年2月发布环境、社会、治理和可持续（ESG/Sustainability）报告模板第三版，鼓励天然气公司使用模板披露其可持续指标，这一版中包括甲烷的相关指标。[1]为应对政府压力，能源公司也作出了相应的战略调整。[2]如壳牌公司（Shell）宣布逐渐撤出化石能源领域，向可再生能源领域发展，包括垃圾焚烧发电、高速公路风力涡轮机等；[3]而雪佛龙公司（Chevron）倾向于油气领域的清洁生产，通过技术减少页岩气生产过程中的甲烷排放，并转向碳捕获、利用和储存（CCUS）及沼气。[4]

在新能源方面，拜登政府转向太阳能、风能、水电、地热能、氢能源等领域进行投资，能源部为此设立了相关的资助项目，更多的项目也开始面向公众征求意见，如2022年基建法案的民间核信贷项目（Civil Nuclear Credit Program），若项目通过，则能源部将向申请者提供共60亿美元资助美国核产业。[5]而内政部则为近海风电开发制定了监管和实施框架，在纽约湾设立新的风

[1] Edison Electric Institute, American Gas Association, "ESG/Sustainability Template—Version 3," https://www.aga.org/contentassets/4e1c344b838543ecaffa388e58cefb33/esg_template_version_3_qualitative.pdf.

[2] Matt Egan, "Chevron May not Be an Oil-first Company in 2040, CEO Says," https://edition.cnn.com/2021/02/08/business/chevron-oil-climate-crisis/index.html.

[3] Shell United State, "2022 Future of Energy Challenge," https://www.shell.us/sustainability/future-of-energy-challenge/2022-future-of-energy-challenge.html.

[4] Chevron, "Executive Summary-2021 Climate Change Resilience Report," https://www.chevron.com/-/media/chevron/sustainability/documents/2021-executive-summary-climate-resiliency-report.pdf.

[5] US Department of Energy, "DOE Hydrogen Program Request for Information # DE-FOA-0002664.0002 Regional Clean Hydrogen Hubs Implementation Strategy," https://eere-exchange.energy.gov/FileContent.aspx?FileID=bf431da7-603a-4ca5-b17c-6d123cd58637.

能区。[1]拜登政府计划在 2030 年以前部署 30 千兆瓦的近海风电项目，这些项目将新增 7 万多个工作岗位。[2]至 2021 年 5 月 20 日，美国的近海商业风电项目共有 17 个已经承包，14 个正在审批待建设；[3]项目多集中于大西洋沿岸，但 2021 年 5 月加州北部和中部海岸也启动了太平洋沿岸的首个商业级别的近海清洁能源项目，预计带来 4.6 千兆瓦的电力。[4]此外，拜登政府在电动汽车行业也取得了显著的进展，这些进展有赖于 1.2 万亿美元的基建法案。法案通过后，拜登承诺将投入 70 亿美元提供超过 500 万个电动汽车充电站，同时将带动就业、电池制造和其他新能源行业的发展（使用新能源代替煤炭发电），并投放电动校车等。[5]2022 年 2 月 11 日，能源部正式宣布投资 30 亿美元促

[1] US Department of Interior, "Offshore Wind Workshop Offshore Wind Regulatory Framework," https://www.bsee.gov/sites/bsee.gov/files/offshore-wind-regulatory-framework-ooc-may202021.pdf.

[2] The White House, "FACT SHEET: Biden Administration Jumpstarts Offshore Wind Energy Projects to Create Jobs," https://www.whitehouse.gov/briefing-room/statements-releases/2021/03/29/fact-sheet-biden-administration-jumpstarts-offshore-wind-energy-projects-to-create-jobs/.

[3] US Department of Interior, "Offshore Wind Workshop Offshore Wind Regulatory Framework," https://www.bsee.gov/sites/bsee.gov/files/offshore-wind-regulatory-framework-ooc-may202021.pdf.

[4] The White House, "Fact Sheet: Biden Administration Opens Pacific Coast to New Jobs and Clean Energy Production with Offshore Wind Development," https://www.whitehouse.gov/briefing-room/statements-releases/2021/05/25/fact-sheet-biden-administration-opens-pacific-coast-to-new-jobs-and-clean-energy-production-with-offshore-wind-development/.

[5] The White House, "Remarks by President Biden at Signing of H.R. 3684, The Infrastructure Investment and Jobs Act," https://www.whitehouse.gov/briefing-room/speeches-remarks/2021/11/15/remarks-by-president-biden-at-signing-of-h-r-3684-the-infrastructure-investment-and-jobs-act/.

进电动汽车电池制造的发展，加强美国的供应链。[1]环保署计划投资50亿美元替换校车，现发布的包括1000万美元的燃油校车回收替换项目和700万美元专门针对贫困社区的回收替换项目。[2]

尽管已有许多相关政策和项目发布，但拜登政府的绿色产业发展仍然面临着短期难见效、计划难推行的阻碍。首先，当前所取得的进展大多停留于计划层面，在政策上基本畅通，但实际的实施效果仍有待观察。新能源产业相关项目的资金大多来源于基建法案，但法案在2021年末才在两党的长久拉锯下通过，启动较晚。而与之相对的是，通过行政命令禁止的传统能源开采开发却生效快，影响短期内明显。2021年美国较2020年减产石油4700多万桶，[3]但核电及新能源产量变动却并不显著。而这二者之间的时间差可能造成能源与就业的缺口，在面对新冠肺炎疫情的情况下，将加剧美国的经济下行压力和社会矛盾。[4]其

[1] US Department of Energy, "Biden Administration, DOE to Invest $3 Billion to Strengthen U.S. Supply Chain for Advanced Batteries for Vehicles and Energy Storage," https://www.energy.gov/articles/biden-administration-doe-invest-3-billion-strengthen-us-supply-chain-advanced-batteries.

[2] US Environmental Protection Agency, "School Bus Rebates: Diesel Emissions Reduction Act (DERA)," https://www.epa.gov/dera/rebates; US Environmental Protection Agency, "2021 American Rescue Plan (ARP) Electric School Bus Rebates," https://www.epa.gov/dera/2021-american-rescue-plan-arp-electric-school-bus-rebates.

[3] US Energy Information Administration, "Crude Oil Production," https://www.eia.gov/dnav/pet/pet_crd_crpdn_adc_mbbl_a.htm.

[4] Teny Sahakian, "Former Keystone Pipeline Worker Says US Energy Crisis is Result of Biden's Policies: 'We Rried to Warn you'," https://www.foxnews.com/us/former-keystone-pipeline-worker-says-us-energy-crisis-is-result-of-bidens-policies-we-tried-to-warn-you.

次，受制于气候议题的党派政治特点，绿色产业的完整计划推行困难。[1]进入21世纪后，美国政治极化加剧带来的美国“否决政治”盛行也使决策变得艰难。[2]最明显的表现就是“重建美好未来”法案在立法进程中遭遇的挫折。在2021年11月19日众议院的投票中，“重建美好未来”法案也只是以220票对213票的微弱优势胜出，且除一人弃权外，所有共和党成员均投反对票，投票也被推迟了一个月。[3]许多共和党人是该法案的坚决反对者，其结果难以预料。[4]同时，拜登政府还面临2022年11月中期选举的挑战，共和党人称拜登执政的一年为“危机和失败的一年”。[5]据美国国家公共广播电台（NPR）、美国公共电视网新闻时间（PBS News Hour）和马里斯特民调中心（Marist National Poll）2021年12月20日发布的民调数据显示，拜登的支持率在41%左右浮动，而占比55%的反对者中还有44%持强烈反对态

[1] Jeff Tollefson, “Can Joe Biden Make Good on His Revolutionary Climate Agenda?” https://www.nature.com/articles/d41586-020-03250-z；相关研究还可见 Aaron M. McCright, Riley E. Dunlap, “The Politicization of Climate Change and Polarization in the American Public's Views of Global Warming, 2001–2010,” *The Sociological Quarterly*, 2011, Vol. 52, No. 2, pp. 155–194.

[2] ［美］弗朗西斯·福山：《政治秩序与政治衰败：从工业革命到民主全球化》，毛俊杰译，广西师范大学出版社2015年版，第445—460页。

[3] US House of Representatives, “Roll Call 385 | Bill Number: H. R. 5376,” https://clerk.house.gov/Votes/2021385; Thomas Barrabi, “House Passes Biden Spending Bill after Months of Delays,” https://www.foxbusiness.com/politics/house-vote-biden-spending-bill.

[4] Chad Pergram, “Why Build Back Better is Both Dead and Alive,” https://www.foxnews.com/politics/build-back-better-both-dead-and-alive.

[5] House Republicans, “Biden's Year of Crisis And Failure,” https://www.gop.gov/bidens-year-of-crisis-and-failure/; House Republicans, “Biden's Far-Left Socialist Policies Have Created Crisis After Crisis,” https://www.gop.gov/bidens-far-left-socialist-policies-have-created-crisis-after-crisis/.

度。[1]如果民主党在中期选举不能保持其本就微弱的国会多数党的优势，拜登绿色新政的立法将会更加困难。

第三节　欧盟绿色产业政策

气候变化及环境退化问题日益成为欧洲和世界所面临的前所未有的生存威胁，为了克服这些挑战，欧洲需要一个新的增长战略，使欧盟得以引领世界上最现代化的、资源节约型的、富有竞争力的经济发展模式。为此，欧盟委员会于 2019 年 12 月发布了“欧洲绿色新政”，旨在将气候和环境上的挑战转化为政策领域的全新机遇，以实现欧洲经济的可持续发展。[2]欧盟作为世界第二大经济体，也是推动世界绿色发展的重要一极。本节聚焦于 2008 年以来特别是最近五年欧盟的绿色产业政策进程，尤其是绿色贸易与产业竞争力、绿色科技创新以及碳密集型产业的发展。

一、欧盟绿色产业政策的发展

2015 年达成的《巴黎协定》在全球气候治理领域无疑具有里

[1] Marist Poll, “NPR/PBS NewsHour/Marist National Poll: Biden Approval Rating,” December 20, 2021, https://maristpoll.marist.edu/polls/npr-pbs-newshour-marist-national-poll-biden-approval-rating-december-20-2021/.

[2] European Commission, “The European Green Deal Sets out How to Make Europe the First Climate-neutral Continent by 2050, Boosting the Economy, Improving People’s Health and Quality of Life, Caring for Nature, and Leaving No One Behind,” https://ec.europa.eu/commission/presscorner/detail/e%20n/ip_19_6691.

程碑的意义，而作为全球绿色发展的引领者，欧盟通过推出“欧洲绿色新政”以加大减排力度，力争在《巴黎协定》上发挥积极表率作用。[1]这里的“新政”可以追溯到20世纪30年代大萧条之中的“罗斯福新政”(The New Deal)，而2008年全球金融危机爆发后，时任联合国秘书长潘基文呼吁实行“绿色新政”以应对金融和气候的双重危机。[2]

（一）欧盟绿色产业政策回顾（2008以前）

欧盟在《欧洲联盟条约》及其修正条约与《京都议定书》等国际法律文件的框架下引领着全球气候治理。就产业政策而言，欧盟所推出的产业政策主要是依靠横向的、针对特定部门的措施，这种模式下的产业政策往往是低效甚至无效的，因为它的目标往往与其他政策相矛盾，并且没有与创新、教育或气候政策产生协同作用。[3]

第一，2000年，欧盟启动第一个气候变化方案(ECCP I)，在《京都议定书》灵活机制、能源供需部门、交通运输部门、产业能耗及研发创新等领域分别设立了工作小组，推出了一系列减排措施，但这一阶段欧盟并未着手制定系统性的产业政策；[4]第

[1] European Commission, “The European Green Deal,” 2019.

[2] UN News, “Secretary-General Calls for ‘Green New Deal’ at UN Climate Change Talks,” https://news.un.org/en/story/2008/12/284872-secretary-general-calls-green-new-deal-un-climate-change-talks.

[3] Karl Aiginger, “Industrial Policy for a Sustainable Growth Path,” WIFO Working Papers, No. 469, Austrian Institute of Economic Research (WIFO), Vienna, 2014, p. 8.

[4] European Commission, “European Climate Change Programme,” https://ec.europa.eu/clima/policies/eccp_en#tab-0-0.

二，2005 年，欧盟推出第二阶段的气候变化方案（ECCP II），并针对航空运输业、海洋运输业及汽车二氧化碳排放等具体领域出台了一系列政策，同时 2005 年正式建立的欧盟排放交易体系对工业部门的温室气体排放设下限额，超额排放的公司需要在市场上购买碳排放权，这也成为迄今为止欧盟产业减排政策最为主要的实施途径和工具；[1]第三，同样在 2005 年，欧盟的一份文件提出朝着更具整体性的产业政策迈进，讨论了近 30 个部门中如何综合考虑产业发展与知识、竞争力、管制、环境、外部竞争以及就业等因素的关系；[2]第四，2007 年，“20-20-20”目标正式提出，即到 2020 年，温室气体排放量至少减少 20%（与 1990 年相比），能源效率提高 20%，可再生能源占比提高 20%，相应地，欧盟将通过加强温室气体排放交易系统、限制交通运输部门排放、提高研发力度和科技发展水平来促进上述目标的实现，[3]这也为金融危机后的转型目标提供了一个基本框架。

（二）2020 计划：回应“危机”，推进转型（2008—2012）

2007 年是欧盟气候和能源政策的重要转折点，欧盟称已经准备好在气候问题上领导世界，使欧洲经济成为 21 世纪可持续

[1] European Commission, “European Climate Change Programme,” https://ec.europa.eu/clima/policies/eccp_en#tab-0-0.

[2] European Commission, “Implementing the Community Lisbon Programme: A Policy Framework to Strengthen EU Manufacturing-Towards a More Integrated Approach for Industrial Policy, COM (2005) 474 final,” Brussels: European Commission, 2005.

[3] European Commission, “Communication from the Commission to the Council, the European Parliament, the European Economic and Social Committee and the Committee of the Regions-Limiting Global Climate Change to 2 Degree Celsius: The Way ahead for 2020 and Beyond,” Brussel: European Commission, 2007.

发展的典范。[1]全球金融危机摧毁了欧盟多年来的经济和社会进步，暴露了欧洲经济的结构性弱点，与此同时，全球化、气候变化、资源压力等长期挑战日益加剧，欧盟必须通过转型来掌控自己的未来。[2]2008年，在气候行动领域，欧洲理事会和欧洲议会通过了“气候和能源一揽子计划”，延续了2007年提出的“20-20-20”目标；同时，为了尽快克服经济危机，欧盟委员会推出了“欧洲经济复苏计划”，其中一个重要支柱就是通过短期行动加强欧洲的长期竞争力，并制定了一套全面的方案以引导“智慧”的、面向未来的投资，以期加速完成向绿色经济的转型，能源效率及清洁技术就是其中最为重要的组成部分。[3]2010年出台的“欧洲2020”战略进一步回应了金融危机与气候挑战压力下的经济转型要求，强调了产业政策的系统性与整体性，提出了可持续增长的发展目标，即推动建立更高资源效率、更绿色以及更具竞争力的经济，并将发展一个强大的“全球化时代的产业政策”作为其旗舰计划之一。[4]

[1] European Commission, “Communication from the Commission to the European Parliament, the Council, the European Economic and Social Committee and the Committee of the Regions-20 20 by 2020—Europe’s climate change opportunity,” Brussel: European Council, 2008.

[2] European Commission, “Communication from the Commission-Europe 2020: A Strategy for Smart, Sustainable and Inclusive Growth,” Brussel: European Commission, 2010.

[3] European Commission, “Communication from the Commission to the European Council—A European Economic Recovery Plan,” Brussel: European Commission, 2008.

[4] European Commission, “Communication from the Commission-Europe 2020: A Strategy for Smart, Sustainable and Inclusive Growth,” Brussel: European Commission, 2010.

表 3-1 2008—2012 年欧盟重要绿色产业政策

时间	政策	绿色产业相关措施
2008 年	“气候和能源一揽子计划”	· 提高能源和资源效率 · 推动交通部门的可持续发展 · 制定研发和创新政策，增加研发和创新投入 · 挖掘绿色产业部门潜力，打造有竞争力的全球领先市场
2008 年	“欧洲经济复苏计划”	· 加大清洁科技的研发和创新力度 · 推动环境友好型产品和服务的市场占有 · 提高能源效率，发展可再生能源（尤其是基础设施领域）
2010 年	“欧洲 2020 战略”	· 提高能源和资源效率 · 维持绿色科技市场的全球领先地位，保证产业发展竞争力
2012 年	“工业增长和复苏计划”	· 科技驱动的低碳经济转型 · 提高能源和资源效率，适度发展可再生能源

资料来源：European Council, “Brussels European Council 13 and 14 March 2008—Presidency Conclusions,” Brussel: European Council, 2008; European Commission, “Communication from the Commission to the European Council—A European Economic Recovery Plan,” Brussel: European Commission, 2008; European Commission, “Preparing for our future: Developing a common strategy for key enabling technologies in the EU,” Brussels: European Commission, 2008; European Commission, “Communication from the Commission-Europe 2020: A Strategy for Smart, Sustainable and Inclusive Growth,” Brussel: European Commission, 2010; European Commission, “A Stronger European Industry for Growth and Economic Recovery, Industrial Policy Communication Update,” Brussels: European Commission, 2012.

首先，能源领域是这一时期欧盟绿色产业政策最为重要的关注点之一，提高能源效率、发展可再生能源成为产业转型的核心事项。从目标来看，2007 年欧盟就已提出，到 2020 年，能源效率提高 20%，可再生能源占比提高 20%。欧盟在 2009 年与 2012 年分别通过了“新能源指令”（Renewable energy directive）与“能源效率指令"(Energy efficiency directive), 在法律层面上对目标的实施和达成进行了保证。前者为促进可再生能源发展建立了一个统一框架, 为可再生能源在最终能源消费总额中所占份额以及可再生能源在运输部门中所占份额制定了强制性国家目标; 后者意味着欧盟的一次能源消费总量不应超过 14.83 亿吨石油当量, 或最终能源消费不超过 10.86 亿吨石油当量, 所有欧盟国家都必须在包括能源的生产、传输、分配及最终用途消费等在内能源链的各个环节更有效地使用能源。此外, 欧盟各成员国还有义务定期向欧盟提交 "可再生能源行动计划" 及 "能源效率行动计划"。[1]

为达成上述目标, 欧盟及其成员国需要建立和完善融资渠道、市场机制、合作网络等方面的实施和支持框架: 其一, 通过农村发展基金、结构基金、凝聚基金、研发框架计划、跨欧网络 (trans-European networks, TENs)、欧洲投资银行等融资渠道, 拉动欧盟资金、成员国公共资金和私人资本, 并将其作为资助政策的组成部分; [2] 在 "气候和能源一揽子计划" 中, 欧洲投资银行针对中小型企业、可再生能源和清洁运输增加 300 亿欧元支出, 并同成员国机构合作设立 2020 欧洲能源基金、气候变化与基础设施基金, 简化各种基金的申请程序, 以加强对基础设施和能源效率的投资。[3] 其二, 通过调整能源税收及关税、碳排放交易等

---

[1] European Commission, "Energy Efficiency Directive," https://ec.europa.eu/energy/topics/energy-efficiency/targets-directive-and-rules/energy-efficiency-directive_en; EU Commission, "Renewable Energy Directive," https://ec.europa.eu/energy/topics/renewable-energy/renewable-energy-directive/overview_en.

[2] European Commission, "Communication from the Commission-Europe 2020: A Strategy for Smart, Sustainable and Inclusive Growth," Brussel: European Commission, 2010.

[3] European Council, "Brussels European Council 13 and 14 March 2008—Presidency Conclusions," Brussel: European Council, 2008.

以市场为基础的工具来促进高能效产品和可再生能源的发展。[1]其三，欧盟内部能源市场的建立为各国开发可再生能源和提高能源效率、实现2020年的能源目标带来了巨大机遇，“新能源指令”与“能源效率指令”之下建立的数据转移、联合项目及联合支持计划等机制为各成员国的合作创造了条件。而从具体部门来看，交通运输业、建筑业及电力行业受到了较为广泛的关注。

其次，绿色技术创新越来越受到欧盟的关注。在“气候和能源一揽子计划”中，欧盟明确提出，欧洲必须继续对其未来进行投资，欧洲理事会呼吁启动一项欧洲创新计划，结合欧洲研究领域的发展和“里斯本战略”的要求，为可持续发展和面向未来的重要技术创造条件；[2]而“欧洲2020战略”的一大支柱就是以知识和创新为基础的“智慧增长”。[3]2009年，欧盟发布了“关键支持性技术发展战略”，提出“关键支持性技术”的发展应与欧盟的气候变化政策相结合，认为欧盟在应对气候变化方面的主导作用应基于最为现代化的技术，将技术创新与气候变化结合起来。[4]在这一领域，两项发展值得关注：其一，2012年，欧盟第

[1] European Commission, “Communication from the Commission-Europe 2020: A Strategy for Smart, Sustainable and Inclusive Growth,” Brussel: European Commission, 2010.

[2] European Council, “Brussels European Council 13 and 14 March 2008—Presidency Conclusions,” Brussel: European Council, 2008.

[3] European Commission, “Communication from the Commission-Europe 2020: A Strategy for Smart, Sustainable and Inclusive Growth,” Brussel: European Commission.

[4] European Commission, “Communication from the Commission to the European Parliament, the Council, the European Economic and Social Committee and the Committee of the Regions-Preparing for Our Future: Developing a Common Strategy for Key Enabling Technologies in the EU,” Brussel: European Commission, 2009.

一次提出了“NER 300”计划，这一资助计划，汇集了约20亿欧元用于低碳技术，重点是在欧盟范围内示范在环境上安全的碳捕获和储存以及可再生能源技术的创新；[1]其二，欧盟有史以来规模最大的研究和创新计划“地平线2020”在2014—2020年间投入近800亿欧元，承诺通过将创新从实验室推向市场，实现更多的突破、发现和世界第一，应对气候变化及实现绿色发展将是其中重要的组成部分。[2]

最后，面对金融危机带来的巨大冲击，绿色产业的发展必然要与经济复苏联系起来，这主要体现为绿色经济的“溢出效应”。2008年出台的欧洲经济复苏计划的一大目标就是加速向低碳经济的转型，应对气候变化的目标可以与重大的新经济机遇相结合，这将促进新科技的发展，创造新的就业机会，开拓新的全球市场。[3]2012年，欧盟提出新一版的工业增长和经济复苏计划，认为一项连贯的、长期的气候和能源政策应该成为产业竞争力的基础，以在环境目标和工业绩效之间产生协同作用。[4]总的来说，这一时期欧盟的目标主要集中在稳定经济，同时为进一步的经济转型制定蓝图。

[1] European Commission, “NER 300 programme,” https://ec.europa.eu/clima/policies/innovation-fund/ner300_en.

[2] European Commission, “Horizon 2020,” https://ec.europa.eu/programmes/horizon2020/what-horizon-2020.

[3] European Commission, “Communication from the Commission to the European Council—A European Economic Recovery Plan,” Brussel: European Commission, 2008.

[4] Europe Economic and Social Committee, “Opinion of the Europe Economic and Social Committee on A Stronger European Industry for Growth and Economic Recovery-Industrial Policy Communication Update—COM (2012) 582 final,” Brussel: Europe Economic and Social Committee, 2013.

（三）2030 目标：继续前进（2012—2018）

2012 年欧盟的温室气体排放量相较 1990 年减少了 18%，预计到 2020 年和 2030 年，温室气体排放量将分别比 1990 年减少 24% 和 32%；2012 年，可再生能源占最终能源消费的比例已增至 13%，预计 2020 年及 2030 年这一指标将进一步上升至 21% 和 24%；1995 年到 2011 年，欧洲经济的能源强度下降了 24%，而工业部门的能源强度下降了约 30%，同时，欧盟经济的碳排放强度也下降了 28%。[1]基于在 2020 年目标上的进展，欧盟认为有必要进一步为新的 2030 年的气候和能源框架规划蓝图，并于 2013 年发布了"2030 年气候和能源政策绿皮书"。[2]2014 年 1 月，欧盟明确提出了到 2030 年其所要达成的气候和能源目标：温室气体排放量相较于 1990 年减少 40%，欧盟范围内可再生能源所占份额的强制性目标至少为 27%，完善能源效率政策，建立新的治理体系和新的评价指标以确保欧盟在此方面的竞争性和安全性。[3]

首先，能源效率与可再生能源仍然是 2030 年气候和能源框架的重点目标。第一，"能源效率指令"及"新能源指令"在 2018 年进行了修订，前者在修正后规定的目标为 2030 年欧盟范围内的能源效率至少提高 32.5%，要求各成员国在 2020 年 6 月 25 日

[1] European Commission, "Communication from the Commission to the European Parliament, the Council, the European Economic and Social Committee and the Committee of the Regions-A Policy Framework for Climate and Energy in the Period from 2020 to 2030," Brussel: European Commission, 2014.

[2] European Commission, "Green Paper—A 2030 Framework for Climate and Energy Policies," Brussel: European Commission, 2013, https://eur-lex.europa.eu/legal-content/EN/TXT/PDF/?uri=CELEX:52013DC0169&from=EN.

[3] European Commission, "2030 Climate and Energy Goals for a Competitive, Secure and Low-carbon EU Economy," 2014, https://ec.europa.eu/commission/presscorner/detail/en/IP_14_54.

前通过国家立法将此目标进一步落实，并对热能计量和计费、成员国规则透明化以及新能源发电效率等提出了新的要求；[1]而经过修订的后者为欧盟设定了一个新的具有约束力的 2030 年可再生能源目标，即到 2030 年，可再生能源占能源消耗的比例至少为 32%，并且在交通运输中的份额提高至 14%，欧盟国家需要起草 2021—2030 年国家能源和气候计划（NECP），规划如何实现 2030 年可再生能源和能源效率的新目标。[2]第二，在能源效率领域，2012 年到 2014 年，欧盟各成员国提交了责任计划（obligation scheme）和替代措施，这些替代措施包括能源及碳税、促进节能技术使用的财政激励和法律法规、强制实施能源标签方案、培训教育以及能源咨询方案等。[3]在可再生能源领域，欧盟为各成员国在 2014 年到 2020 年间建立健全相关支持机制提供了指导，欧盟认为由于市场失灵，仅仅通过市场调节本身并不能在最大程度上实现可再生能源的利用，例如，国家可以为某些部门或公司提供资金支持或税收减免，虽然这类措施对于纠正市场失灵和实现可再生能源的最高利用水平是必要的，但公共干预措施必须周密设计以避免更多的市场扭曲。[4]第三，欧盟在能源部门投入了大量资金以支持低碳经济的发展。表 3-2 列出的

[1] European Commission, “Energy Efficiency Directive,” https://ec.europa.eu/energy/topics/energy-efficiency/targets-directive-and-rules/energy-efficiency-directive_en.

[2] European Commission, “Renewable Energy Directive,” https://ec.europa.eu/energy/topics/renewable-energy/renewable-energy-directive/overview_en.

[3] European Commission, “Obligation Schemes and Alternative Measures,” https://ec.europa.eu/energy/topics/energy-efficiency/targets-directive-and-rules/obligation-schemes-and-alternative-measures_en.

[4] European Commission, “European Commission Guidance for the Design of Renewables Support Schemes-Accompanying the Document Communication from the Commission Delivering the Internal Market in Electricity and Making the Most of Public Intervention,” Brussel: European Commission, 2013.

是来自欧盟公共部门的主要资金投入渠道。除此之外，欧盟意识到单凭公共支出并不足以支撑整个欧盟绿色经济的发展，因而大力支持并吸引私人资金同样成为绿色融资的重要渠道之一。

表 3-2 欧盟对于能源效率及可再生能源的主要资金来源

资金来源	资金周期	支持领域
Cohesion Fund	2014—2020	634 亿欧元用于跨欧洲运输网络和环境问题（能源效率、可再生能源、轨道交通和公共交通等）
Connecting Europe Facility	2014—2020	330 亿欧元用于促进能源、交通和数字化基础设施建设
Horizon 2020 and Horizon Europe	2014—2020	约 59 亿欧元用于研发和改进清洁能源技术，如智慧能源网络、潮汐能及能源储存等项目
European Regional Development Fund	2014—2020	规定了 ERDF 资金中用于低碳经济的最低比例：较发达地区为 20%，转型地区为 15%，欠发达地区为 12%
European Investment Bank and the European Fund for Strategic Investments	2015—2019	通过向企业提供贷款和其他金融工具来帮助能源项目融资：2015—2019 年间为能源基础设施提供了约 620 亿欧元的资金；2019 年，为能源相关项目提供了 117 亿欧元，其中 40 亿欧元用于可再生能源，46 亿欧元用于能源效率
European Structural and Investment Funds	2014—2020	180 亿欧元用于提升能源效率
The Innovation Fund (NER 300 programme)	2012—2021	第一阶段向 20 个新能源项目拨款 11 亿欧元；第二阶段向 18 个新能源项目拨款 10 亿欧元
European Energy Programme for Recovery	2009—2018	为支持经济危机背景下的关键投资和促进能源转型，启动了 39.8 亿欧元的欧洲能源复苏计划，资助天然气和电力基础设施、海上风电项目及碳捕集和储存等项目

资料来源：European Commission, “EU Funding Possibilities in the Energy Sector,” https://ec.europa.eu/energy/funding-and-contracts/eu-funding-possibilities-in-the-energy-sector_en.

其次，能源市场的竞争力和安全性受到特别关注。欧盟认为其能源政策的基本目标之一就是通过能源系统来提高欧盟经济的竞争力，其中确保能源市场的价格具有国际竞争力、为最终消费者提供可负担的能源对于易受国际竞争影响、将能源作为重要生产要素的家庭和工业部门尤其重要。[1]除了前面提到的提高能源效率、发展可再生能源及相关研发创新机制，欧盟在《2030年气候和能源政策绿皮书》、“2030年气候和能源框架”中还提出了一些具体的政策措施以达成上述目标：(1)建立欧盟内部单一市场，以及完善单一市场监管体系。欧盟委员会将在成员国的支持下采取紧急措施，以确保在2020年之前实现电力互联互通的10%的最低目标。(2)为所有消费者提供具有竞争力且价格合理的能源，近年来，欧盟与许多其他主要经济体之间的能源价格差距不断扩大，这种能源价格差异可能会降低生产和投资水平，并改变全球贸易格局，这进一步促使欧盟提高能源效率，提高其低碳经济的竞争力。(3)确保能源来源的多样化并加强欧盟内部的能源供给以保证欧盟的能源安全。国际能源署预计，欧盟对化石燃料的进口依赖程度将在2035年之前持续上升，这将使欧盟能源市场的竞争力严重下降，大大增加欧盟应对能源价格冲击的脆弱性，进一步开发可持续能源、提高成员国矿物燃料进口来源和路线的多样化、改善欧盟经济的能源强度这三个方面成为欧盟长期努力的重要方向。[2]

[1] European Commission, “Green Paper—A 2030 Framework for Climate and Energy Policies,” Brussel: European Commission, 2013, https://eur-lex.europa.eu/legal-content/EN/TXT/PDF/?uri=CELEX:52013DC0169&from=EN.

[2] European Commission, “Communication from the Commission to the European Parliament, the Council, the European Economic and Social Committee and the Committee of the Regions—A Policy Framework for Climate and Energy in the Period From 2020 to 2030,” Brussel: European Commission, 2014; European Council, “European Council 23 and 24 October 2014—Conclusions,” Brussel: European Council, 2014.

最后，为了进一步保证2030气候和能源框架的落实，欧盟提出要建立一个新的可靠和透明的治理体系。这一新的治理体系将建立在国家气候计划、可再生能源和能源效率国家行动计划等既有机制的基础之上，这一治理体系将加强消费者的作用和权利，提高投资者的透明度和可预测性，并促进国家能源政策的协调和成员国之间的区域合作。[1]其具体内容可以分为两个方面：其一，欧盟成员国应就其国内温室气体排放、可再生能源、能源安全、研发和创新、碳捕捉和储存等方面设立具体的目标和执行计划，并由欧盟委员会进行评估和建议；其二，构建一些关键指标对目标执行进行系统监测，以评估一段时间内的进展状况，并为今后的政策干预提供信息。[2]

（四）面向2050：绿色新政，实现“碳中和”（2019以后）

2017年6月，欧洲理事会强烈重申欧盟及其成员国承诺全面实施《巴黎协定》，强调该协定“是欧洲工业和经济现代化的关键因素”，10月，欧洲议会还邀请欧盟委员会“在第24次缔约方会议之前为欧盟制定一项世纪中期零排放战略”；随后于2018年3月，邀请欧盟委员会在2019年第一季度之前，根据《巴黎协定》，结合成员国计划，提出欧盟温室气体长期减排战略；最后，欧洲议会和理事会达成的《能源联盟治理规约》（Regulation on Governance of the Energy Union）呼吁欧盟委员会在2019年

---

[1] European Council, “European Council 23 and 24 October 2014—Conclusions,” Brussel: European Council, 2014.

[2] European Commission, “Communication from the Commission to the European Parliament, the Council, the European Economic and Social Committee and the Committee of the Regions—A Policy Framework for Climate and Energy in the Period From 2020 to 2030,” Brussel: European Commission, 2014.

4月前提出关于应对气候变化的长期战略。[1]2019年12月，欧盟委员会正式公布了“欧洲绿色新政”，旨在通过将气候和环境上的挑战转化为政策领域的全新机遇，实现欧洲经济的可持续发展。[2]欧盟委员会主席指出，“欧洲工业是欧洲增长和繁荣的动力，欧洲在一个更加不稳定和不可预测的世界中开始其雄心勃勃的绿色和数字化转型是至关重要的，我们将竭尽全力支持欧洲工业引领世界道路”。[3]

首先，“欧洲绿色新政”明确到2030年温室气体排放量较1990年水平减少55%，并提出到2050年在全球率先实现“碳中和”，届时欧洲大陆将成为世界上第一块环境无害化的“净土”。在能源领域，欧洲绿色新政在之前政策的基础上提出了三项主要原则：将提高能源效率和发展一个基于新能源的电力部门作为优先事项；确保欧盟能源供给安全可靠且价格合理；建成一个一体化、数字化的欧盟能源市场。[4]与上述目标相对应的是，欧盟于2020年8月份提出了“欧盟能源系统一体化战略”及“欧

[1] European Commission, “Communication from the Commission to the European Parliament, the Council, the European Economic and Social Committee and the Committee of the Regions and the European Investment Bank-A Clean Planet for all A European Strategic Long-term Vision for a Prosperous, Modern, Competitive and Climate Neutral Economy,” Brussel: European Commission, 2018.

[2] European Commission, “The European Green Deal Sets Out How to Make Europe the First Climate-neutral Continent by 2050, Boosting the Economy, Improving People’s Health and Quality of Life, Caring for Nature, and Leaving No One Behind,” https://ec.europa.eu/commission/presscorner/detail/e%20n/ip_19_6691.

[3] European Commission, “Making Europe’s Businesses Future-ready: A New Industrial Strategy for a Globally Competitive, Green and Digital Europe,” https://ec.europa.eu/commission/presscorner/detail/en/ip_20_416.

[4] European Commission, “Clean Energy—The European Green Deal,” Brussel: European Commission, 2019.

盟氢能战略”，前者将使欧盟内部的能源在生产者和使用者之间自由流动以降低成本，[1]后者将促进清洁氢能的生产，并以此减少工业、运输、电力和建筑部门的温室气体排放，促进经济增长和复苏，创造就业机会，巩固欧盟在全球绿色发展领域的领导地位。[2]此外，在能源效率和可再生能源方面，交通业和建筑业再次受到欧盟关注。其一，建筑物的建造、使用及翻新均需要消耗大量能源资源，来自建筑物的能源消耗占欧盟能源总消耗的40%，因此欧盟委员会将联合建筑部门等，开辟融资渠道、促进建筑节能，并通过集中整修从规模经济中获益；[3]其二，欧洲绿色新政提出在2050年交通部门的温室气体排放量减少90%：（1）减少航空排放；（2）通过取消燃料补助、将海运业纳入排放交易系统、道路收费、减少航空业的排放额度等机制推动运输减排；（3）促进可持续运输燃料的发展；（4）减少污染。[4]

其次，欧洲工业原料中仅有12%可以回收或再利用，要实现欧洲的气候和环境目标，需要一种新的、以循环经济为基础的工业政策。[5]2020年3月，欧盟发布了“新型循环经济行动计划”，可持续的产品和产业政策提上议程。作为欧盟工业战略的延伸部分，其包括：减少使用原材料、确保重复回收使用的可

[1] European Commission, “EU Energy System Integration Strategy,” Brussel: European Commission, 2019.

[2] European Commission, “A Hydrogen Strategy for a Climate Neutral Europe—EU Green Deal,” Brussel: European Commission, 2019.

[3] European Commission, “Building and Renovating—The European Green Deal,” Brussel: European Commission, 2019.

[4] European Commission, “Sustainable Mobility—The European Green Deal,” Brussel: European Commission, 2019.

[5] 田丹宇、高诗颖：《〈欧洲绿色新政〉出台背景及其主要内容初步分析》，载《世界环境》2020年第2期，第68—71页。

持续产品政策；促进钢铁、水泥和纺织等碳排放密集型产业的节能减排；使用氢能源的“清洁炼钢”；有关电池可循环使用的新立法草案[1]等。新的行动计划宣布了在产品的整个生命周期内所要采取的举措：(1)产品设计：为了使工业产品有助于实现气候中性、高资源效率和循环经济的目标，委员会将提出一项可持续产品政策立法倡议，其核心是将生态设计指令(Eco-design Directive)扩展到能源相关产品之外，以便使生态设计框架适用于尽可能广泛的产品范围，并使其循环运作；(2)促进可持续消费：为了促进消费者在循环经济中的参与，欧盟委员会将通过立法确保消费者了解产品的相关信息，并通过为消费者提供维修和升级等服务促进相关产品的循环使用；(3)促进生产过程的循环性，这将在整个价值链和生产过程中节省大量材料。[2]

最后，为了实现上述计划，资金投入和研发创新是最重要的保障。要实现2030年气候和能源目标，估计每年需要追加2600亿欧元的投资，这一数字约占2018年GDP的1.5%。欧洲委员会在2020年初提出一项欧洲投资计划，以满足投资需求，欧盟长期预算中至少有25%应该用于气候行动。[3]同时，除了上述能源领域，研发和创新也是推动循环经济发展的根本途径。欧盟

[1] 郑军：《欧盟绿色新政与绿色协议的影响分析》，载《环境与可持续发展》2020年第2期，第40—42页。

[2] European Commission, “Communication from the Commission to the European Parliament, the Council, the European Economic and Social Committee and the Committee of the Regions—A New Circular Economy Action Plan for a Clearer and More Competitive Europe,” 2020.

[3] European Commission, “The European Green Deal Sets Out How to Make Europe the First Climate-neutral Continent by 2050, Boosting the Economy, Improving People' s Health and Quality of Life, Caring for Nature, and Leaving No One Behind,” https://ec.europa.eu/commission/presscorner/detail/e%20n/ip_19_6691.

委员会表示将支持该领域的研发和创新，先进的制造水平、人工智能等领域将成为欧盟政策的重点，以确保欧盟在关键技术上的世界领先地位。[1]

二、欧盟绿色产业政策的特点

（一）强调绿色产业政策的系统性与溢出效应

"欧洲 2020 战略"的一个重要方面就是新型的、系统性的欧洲产业政策，面向未来的产业政策必须从全球化和金融危机所带来的挑战入手，从多元的社会目标出发；必须以研究和教育为基础，产业政策与创新政策相结合，综合利用各种政策工具；必须抓住全球化的机会，保持经济的竞争力和发展潜力；必须致力于实现健康、气候、就业、增长、社会包容、区域平衡、金融稳定等多重价值目标。[2]图 3-1 即展示了欧洲系统性产业政策的组成和运作模式。

系统性的绿色产业政策应该围绕绿色发展这一核心，将其他社会目标纳入统一的政策框架之内，实现其溢出效应的最大化。欧盟 2008 年以来的绿色产业政策实践着重突出了与以下几个领域的协同发展和相互支持：第一，经济发展与就业。金融危机后，欧盟经济遭受重创，将环境友好、低碳发展等长期目标纳入一揽子经济刺激计划，不仅能促进投资，在短期内推动经济复苏与就业增长，更能在环境资源约束与气候变化加剧之下激发欧

---

[1] European Commission, "Industrial Research and Innovation," https://ec.europa.eu/info/research-and-innovation/research-area/industrial-research-and-innovation_en.

[2] Karl Aiginger, "A Systemic Industrial Policy to Pave a New Growth Path for Europe," WIFO Working Papers, No. 421, 2012.

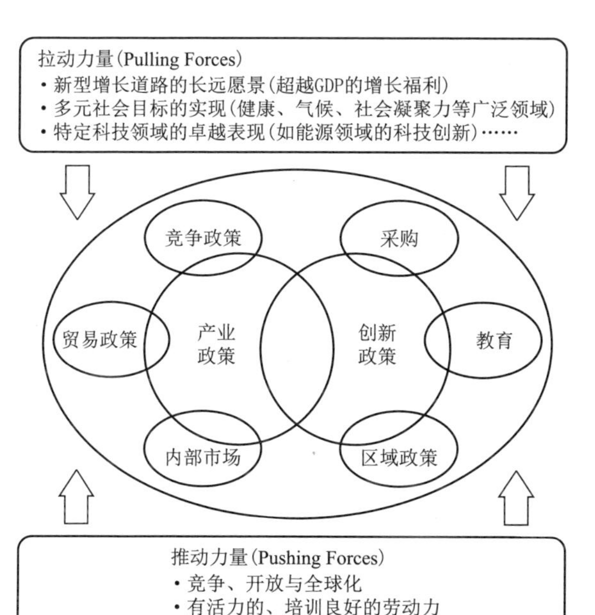

图 3-1 欧盟产业政策结构

资料来源:根据 Karl Aiginger, "A Systemic Industrial Policy to Pave a New Growth Path for Europe" WIFO Working Papers, No. 421, 2012 整理。

盟经济长期创新与发展的潜力;[1]通过发展绿色产业吸纳就业人口、促进包容性就业一直是欧盟产业政策的重要任务。第二,科技创新与产业竞争力。产业竞争力的源泉在于科技创新,绿色发展的关键同样离不开科技创新,通过在绿色产业领域实现科技创新,将有助于欧盟在全球气候变化加剧的背景下成为全球最具竞争力的产业中心。第三,单一市场与欧盟一体化。在

[1] Mats Kröger, Sun Xi 等:《疫情之后的绿色新政:回视应对金融危机的历史经验》, https://www.diw.de/sixcms/detail.php?id=diw_01.c.790675.de。

欧盟的能源政策中，构建单一的内部能源市场，进一步发展成为一个“能源联盟”是实现能源安全与能源可持续发展的重要手段。

（二）重视创新驱动

“欧洲2020战略”将智慧增长作为这一发展战略的三大支柱之一，意味着欧盟的经济发展将更加依赖于知识和创新，欧盟将成为一个“创新联盟”，以完善研究和创新的政策条件及融资渠道，确保创新理念能够转化为创造经济增长和推动绿色发展的产品和服务。[1]“2030年气候和能源框架”也指出，将通过创造对高效低碳技术的更多需求，推动研究、开发和创新，从而为就业和增长创造新的机会，从而支持在竞争性经济和安全的能源系统方面取得进展。[2]而欧盟绿色新政所提出的通往碳中和经济的路径中，科技创新同样发挥了至关重要的作用，欧盟强调经济转型还需要进一步强化在能源、建筑、运输、工业和农业部门的技术创新，数字化、信息通信、人工智能和生物技术的突破均可以加速转型进程和循环经济的发展。[3]

金融危机以来，欧盟在可再生能源领域的投资不减反增，并于2011年达到了新的高峰，尽管之后有所回落，但基本稳定在

---

[1] European Commission, “Communication from the Commission-Europe 2020: A Strategy for Smart, Sustainable and Inclusive Growth,” Brussel: European Commission, 2010.

[2] European Commission, “Green Paper—A 2030 Framework for Climate and Energy Policies,” Brussel: European Commission, 2013.

[3] European Commission, “Communication from the Commission to the European Parliament, the Council, the European Economic, Social Committee and the Committee of the Regions and the European Investment Bank-A Clean Planet for all A European Strategic Long-term Vision for a Prosperous, Modern, Competitive and Climate Neutral Economy,” Brussel: European Commission, 2018.

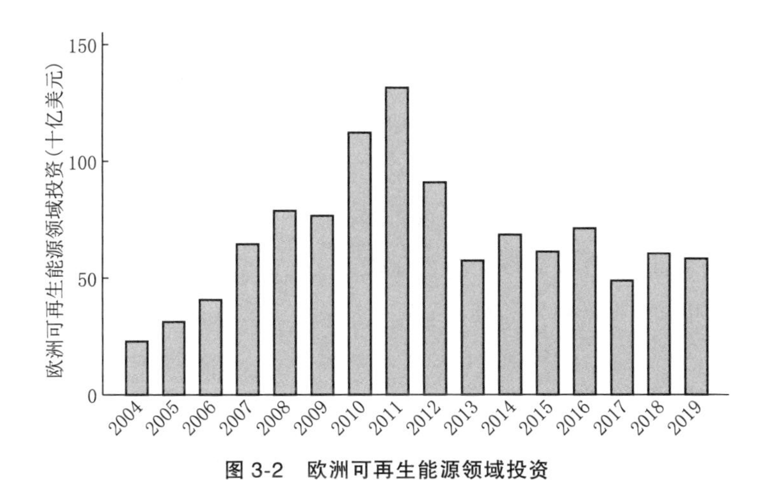

图 3-2 欧洲可再生能源领域投资

资料来源：Statista, "Value of Renewable Energy Investment in Europe From 2004 to 2019 (in billion U.S. dollars)," https://www.statista.com/statistics/1066269/renewable-energy-investment-europe/.

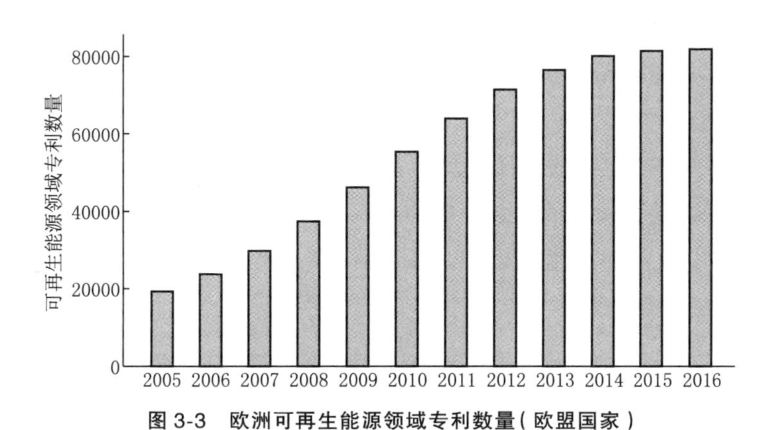

图 3-3 欧洲可再生能源领域专利数量(欧盟国家)

资料来源：International Renewable Energy Agency, "Renewable Energy Patents Evolution," https://www.irena.org/Statistics/View-Data-by-Topic/Innovation-and-Technology/Patents-Evolution.

每年超过500亿美元的水平，长期居于全球领先地位。2007年之后，绿色产业或绿色经济领域的专利数量出现了快速的增长，到2016年，欧盟所持有的可再生能源领域专利的数量已经达到2007年的三倍有余；在可回收和可再生原材料领域，欧盟每年的新增专利数量这一指标在2007年到达了低谷，随后便开始了稳定的复苏和增长，在欧盟绿色新政正式提出循环经济的发展模式后，相关领域的研发和创新无疑会受到更高程度的关注。

（三）能源政策与欧盟一体化的融合

2020年8月发布的欧盟"能源系统一体化战略"指出，能源系统一体化是指在能源载体、基础设施以及消费部门之间建立更加紧密的联系，能效优先的循环能源系统、以可再生能源为基础的电力系统、为脱碳困难部门提供可再生和低碳燃料、促进能源市场更加适合于脱碳化资源、更加一体化的能源基础设施、数字化的能源系统和创新框架成为能源联盟建设的六大支柱。[1]同时，能源部门一体化也成为能源安全的重要保障，促进欧盟内部的能源循环和自由流动将有助于减少欧盟对于外部的能源依赖。

在多重危机的背景下，欧盟能源政策通常被认为是仍然表现出强大整合动力的为数不多的领域之一。[2]在欧盟能源治理框架中，欧盟及其成员国所设立的目标成为欧盟立法的一部分，成

[1] European Commission, "Communication from the Commission to the European Parliament, the Council, the European Economic and Social Committee and the Committee of the Regions—Powering a Limate-neutral Economy: An EU Strategy for Energy System Integration," Brussel: European Commission, 2020.

[2] Anna Herranz-Surrallés, Israel Solorio, and Jenny Fairbrass, "Renegotiating Authority in the Energy Union: A Framework for Analysis," *Journal of European Integration*, Vol. 42, No. 1, 2020, pp. 1–17.

员国必须在可再生能源、能源效率领域制定单独的计划及执行措施，并有义务向欧盟进行报告。然而这一过程并不是严格自下而上的，“这一新的治理框架并不代表能源政策由各国控制，完全相反，这是政治性的，委员会可以对国家部门施加压力，在法律上有完全的自由裁量权”。[1]

（四）强调市场工具在绿色发展中的作用

市场工具一直以来都是欧盟实现绿色发展目标最为重要的手段之一。首先，碳税是较早为欧盟国家所采纳的价格和市场减排机制。早在碳排放交易出现之前，一些北欧国家已开始引入碳税机制，并用此税种的收入实现了税负由劳动力向环境保护的转移，[2]但其在排放交易开始之后有所式微。金融危机以来，随着经济和就业负担的加重以及产业结构转型的需要，欧洲 2020 战略再次对从劳动力收入向碳密集型部门的税负转移进行了强调，认为这是实现长期增长的重要途径之一。碳税成为确保欧盟市场能源价格合理的重要工具，欧盟认为应该从一个更加综合的角度对此进行规划。

其次，欧盟排放交易系统作为欧盟主要的减排机制，为大型工业部门的温室气体减排提供了渠道，涵盖了欧盟国家约 50% 的温室气体排放，其他未涵盖部门的减排目标由“努力共享决定”（Effort Sharing Decision）来规划，在 2014 年提出的目标中，排放交易系统所涵盖的部门需要达到 43% 的温室气体减排目标，

---

[1] Pierre Bocquillon and Tomas Maltby, “EU Energy Policy Integration as Embedded Intergovernmentalism: the Case of Energy Union Governance,” *Journal of European Integration*, Vol. 42, No. 1, 2020, pp. 39–57.

[2] 吴斌、曹丽萍、沃鹏飞：《复合的碳税和碳排放权交易政策：欧盟的经验与启示》，载《广西师范大学学报》2020 年第 4 期，第 84—94 页。

而其他部门的目标为30%。[1]2008年,《京都议定书》的第二承诺期按期展开,但在全球金融危机后,碳配额需求降低、碳价大幅下跌,欧盟排放交易系统进入第二阶段(2008—2012年)初始便面临着巨大的挑战。其一,欧盟排放交易系统的涵盖部门和国家有所扩大,2012年,航空业被纳入其中,这也为其他交通运输部门在将来的进入提供了可能。其二,在金融危机的影响下,这一交易系统的一些缺点也有所暴露,欧盟以此为契机进行了一系列改革:第一,从第三个交易阶段(2013—2020年)开始,碳排放配额将由各国自行分配变为欧盟统一分配;第二,受金融危机影响,欧盟从第二阶段开始即允许跨阶段的排放配额存储和借贷;第三,逐渐提高通过拍卖产生的排放配额比例;[2]第四,建立市场稳定储备机制以稳定碳价和排放配额。

最后,在欧盟的一系列减排措施尤其是碳排放交易体系之下,为了保证欧盟国家的产业竞争力以及防止碳泄漏,碳边境调节机制或者说碳关税应运而生。在欧盟绿色新政中,这一措施成为该计划的核心,欧盟委员会主席冯德莱恩(Ursula von der Leyen)指出,"如果我们增加从境外的二氧化碳进口,仅仅减少我们内部的温室气体排放是没有意义的。这不仅是气候问题,也是涉及企业和员工的公平问题,我们将保护他们免受不正当竞争的影响"。[3]

---

[1] European Commission, "Communication from the Commission to the European Parliament, the Council, the European Economic and Social Committee and the Committee of the Regions-A Policy Framework for Climate and Energy in the Period from 2020 to 2030," Brussel: European Commission, 2014.

[2] 叶斌:《EU-ETS三阶段配额分配机制演进机理》,载《开放导报》2013年第3期,第64—68页。

[3] Mehreen Khan, "Davos 2020: Ursula von der Leyen Warns China to Price Carbon or Face Tax," Jan 22, 2020, https://www.ft.com/content/c93694c8-3d15-11ea-a01a-bae547046735.

三、德国与瑞典的绿色产业政策

（一）产业结构与绿色发展

尽管德国与瑞典的经济规模和发展模式有所不同，但两个国家产业结构相似，农业、工业、制造业、服务业占国民经济的比重几乎一致，制造业在两国国民经济中占有绝对优势，出口导向的工业和制造业在某种程度上来说是两国的支柱产业，所占整体份额均在 40% 上下；[1]这在德国主要是机械和汽车制造等高科技产业，而瑞典则把支柱产业定位在制药、电子和电信等资本技术密集型工业。[2]从各部门温室气体排放量与能源消耗量也能看出两个国家产业结构的异同。

两国的绿色发展水平也存在着一些差异。在最新的全球绿色经济指数中（2018 年），瑞典在其所覆盖的一百多个国家中位居第一，略领先于德国（排名第六）。[3]而就单位 GDP 排放水平而言，瑞典的排放强度仅为德国的一半。[4]

---

［1］ World Bank Data, "World Development Indicators: Structure of Output," http://wdi.worldbank.org/table/4.2.

［2］ 沈尤佳、张嘉佩：《福利资本主义的命运与前途：危机后的思考》，载《政治经济学评论》2013 年第 4 期，第 178—196 页。

［3］ DUAL CITIZEN, "2018 Global Green Economy Index (GGEI)," https://dualcitizeninc.com/global-green-economy-index/#:~:text=The%20Global%20Green%20Economy%20Index,how%20experts%20assess%20that%20performance.&text=Like%20many%20indices%2C%20the%20GGEI,they%20too%20can%20promote%20progress.

［4］ International Energy Agency, "CO_2 Emissions per unit of GDP, Germany 1990–2019," https://www.iea.org/data-and-statistics?country=GERMANY&fuel=CO_2%20emissions&indicator=CO_2ByGDP; International Energy Agency, "CO_2 Emissions per unit of GDP, Sweden 1990–2019," https://www.iea.org/data-and-statistics?country=SWEDEN&fuel=CO_2%20emissions&indicator=CO_2ByGDP.

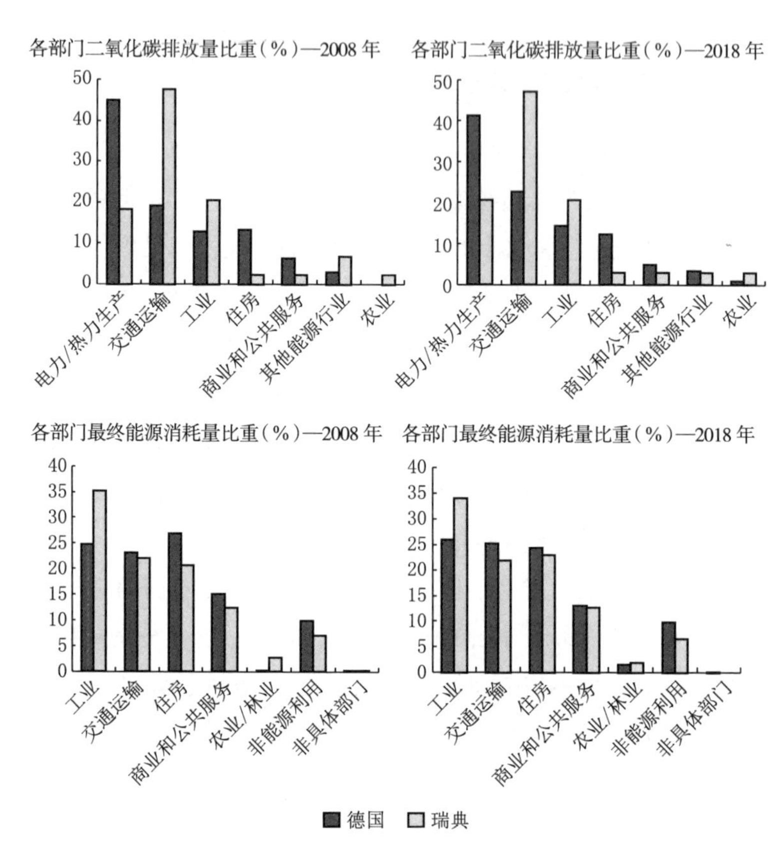

图 3-4　德国 & 瑞典产业结构与绿色发展

资料来源：International Energy Agency, "CO_2 Emissions by Sector, Germany 1990–2018," https://www.iea.org/data-and-statistics?country=GERMANY&fuel=CO_2%20 emissions&indicator=CO_2BySector; "CO_2 emissions by sector, Sweden 1990–2018," https://www.iea.org/data-and-statistics?country=SWEDEN&fuel=CO_2%20 emissions&indicator=CO_2BySector; "Total Final Consumption (TFC) by sector, Germany 1990–2018," https://www.iea.org/data-and-statistics?country=GERMANY &fuel=Energy%20consumption&indicator=TFCShareBySector; "Total Final Consumption (TFC) by Sector, Sweden 1990–2018," https://www.iea.org/data-and-statistics?country=SWEDEN&fuel=Energy%20consumption&indicator=TFCShareBy Sector.

（二）能源转型和绿色福利国家

从两国的发展模式和水平来看，保持并提高传统能源密集型制造业及工业的竞争力对于德国和瑞典的经济发展和社会福利至关重要。两国绿色发展的主要目标基本相同，即减少温室气体排放、增加可再生能源比重、提高能源效率，同时保持产业竞争力。

自 20 世纪 70 年代气候和环境问题逐渐受到关注以来，能源部门的结构转型一直是德国产业政策的中心和环境政治的焦点。能源转型（Energiewende）指的是由以化石燃料为基础的能源系统向以可再生能源为主要来源的能源系统转型，这涉及两个方面：一是短期内淘汰核能，二是进一步淘汰煤炭。20 世纪 70 年代末期，反对核能运动成为一场全国范围内的环境运动和政治运动，紧接着德国绿党于 1980 年成立，旨在淘汰核能及化石燃料的能源政策开始进入议程。[1]总的来说，社会民主党及绿党支持迅速淘汰核能，而基督教民主联盟等在该议题上的立场则更为保守。2005 年，默克尔（Angela Merkel）领导的基督教民主联盟上台执政，尽管默克尔被媒体誉为德国第一任"气候总理"，但执政联盟在上述核能问题上较为保守，共识仍未达成。

2009 年，默克尔领导的基督教民主联盟迎来了其又一任期，这也是德国绿色产业政策的重要转折点。2010 年，德国设立了雄心勃勃的气候保护目标：相较于 1990 年，到 2020 年温室气体排放量将减少 40%，2050 年减少 80% 到 95%；还为确保安全、环保、有竞争性的能源供应提供了一整套方案：到 2050 年，可再生能源在最终能源消耗中所占的比例将从 10% 增至 60%，与 2008 年相比，到 2020 年一次能源消耗将减少 20%，到 2050 年

---

［1］ Jürgen-Friedrich Hake and Wolfgang Fischer, et al., "The German Energiewende-History and Status Quo," *Energy*, Vol. 92, No. 3, p. 535.

减少 50%，同时对建筑物进行改造以提高能效的速率也将大幅提高，从每年 1% 提高到 2%。[1] 为了达成上述目标，暂时放宽核能淘汰的期限也成为政府的选择。2011 年的福岛核事故直接改变了德国各政治及社会力量在能源问题上的立场，并迫使德国在 2011 年再次修订《原子能法案》（the German Atomic Act），明确到 2022 年完全淘汰核能。在这一背景下，能源转型在很大程度上推动了德国绿色产业政策的发展，其中包括数十亿欧元的研发支持（重点是风能、太阳能发电系统）、长期低息贷款（太阳能光伏、生物能、风能、水电及地热）、能源和气候基金（能源效率、可再生能源、储能和电网技术、节能改造）、气候保护倡议以及气候技术倡议等重要举措。[2]

表 3-3 重要绿色产业政策法规及主要政策工具——德国（2007 以后）

重要绿色产业政策法规
· Integrated Climate Change and Energy Programme (2007) · National Energy Action Plan (2010) · Energy and Climate Act (2010) · Energy Concept (2010) · Amendment of the Renewable Energy Sources Act (2009/2012/2014/2017)
主要政策工具
· 对于可再生能源与能源效率研发的直接投资 · 对于使用可再生能源和提高能源效率的优惠 / 补贴 · 规定可再生能源使用最低配额 · 规定建筑物、电器设备等的能源标准 · 调控上网电价 · 对电力、燃料及汽车等耗能产品征收额外税额

资料来源：International Energy Agency, "Policies database-Germany," https://www.iea.org/policies?country=Germany&page=1.

---

[1] International Energy Agency, "Policies Database—Energy Concept," https://www.iea.org/policies/106-energy-concept?country=Germany&page=3.

[2] Dani Rodrik, "Green Industrial Policy," *Oxford Review of Economic Policy*, Vol. 30, No. 3, 2015, pp. 473–475.

2013 年大选后，默克尔执政联盟在实现绿色发展目标及推行绿色产业政策方面面临诸多挑战，主要原因在于能源消费者的成本上升以及相关利益集团和大众的反对。2014 年，新政府再次对《可再生能源法案》(Renewable Energy Act)进行修改，降低了之前设立的短期及长期目标，并对电价及新能源的应用等事项进行了进一步的限制。[1]如今在新冠疫情的冲击下，德国政府提出了“气候新宪章”(new climate charter)，再一次重申了其在应对气候变化领域的雄心。总的来说，德国绿色产业发展目标与政策的演进与能源转型紧密相关，公众在气候和能源问题上的立场以及利益集团构成政党博弈的基础和能源转型的动力。可以看出，瑞典可再生能源的应用发展得较为成熟，而德国的能源结构近年来正经历着剧烈的变化，尤其是在能源转型的背景之下，煤炭和核能所占比重呈现明显的下降趋势。(图 3-5)

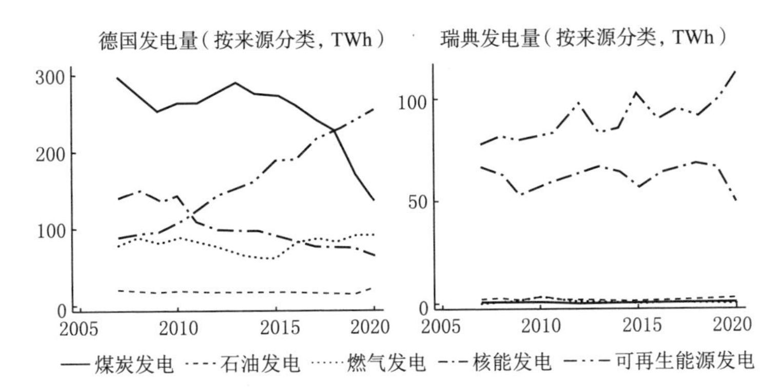

图 3-5　德国、瑞典发电量(按来源分类)

资料来源：Our World in Data, “Electricity production by source,” https://ourworldindata.org/grapher/electricity-production-by-source.

[1] Jürgen-Friedrich Hake and Wolfgang Fischer, et al., “The German Energiewende-History and Status Quo,” *Energy*, Vol. 92, No. 3, pp. 532–546.

瑞典绿色经济的发展独具特色，由前社会民主党首相佩尔松（Göran Persson）提出的“绿色福利国家”（gröna folkhemmet/green welfare state）体现了瑞典绿色产业政策的特点。罗杰·希尔丁森（Roger Hildingsson）等在绿色国家的框架下对瑞典的工业脱碳进行了分析，认为经济效益与环境效益存在内在冲突，市场机制在解决环境问题上存在局限，只有通过国家力量以及国内各方的合作才能将环境考量提升为优先事项。[1]首先，传统的能源密集型产业集团在能源转型问题上的立场是保守的，强有力的国家干预主要表现为国家通过各种手段促使传统能源密集型产业对能源消费结构加以改变，除了补贴、惩罚措施之外，通过科技创新提高能源效率与大力发展可再生能源成为最主要的手段。瑞典等斯堪的纳维亚国家在教育和研发领域投资巨大，其产业政策的目标就是形成一种知识驱动型经济模式，同步实现经济绩效与收入均等、社会包容、生态保护等一系列社会目标。[2]考虑到两国的经济规模，瑞典在研发投资、可再生能源应用方面的表现都明显优于德国（图3-6）。

其次，瑞典的绿色产业政策的突出特点在于其政策协调方式。彼得·卡岑斯坦（Peter Katzenstein）以瑞典为例分析了欧洲小国的产业政策特点，即民主法团主义的政治安排。[3]在瑞典产业政策的制定以及绿色产业政策领域，法团主义的一些特征

---

[1] Roger Hildingsson, Annica Kronsell and Jamil Khan, “The Green State and Industrial Decarbonisation,” *Environmental Politics*, Vol. 28, No. 5, pp. 909–928.

[2] Karl Aiginger, “Industrial Policy for a Sustainable Growth Path,” WIFO Working Papers, No. 469, Austrian Institute of Economic Research (WIFO), Vienna, 2014, p. 8.

[3] [美]彼得·J.卡岑斯坦:《世界市场中的小国家——欧洲的产业政策》，叶静译，吉林出版集团有限责任公司2009年版。

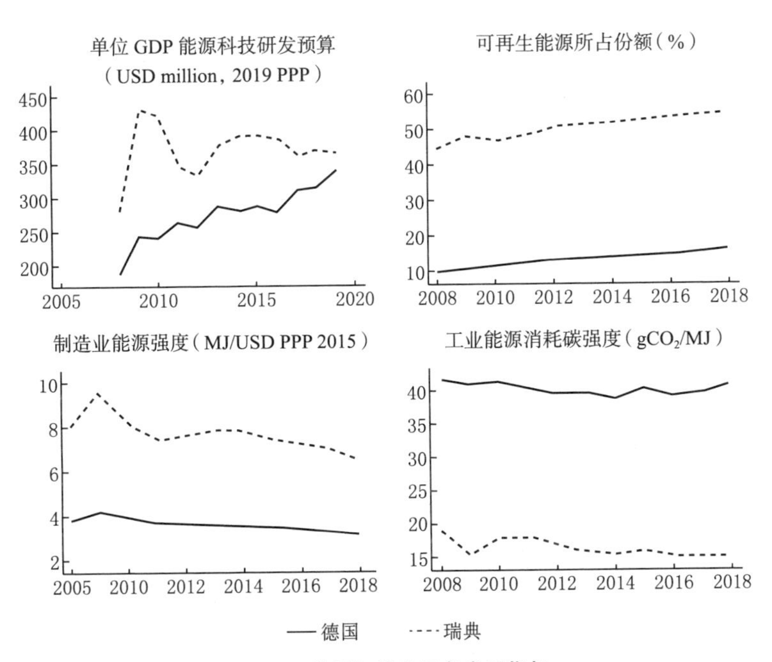

图 3-6　德国与瑞典绿色发展指标

资料来源：International Energy Agency, “RDD budget per GDP-Germany,” https://www.iea.org/data-and-statistics?country=GERMANY&fuel=Energy%20technology%20RD%26D%20budgets&indicator=RDDPerGDP; “RDD budget per GDP-Sweden,” https://www.iea.org/data-and-statistics?country=SWEDEN&fuel=Energy%20technology%20RD%26D%20budgets&indicator=RDDPerGDP; “Manufacturing energy intensity—Germany,” https://www.iea.org/data-and-statistics?country=GERMANY&fuel=Efficiency%20indicators&indicator=EEIManufacturing; “Manufacturing energy intensity—Sweden,” https://www.iea.org/data-and-statistics?country=SWEDEN&fuel=Efficiency%20indicators&indicator=EEIManufacturing; “Carbon intensity of industry energy consumption—Germany,” https://www.iea.org/data-and-statistics?country=GERMANY&fuel=Energy%20transition%20indicators&indicator=CO_2Industry; “Carbon intensity of industry energy consumption—Sweden,” https://www.iea.org/data-and-statistics?country=SWEDEN&fuel=Energy%20transition%20indicators&indicator=CO_2Industry; Eurostat, “Share of energy from renewable sources,” https://ec.europa.eu/eurostat/databrowser/view/sdg_07_40/default/table?lang=en.

仍然存在，即国家层面的社会协商和合作在制定产业政策、推动绿色转型上发挥了重要作用。虽然，工会及其他非政府组织的影响和作用已经变得更加边缘化，但是国家及产业团体成为有组织协商的主要参与者，通过听证会、研讨会以及专业咨询和游说等形式参与绿色产业政策的制定过程。[1]作为绿色发展水平及能源结构脱碳程度最高的国家之一，自2011年以来，瑞典的气候政策制定过程更加开放包容，其目标和手段也朝着一个更加长远的方向发展。

四、挑战及前景

（一）成员国的不平衡发展

2004年的欧盟东扩吸纳了一些中东欧国家，使得欧盟内部不仅仅呈现出南北差距，东西差距的问题也开始出现，金融危机和主权债务危机进一步加深了欧盟内部的这两类国家之间的差异。全球绿色经济指数（The Global Green Economy Index）通过衡量领导力与气候变化、能效部门、市场与投资以及环境状况四个主要维度之下的20个具体指标，评估了全球130个国家在绿色经济领域的具体表现，[2]从中可以明显看出，德国及一些北欧国家表现突出，在这一指标上的得分接近欧盟最低水平的两倍（图3-7）。

创新和投资是绿色产业发展最为重要的推动力量，欧盟内部在这两项指标上的差距是惊人的。德国所持有的可再生能源领

---

［1］ Annica Kronsell, Jamil Khan, and Roger Hildingsson, “Actor Relations in Climate Policymaking: Governing Decarbonisation in a Corporatist Green State,” *Environmental Policy and Governance*, Vol. 29, No. 6, pp. 402–404.

［2］ DUAL CITIZEN, “Global Green Economic Index,” https://dualcitizeninc.com/global-green-economy-index/index.php#interior_section_link.

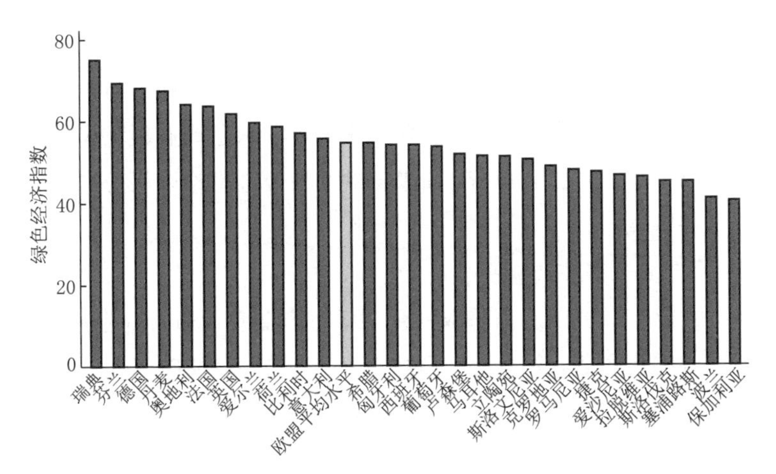

图 3-7　欧盟国家绿色经济指数（2018 年）

资料来源：Dual Citizen, "Global Green Economic Index," https://dualcitizeninc.com/global-green-economy-index/index.php#interior_section_link.

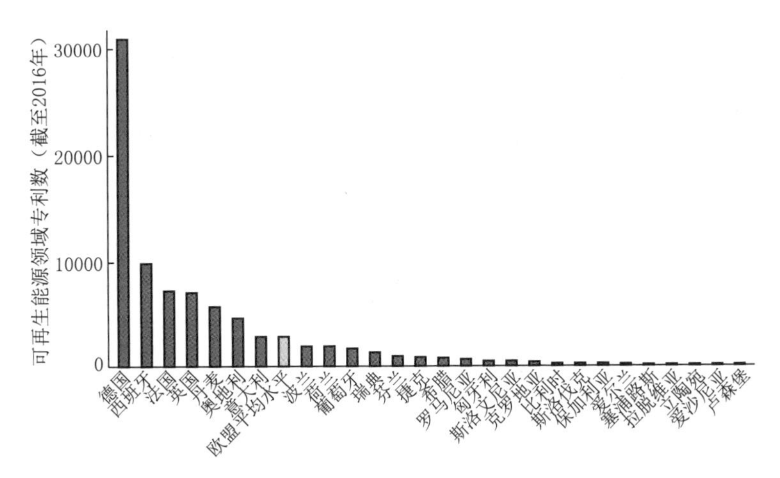

图 3-8　欧盟国家可再生能源领域专利数量（2016 年）

资料来源：International Renewable Energy Agency, "Renewable Energy Patents Evolution," https://www.irena.org/Statistics/View-Data-by-Topic/Innovation-and-Technology/Patents-Evolution.

域专利数量遥遥领先，是欧盟平均水平的十倍有余，而相较于发展水平较低的成员国，这一差距更加明显。危机的冲击与自身发展的水平使得东欧、南欧的一些国家难以在绿色产业领域像德国及北欧国家一样投入巨资，而来自欧盟的资金也难以从根本上改变这一状况。

（二）政策难以统一

欧盟和成员国层面采取的众多绿色产业政策通常并不协调，不同的绿色产业政策会分散欧盟单一市场，并可能破坏公平的竞争环境。[1]实现政策强制性的最重要途径是立法，在绿色产业政策领域，欧盟立法的效果并不突出。在欧盟积极推动的能源部门一体化问题上，欧盟各成员国的目标和行动计划被定义为欧盟立法的一部分，并且欧盟也要求各成员国通过国内立法确保这些目标的实现和计划的实行，但事实上这些可再生能源和能源效率国家目标并不具有约束力，成员国仅有义务制定计划，并对欧盟提出的建议进行回应，且欧盟委员会只能就成员国在目标制定和实施上的不作为提起诉讼，但并不能就目标能否达成采取措施。[2]

欧盟理事会强调，成员国可以自由决定能源结构，可再生能源目标的统一在政治上没有可行性。根据欧盟委员会预测，利用现行政策和措施，可再生能源占比在 2020 年和 2030 年可分别达到 21% 和 24%，如加大行动力度，在 2030 年可以达到 27% 的

［1］ “A Green Industrial Policy for Europe,” Jan. 13, 2021, https://www.bruegel.org/2021/01/a-green-industrial-policy-for-europe-2/.

［2］ Pierre Bocquillon and Tomas Maltby, “EU Energy Policy Integration as Embedded Intergovernmentalism: The Case of Energy Union Governance,” *Journal of European Integration*, Vol. 42, No. 1, 2020, pp. 39–57.

目标。德国、比利时、葡萄牙、意大利等要求设立更高的目标，而英国、波兰等反对制定国家目标。可再生能源目标设定的“重新国家化”被认为是几个成员国的总体政治趋势，英国独立党、德国选择党等寻求在一系列问题领域保留国家主权的替代方案。而且，在整个欧盟范围内，政治重点的转移以及对经济增长、竞争力或能源安全不同程度的担忧都削弱了统一的气候政策。以英国为代表的一些国家认为，单一的温室气体目标优先于温室气体减排、可再生能源和能源效率的单独目标，而波兰等其他国家表达了对经济和能源安全问题的担忧。[1]金融危机以来，欧盟似乎正处于一个越来越不团结的时代，英国脱欧就是一个例证。在环境政策方面，环保政策先锋国家不想继续发挥领导作用，欧盟在环境外交方面似乎失去了领导权，也有一些迹象表明欧盟的环境政策抱负正在停滞甚至逆转。[2]

小　结

自 20 世纪 60 年代起，美国通过政府采购、技术研发、可再生能源产品和服务推广等实现了绿色产业政策的稳步发展。但随着美国政治极化趋势加剧，联邦政府在绿色产业政策上的角色

---

[1] Kamil Marcinkiewicz and Jale Tosun, “Contesting Climate Change: Mapping the Political Debate in Poland,” *East European Politics*, Vol. 31, No. 2, 2015, pp. 187–207.

[2] Yves Steinebach and Christoph Knill, “Still an Entrepreneur? The Changing Role of the European Commission in EU Environmental Policy-making,” *Journal of European Public Policy*, Vol. 24, No. 3, 2017, pp. 429–446.

受到削弱，地方的主导权不断增大。长期以来，美国绿色产业政策面临中央与地方职能分工的争论以及两党分歧。未来美国两党仍难妥协，拜登绿色新政全面推行的可能性不大。相比之下，欧盟关注绿色产业的系统性和溢出效应，重视通过具有约束力的社会目标，来推动劳动力市场适应绿色经济转型。欧洲经济和社会委员会主席克里斯塔·史旺（Christa Schweng）表示，"欧洲的未来是数字化的、绿色的，但首先是民主的！需要将我们经济和社会系统的数字化和可持续性整合到民主文化的框架中"。[1]其中，德国和瑞典绿色发展的根基在于保持并提高传统能源密集型制造业及工业的竞争力，其目标是确保经济发展和社会福利。瑞典可再生能源的研发和应用发展得较为成熟，而德国在能源转型的背景之下，煤炭和核能所占比重不断下降。新冠肺炎疫情之后，欧洲经济陷入衰退，欧盟试图实现经济的"绿色复苏"，但总体上，欧盟绿色产业政策仍然面临成员国的不平衡发展和内部政策分歧等挑战。

[1] "The Future of Europe: Digital, Green, but First of All Democratic!" May 27, 2021, https://www.openaccessgovernment.org/the-future-of-europe-digital-green-but-first-of-all-democratic/111602/.

第四章　美欧技术创新与跨国公司减排

技术创新是应对气候变化的关键。在自由主义意识形态、经济全球化和跨国公司占主导地位的背景下，自由市场无法保证普遍利益，不能对创新进行有效的伦理监管。不同利益相关者之间存在着明显的不平衡，而这种不平衡往往会阻止普遍利益的实现。大型跨国私营公司比大学或代表公众的非政府组织拥有更多的资源。政府介入是唯一能够让私营公司尊重公共利益的根本保障。现代社会对创新的控制主要来自大学、行业和政府之间以及以媒体和文化为基础的公众和市民社会之间的互动。这一复杂的协商过程是对自由市场机制伦理的控制，也就是通过整合尽可能多的利益相关者来提高效率并更接近民主过程。[1]市场并不利于绿色创新，创新应基于政策协调和公私互动确保实现公共利益，欧洲福利国家比美国更易于实现政策协调和利益调解。

[1] Eric Muraille, “Ethical Control of Innovation in A Globalized and Liberal World: Is Good Science Still Science?” *Endeavour*, Vol. 43, Issue 4, 2019, pp. 1–14.

第一节　减排技术创新

在应对全球气候变化的技术创新过程中，美国和欧盟在创新类型、政府角色与行业规制上存在显著差异。美国政府历来重视基础性研究创新，旨在保持美国强有力的全球竞争力，但在减排领域的技术创新，美国落后于欧盟。

一、创新类型与美欧相对优势

激进创新和渐进创新是不同生产模式的基础。激进创新指开发完全新型的产品，或引起生产工艺的显著变化的创新模式。激进创新对于高科技产业（生物科技、半导体、软件）的生产至关重要，这些产业要求快速和显著的产品更新。激进创新还对于复合型产品（电讯、国防、航空）生产十分重要。渐进创新是一种“现有生产线和生产工艺以小规模但持续不断的形式进步”的创新模式。基于渐进创新的生产将维持现有产品的质量放在首位。这种创新模式通过生产工艺的持续进步来降低产品成本和价格。因此，渐进创新对于资本密集型产品（机器、工厂设备、耐用消费品、引擎）生产的竞争力是至关重要的。[1]

不同的经济体制为创新提供不同的比较优势。自由市场经济体长期以来有着资金充足、高效而活跃的风险投资家，但风险投资促进科技创新的效率并不高，事实上风险投资只为符合市场需求的渐进性技术创新提供短期融资，而几乎无法提供激进创新

[1] Mark Zachary Taylor, “Empirical Evidence against Varieties of Capitalism’s Theory of Technological Innovation,” *International Organization*, Vol. 58, No. 3, 2004, pp. 601–631.

所必需的稳定的私人资本，自由市场经济体不得不依赖于公共投资。[1]美国是世界上经济规模最大的高收入国家，且由于国防需要，研发投入也领先世界，但美国基础科技研发投入主要来自在美国国民经济中占重要地位的军事工业。事实上，长期以来美国的基础科学研究主要由国防部门提供资金支持，而基础科学研究带来的非军事科技的进步，只是这一过程的副产品。长期来看，这种方式推动技术创新的效率越来越低。可以推测，由于美国研发投入中来自国防部门的投入占比较高，美国国家创新体系产出减排技术的效率不会太高。[2]第二次世界大战后，美国经历了两次清洁能源创新的繁荣期，然而每次创新繁荣之后都有一次萧条。第一次繁荣是由私人投资驱动的，与此同时，从 1973 年到 1980 年，联邦政府对能源技术研发的投入翻了四番。清洁能源创新的第二波投资高峰由市场主体推动。2000 年后，风险投资者将大量资金注入美国刚起步的清洁能源产业，但是起步阶段的企业大多失败了，还有一些只能勉强维持生存。自 20 世纪 80 年代联邦政府能源技术研发投入下降以后，太阳能、风能和核能利用方面的专利技术数量急剧下降。今天，尽管美国已经是世界上能源技术研发投入最高的国家，但能源研发投入与其他研发投入项目相比在总投入中所占比例渐渐减少。由于新能源产品进入市场至少需要数十年的时间，需要持续不断地投入科研资金，如果没有国家干预，这是不可能实现的。[3]美国在可再生能

---

[1] Masayuki Hirukawa and Masako Ueda, “Venture Capital and Innovation: Which is First,” *Pacific Economic Review*, Vol. 16, Issue 4, 2011, pp. 421–465.

[2] John Mikler and Neil E. Harrison, “Varieties of Capitalism and Technological Innovation for Climate Change Mitigation,” pp. 179–208.

[3] Varun Sivaram and Teryn Norris, “The Clean Energy Revolution: Fighting Climate Change with Innovation,” *Foreign Affairs*, Vol. 95, No. 3, 2016.

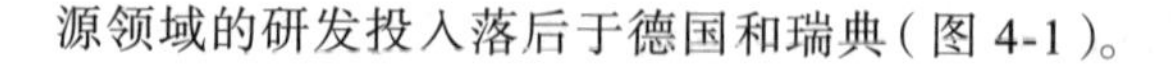
源领域的研发投入落后于德国和瑞典（图 4-1）。

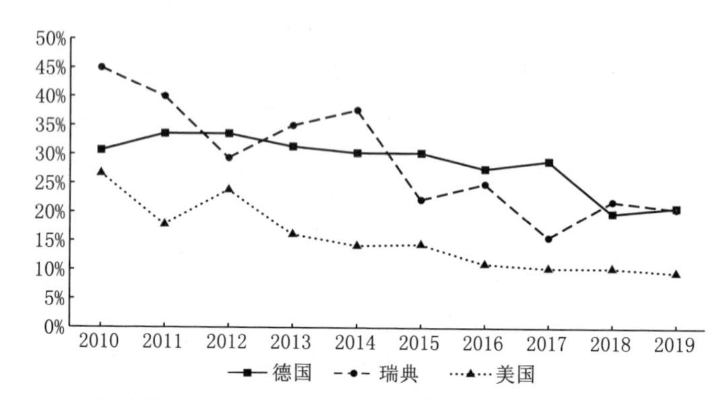

图 4-1　可再生能源公共 RD&D 预算占能源公共 RD&D 百分比，OECD.Stat

德国和瑞典的工会和有组织的雇主之间形成了强大的社会伙伴关系，它们被视为协调市场经济的代表。协调市场经济体的国家创新系统具备更强的渐进创新能力。渐进创新涉及复杂的生产流程和售后服务，以及长期客户联系。协调市场经济在促进技术发展、扩散和投资时，更强调协作而非市场竞争，与监管部门合作设置目标和法规，避免产品研发受市场信号左右。[1]德国公司拥有具备充足技能的劳动力，容易实现渐进创新，长期雇佣关系使工人能勇于提出改进产品和生产过程的建议，并赋予劳动力足够的工作自主权。公司间紧密协作有助于客户和供应商对产品和生产流程的改进提出建议。公司推行产品差异化战略，而非恶性竞争，公司间协作有利于技术转移和渐进创新。在既有产业领域内，德国在技术的改善和升级方面是领导者，但在新的

[1] John Mikler and Neil E. Harrison, "Varieties of Capitalism and Technological Innovation for Climate Change Mitigation," *New Political Economy*, Vol. 17, No. 2, 2012, pp. 179–208.

技术领域(如电子、生物技术和新材料),德国处于弱势。[1]德国通过对传统工业核心内的产品和生产进行数字化改造,大力捍卫其在高质量制造业方面的实力。德国的创新体系以制造企业、研究机构和金融机构为核心。德国的主要目标是让科学和工业共同努力,使德国在成为全球创新领导者的道路上走得更远。它拥有超过 1000 个公共和公共资助的科学、研究和开发机构,近 600 个研究和创新网络和集群,以及 614000 名研发人员,其中包括 358000 名研究人员。[2]工业利益在德国政治经济中居主导地位。作为经济无可匹敌的增长引擎,工业不仅在经济中,而且在决策界都有着巨大的影响力。这有助于通过削减成本和调整传统制度安排以适应新产品市场和生产技术,捍卫长期存在的行业优势。因此,尽管传统产品和生产流程正在被数字技术彻底变革,但德国经济活动的构成仍具有显著的连续性。[3]工业是脱碳的主要驱动力。德国联邦经济和能源部于 2016 年启动了"智慧能源展示"(Smart Energy Showcase),这是一项资助计划,旨在启动下一代数字技术实验,以帮助实现能源转型目标。从技术角度来看,大规模工业经济几乎可以完全依靠可再生电力和其他当前可用的清洁技术来运行。[4]

---

[1] David Soskice, "German Technology Policy, Innovation, and National Institutional Frameworks," *Industry and Innovation*, Vol. 4, Issue 1, 1997, pp. 75–96.

[2] Kate Whiting, "Germany is the World's Most Innovative Economy," 18 Oct. 2018, https://www.weforum.org/agenda/2018/10/germany-is-the-worlds-most-innovative-economy/.

[3] Thelen, Kathleen, "Transitions to the Knowledge Economy in Germany, Sweden, and the Netherlands," *Comparative Politics*, Vol. 51, No. 2, 2019, pp. 295–315.

[4] Chris Turner, "Germany's Energiewende 4.0 Project," 2021, https://climateinstitute.ca/publications/electricity-system-innovation/.

相比之下，瑞典在高技术部门，特别是信息和通信技术（ICT）领域的直接竞争更加激烈。德国是通过抑制工资和消费实现出口导向型增长的典范，瑞典具有更“平衡”的增长模式，将强劲的国内消费与强劲的出口相结合。瑞典工会密度远远超过德国，瑞典工会在低技能服务人员和高技能受薪员工中都有较强的影响力。当德国传统制造业领域的实力不断增强时，瑞典转向了高科技制造业和服务业。瑞典企业在制造业和服务业乃至出口和国内市场的广泛领域都有业务。瑞典的创新政策侧重于基础设施，尤其是IT用户，而非制造商。[1]瑞典的创新能力位居世界前列，在绿色创新领域取得了突出成就。在2020年的“欧洲创新记分牌”（European Innovation Scoreboard）中，瑞典再度荣登榜首，[2]在世界知识产权组织发布的2020年“全球创新指数”（Global Innovation Index）中，瑞典也继续保持了全球第二名的优异成绩。[3]正是瑞典强劲的创新能力支撑起了该国众多企业的全球竞争力，其在诸如汽车及汽车部件制造、航空航天业、机械和电子电气工程、制浆造纸工业、化学及制药业、医疗技术等中高端产业中均处于世界领先地位。[4]早在2006年瑞典国家创新局关于其在不同技术领域资金分配的概览中就不难

［1］ Thelen, Kathleen, “Transitions to the Knowledge Economy in Germany, Sweden, and the Netherlands,” *Comparative Politics*, Vol. 51, No. 2, 2019, pp. 295–315.

［2］ Hugo Hollanders eds., “European Innovation Scoreboard 2020,” Luxembourg: Publications Office of the European Union, 2020.

［3］ Soumitra Dutta and Bruno Lanvin eds., “Global Innovation Index 2020: Who Will Finance Innovation?” Ithaca, Fontainebleau, and Geneva: Cornell University, INSEAD, and WIPO, 2020.

［4］ OECD, “OECD Reviews of Innovation Policy: Sweden 2012,” Paris: OECD Publishing, 2013, pp. 158–162.

看出瑞典创新的优势所在：信息通信技术约占 20%，服务和信息技术约占 10%，生物技术及生命科学约占 20%，制造和材料约占 20%，运输系统和汽车产业约占 20%。[1]而近年来，在应对社会挑战的同时提高创新能力和竞争力成为瑞典重点关注的议题，信息通信产业、生命科学技术、绿色科技领域更显重要。从历年的专利申请量来看，世界科技巨头爱立信一直高居瑞典公司榜首，[2]这也为瑞典的数字化转型提供了坚强的支撑；在生命科学问题上，政府直接设立了生命科学办公室，致力于制定国家生命科学战略，以促进这一领域的进一步发展。

在减排技术或者说绿色科技领域，瑞典的优势同样明显。在欧盟发布的"生态创新指数"（Eco-innovation Index）中，瑞典历来位居前列，生态创新是瑞典国家环境政策的一个关键组成部分，该国在生物能源、智能电网、绿色建筑、废物回收利用、绿色汽车技术、水资源管理、海洋能源和太阳能等新技术领域优势显著。[3]欧盟委员会指出了驱动瑞典生态科技创新的以下因素：国家战略的支持和政治目标的指引，可再生能源和生物科技方面的比较优势，对绿色产品的需求及公司由此而来的创新动力；[4]在国家战略的引导下，"健全的环境法律制度、清晰的绿色发展

[1] Per Eriksson, "VINNOVA and Its Role in the Swedish Innovation System-Accomplishments Since the Start in 2001 and Ambitions Forward," September 2006, https://www.rieti.go.jp/en/events/bbl/06090501.pdf.

[2] WIPO, "Statistical Country Profiles—Sweden," https://www.wipo.int/ipstats/en/statistics/country_profile/profile.jsp?code=SE.

[3] European Commission, "Eco-innovation in Sweden—EIO Country Profile 2018–2019," https://ec.europa.eu/environment/ecoap/sites/default/files/field/field-country-files/eio_country_profile_2018–2019_sweden.pdf.

[4] Ibid.

规划、高效的环境事务执行机构以及多种环境经济型公共政策干预工具”进一步增强了绿色科技创新的动力。[1]

瑞典是崇尚环保和生态的国家，也是实施可持续发展战略最早的国家之一，通过制定严格的政策法规迫使企业不断创新、节能降耗、研发有利于可持续发展的技术和产品；同时，瑞典投入大量的资金致力于环境保护技术的研发。瑞典在环境技术领域拥有一大批创新型公司、成熟型企业和先进的试验和测试条件。瑞典的环境技术与信息通信、工程、能源、电力、冶炼、包装、汽车、石化、建筑、交通等工业与行业相互交织和融合，形成了较为完整且具有瑞典特色的产业集群。时至今日，瑞典在新能源开发及利用、循环经济、生态农业、环保建筑、环境教育、生态城市、环境法以及环保节能技术等方面都形成了自身独有的一套绿色发展思路和经验。除技术水平与法规监管以外，企业管理与运行模式对环保政策的整体效果也会产生较大影响。在瑞典，环境工作正逐步成为企业制度的一部分。有关瑞典建筑行业的研究指出[2]，企业内部管理的变化、来自更加多元的利益相关者的压力、企业与知识密集型行为主体（专业咨询公司、大学等）合作程度的上升能够促进行业整体环保创新能力的提高。在公司内部管理的方面，技术型环境措施正成为主流，企业环境工作依赖于通过环境管理系统、审计和各种评估方法进行的自我管理，以传递环境信息和问责制为目的的活动日益增多，环境方面的专业

[1] 卢洪友、许文立：《北欧经济“深绿色”革命的经验及启示》，载《人民论坛》2015年第3期。

[2] Pernilla Gluch, Mathias Gustafsson, Liane Thuvander & Henrikke Baumann, “Charting Corporate Greening: Environmental Management Trends in Sweden,” *Building Research & Information*, Vol. 42, No. 3, 2014, pp. 318–329.

知识正逐渐融入公司内部，环境管理者正在扮演一个更权威的角色；在利益相关者的方面，企业的利益相关者更加多元，其战略决策受金融机构、环保组织、大众媒体、研究机构等非传统利益相关者影响的比例逐步提高，知识密集型主体的地位上升；在主体间合作的方面，企业重视环境工作、提高专业性要求、以自我监控作为指导机制以及积极应对环境挑战等变化为教育机构与专业咨询机构提供了新的机遇，意味着这些主体与相关企业的合作将更加密切。

二、政府角色及行业规制

美欧政府在保障和鼓励商业领域的新兴科技进步方面扮演着越来越重要的角色。政府更为重视削减边缘性研究，转而保障创新成果能够被公司转化成商业成果。然而，美国和欧洲追求这些政治目标的方式存在极大不同。在欧洲，政府与社会都对发展进程保持开放的态度，拥有明晰的认识。政党竞争的焦点在于如何更有效率地实现这些发展计划。在美国，情况则恰恰相反，创新进程并未介入政治辩论或媒体，也未经公众讨论。[1]在没有政府实际参与的情况下，美国不会真正有效地应对气候变化。20世纪70年代以来，公共机构和公共资金在技术创新过程中发挥了重要作用，美国政府通过大学或国防部，强力支持基础科学研究。这种干预机制推动了美国的激进技术创新，促进了新技术商业化。实际上，美国联邦政府并无统一的规划，而是创立了一个

[1] Fred Block, "Swimming Against the Current: The Rise of a Hidden Developmental State in the United States," *Politics & Society*, Vol. 36, No. 2, 2008, pp. 169–206.

由公共资金资助的实验室网络，国家介入是为了克服市场失灵。与之不同，协调市场经济关注的是技术变革下行为体权力关系的协商，[1]而美国的激进技术创新依旧在市场竞争的框架下进行。美国公司非常依赖公共资源进行创新。然而，市场原教旨主义思想使美国公司脱离了公众所期待的、与合作伙伴的互动。

美欧政府角色的区别不在于是否介入创新，而在于介入的机理。气候变化成为自由市场经济的一个挑战，国家实质介入与激进创新的非市场驱动特征是互补的。私人行业只关注那些能够获益的技术，因此，政府对激进减排创新的财政支持不仅必要，而且期限应尽可能长，直到产品投入使用。[2]而当新技术需要联邦政府赞助的资金数额较大时，美国的实验室网络并不能有效发挥作用。美国互联网高速宽带家庭连接速度难以提高充分体现了这一缺陷。美国政府完全让私人公司和家庭用户来承担连接费用，这使得美国家庭高速宽带连接的比例远远落后于东亚和欧洲一些国家，节能技术领域也是如此。现在美国改善其国家创新系统被认为已经迫在眉睫。美国需要认识到创新的目的不是生产极度流行的电子产品或网络服务，而是为了维持生产力和就业的增长，从而保障国民实际收入的扩张。美国需要新的政策使创新通过本国从业者的手，在本国得以扩展。而为了通过像弗朗霍夫研究所（Fraunhofer Institutes）这样的公私合作机构，将革命性的技术发明转化为市场成果，美国需要作出改变。美国需要把工人的技术训练视为其长期事业，训练不同教育层次的从业者

---

[1] John Mikler & Neil E. Harrison, “Varieties of Capitalism and Technological Innovation for Climate Change Mitigation,” pp. 179–208.

[2] Ibid.

使用新技术以提高其生产力水平。[1]

一般来说，某些产业部门在减少碳排放、应对全球气候变暖中相较其他产业更为重要，如制造业、化学化工业和建筑业的技术进步，更有可能为减少温室气体排放作出贡献，但是制药、金融、批发零售业和社区或个人服务业的技术进步对减排影响较小。总体来看，相较于协调市场经济体，自由市场经济体的制造业增加值在制造业总产值中所占百分比较低，而服务业的这一比例较高；而相对于自由市场经济体，制造业在欧盟国家经济中的地位更为重要。[2]美国的行业技术优势集中于航空航天、制药、计算机领域，以德国为代表的欧盟国家行业优势集中于化工、机械、机动车等领域。因此，相较于自由市场经济体，协调市场经济体的技术创新最可能出现在有利于节能减排的行业中。

在行业减排规制上，制度影响政策制定和实施的过程，自由市场经济倾向于通过立法制定行业规范，一切按照市场规则；而在协调市场经济中，政府和厂商合作更为密切。以美国为代表的盎格鲁-撒克逊自由市场经济体的法制化程度更高，诉讼系统更完善；在协调市场经济中，不需要行政或者司法的立法行为，政府和业界通过高层会谈达成一致，从而制定行业规范。相较于欧洲的协调市场经济体，美国、英国和加拿大制定了更多与应对全球气候变暖相关的政策和法律。[3]以汽车业减排为例，在制定汽车行业节省油耗和减少碳排放的标准时，不同的经济体有特定的

[1] Dan Breznitz, “Why Germany Dominates the U.S. in Innovation,” https://www.tommasz.net/2014/05/28/why-germany-dominates-the-u-s-in-innovation/, May 27, 2014.

[2] John Mikler and Neil E. Harrison, “Varieties of Capitalism and Technological Innovation for Climate Change Mitigation,” pp. 179–208.

[3] Ibid.

政府—市场关系，美国偏市场，欧盟重协调，因而协调市场经济国家在渐进地改善产品环保标准上，比自由市场经济国家更为领先。以欧盟最大的经济体德国为例，政府在市场和企业的互动中长期扮演促进者的角色。政府与市场合作，协调厂商行为并共同推进国家目标的实现。因此，德国政府通过法律和政企对话与各个行业龙头企业达成一致，常被视为“创能型国家”。[1]

德国的协调市场经济模式代表了许多其他欧洲大陆国家的资本主义经济模式，即更多强调政府和市场主体的协调。对于欧盟汽车行业，限制产品碳排放量的规定不是政府强加于厂商的，而是汽车行业的共识。1995 年，欧洲汽车制造商协会（Association des Constructeurs Européens d’Automobiles，ACEA）在与欧洲交通运输部长会议（European Conference of Ministers of Transport，ECMT）的协商中自主承诺减少在欧盟内部市场销售的汽车的碳排放量。欧盟汽车行业限制碳排放量的规定是由厂商自主承诺和宏观调控设立的最低目标共同组成的合作调控。[2]2013 年，欧洲谈判代表达成了汽车温室气体减排协议，要求汽车制造商各车型新车平均每公里二氧化碳排放量不得超过 95 克。该协议要求，各厂商 95% 的新车需在 2020 年达到这一减排目标，到 2021 年要全部达到目标。[3]欧盟汽车产业

[1] Colin Crouch and Wolfgang Streeck eds, *Political Economy of Modern Capitalism: Mapping Convergence and Diversity*, London: Sage Publications, 1997, pp. 31–54.

[2] John Mikler, “Apocalypse Now or Business as Usual? Reducing the Carbon Emissions of the Global Car Industry,” *Cambridge Journal of Regions, Economy and Society*, 2010, pp. 1–20.

[3] 商务部：《欧盟达成汽车温室气体减排协议》，http://www.mofcom.gov.cn/article/i/jyjl/m/201312/20131200410007.shtml, 2013-12-02。

通过一种政府—市场协调合作的渠道来减少碳排放。正是厂商自主提出的减排承诺以及政府—市场协调的调控模式为碳减排作出了巨大贡献。

欧洲的一些国家通过了加强汽车节能环保的法规，逐步将新能源汽车发展战略提升到国家战略层面。欧盟的目标是到 2020 年，交通运输燃料中的 10% 可以来自可再生能源。而瑞典自己设定的政策目标是，到 2030 年，所有车辆均采用非化石燃料，截至 2014 年，完成 12%，部分得益于乙醇使用量的增加。为了加快实施，瑞典政府出台了一系列法案，包括要求所有大型加油站都必须提供至少一种可再生燃料的法律，以及针对二氧化碳排放量较低或零排放的车辆的免税政策。德国、法国、挪威、荷兰、英国、瑞典等国表示，在 2025—2040 年将推行全面禁售燃油汽车的政策，沃尔沃这样的车企更是高调宣布于 2019 年停产传统燃油汽车，转而生产混合动力车和电动汽车，并称“这一宣布标志着纯燃油汽车时代的结束”。而在美国自由市场经济模式下，消费者需求是决定产品节油标准的主要因素，更高节油标准的机动车的产销只能通过政府给予消费者补贴，而非制定行业规制的方式实现。[1]

第二节 汽车业跨国公司减排

为实现低碳发展，许多跨国公司通过实施低碳战略确立了自己的竞争优势。然而，不同国家跨国公司的减排差异巨大。实

[1]《2018汽车节能减排新趋势》，http://www.sohu.com/a/166177324_99942061。

际上，减排并非公司以一己之力可以实现的，而是需要公司、市场、社会之间的协调，公司如何处理其所面临的协作问题，离不开所属国家的制度环境，主要体现为母国对国内市场和生产关系的管理。美式资本主义一直被认为是股票市场资本主义（stock market capitalism），美国公司尤其倚重股权融资，股东的股利是公司的主要目标，多样化的投资者会寻求更高的短期回报。美国公司关注短期利益的最大化，依赖于在流动的金融市场中增加短期利益。在美国公司看来，社会活动家的分量一定比不上股东，即使股东表达出对于环境与社会责任的关切，其首要关注还是投资回报问题。总之，美国公司按照市场信号行事，最大化短期利益，从而为股东提供股息。相反，德国、瑞典公司的所有权集中度高，多为法人持股，持股者主要为银行、基金会、其他公司或政府等，相较于自由市场经济下的美国公司，德国企业受短期金融市场震荡的影响较小。因此，德国与瑞典企业属于利益相关者资本主义（也称为协调市场经济）模式，普遍顾及利益相关者的诉求，更具社会包容性地实施战略，如加强与外部利益相关者（如社会团体与更为广泛意义上的社会）和内部利益相关者（如员工与其他相关企业）的联系，[1]这种合作包含了积极推动法规和监管目标的意愿。特别是瑞典在可持续发展理念、高效生态经济以及环境技术方面处于全球领先水平。

自由市场经济的资本主义多样性近似于自由放任模式，企业主要通过市场来协调活动。然而在欧洲协调市场经济中，企业行为并非仅由市场与价格信号决定，而是基于合作网络的国家—社

[1] John Mikler, “Plus Ca Change? A Varieties of Capitalism Approach to Social Concern for the Environment,” *Global Society*, Vol. 25, Issue 3, 2011, pp. 331–352.

会关系。美国文化中对政府的不信任是根深蒂固的，面对国家与市场之间的对立关系，诸如环境问题之类的社会关切只能通过慈善行为来实现。与其说企业重视社会责任，不如说它作为一种"装饰品"有助于实现企业盈利的核心目标。

跨国公司是全球经济中的重要行为体。自20世纪90年代以来，气候及减排问题日益受到关注。跨国公司的减排规划在企业社会责任、可持续发展报告中越来越多地体现出来。汽车业减排是工业减排的重要支柱，更能直观反映出美欧跨国公司的差异，这里选取全球排名前100位的五家汽车业跨国公司，主要有通用汽车公司（General Motors Corporation，GM）、福特汽车公司（Ford Motor Company）、宝马公司（Bavarian Motor Work）、戴姆勒股份公司（Daimler AG）和沃尔沃公司（Volvo）。通用汽车公司成立于1908年9月16日，是美国最早实行股份制和专家集团管理的特大型企业之一，尤其重视质量把关和新技术的采用，因而其产品始终在用户中享有盛誉。凭借在电池、电动汽车和动力控制等方面的突破，通用汽车不断强化其在汽车电气化的领先地位。同时，通用汽车还积极推进高效节能技术的进步，包括直喷技术、涡轮增压、六挡变速、柴油发动机以及优化空气动力学设计等。福特汽车公司是世界第一大卡车生产商，也是世界第二大汽车生产厂家，全球雇员24.5万，制造和装配业务的近100家工厂遍及全球，产品行销全球200多个国家和地区。戴姆勒股份公司总部位于德国斯图加特，是全球最大的商用车制造商，全球第一大豪华车生产商、第二大卡车生产商。宝马公司是巴伐利亚机械制造厂股份公司的简称，1916年成立于德国慕尼黑，与菲亚特、福特、雷诺、劳斯莱斯相比显得"年轻"。沃尔沃汽车公司创立于1924年，是北欧最大的汽车企业，也是瑞典最大的工业企业集团。总体上，这些公司虽然实现了全球化运营，但跨国性指数（TNI）[1]并没那么高，母国制度是公司行为的重要决定因素。

一般来说，自由市场经济国家的公司通过市场协调经济活动。在选择市场协调经济活动时，根据市场信号作出决定，这些信号定义了短期的利润水平。在监管方面，更倾向放松管制，而不是国家指导和干预。协调市场经济中的公司通过更多的非市场合作关系来协调经济活动。决定其行为的不是市场和价格信号，而是基于合作网络的关系，以及公司内外部利益相关者之间达成的共识。[2]在减排领域，公司治理结构与企业社会责任、国家监管与政企关系、市场信号是决定不同公司减排的重要因素。

一、企业社会责任

企业社会责任的定位与其内部治理结构之间关系紧密。在"股东至上"的公司治理结构下，公司以股东利润最大化作为唯一的经营目标和社会责任。利益相关者理论认为公司是所有利益相关者之间的一系列多边契约。[3]随着利益相关者治理理论的兴起，公司的单边治理结构被多边的共同治理结构所取代，根据契约理论和产权理论，公司的治理结构是多方利益相关者通过谈判而形成的。治理结构的内生性决定了社会责任也是内生的，它随着治理结构的改变而改变。[4]

---

[1] 陈琢：《跨国公司行为纠偏的生态指向》，人民日报出版社2015年版，第28—31页。

[2] John Milker, "Framing Environmental Responsibility: National Variations in Corporations' Motivations," *Policy and Society*, Vol. 26, Issue 4, 2007, pp. 67–104.

[3] R. Edward Freeman and William. M. Evan, "Corporate Governance: A Stakeholder Interpretation," *Journal of Behavioral Economics*, Vol. 19, 1990, pp. 337–359.

[4] 史亚东：《利益相关者共同治理与企业社会责任》，载《公司治理评论》2010年第4期，第120—129页。

美国公司将减排视为一种宣传或营销策略，而非公司的社会责任，其核心目标是盈利。在对全球不同行业 1491 名高管进行的一项调查中，首席执行官和其他高管等表示，可持续发展是重中之重，但 58% 的人承认他们的公司存在“漂绿”行为。在美国的企业高管中，这个数字上升到了 68%。[1]例如，通用汽车公司的相应报道中并没有对其社会责任的详细论述，福特汽车公司也是如此，在其年报中仅提到社会责任在社交网络盛行的时代可能给公司造成不良影响；而在其可持续发展报告中，同样缺乏对社会责任的具体表述，仅在发展战略综述中略有提及。[2]通用汽车公司的环保战略体现在技术和政策两个层面：一方面在着力提高传统技术效率的同时，也加大节能减排技术的创新；另一方面，积极与政府监管机构合作、共同制定高效的政策法规。不过，通用汽车公司在年报中并未披露具体的环保支出金额。它认为环境问题造成的损失难以具体估计，可以了解到的是，在 2015 年末，通用汽车公司在治理环境问题造成的亏损上花费约 1 亿到 2.1 亿美元。[3]

德国公司坚持以公共义务为导向的公民身份观念。戴姆勒公司认为其应当对世界各地社会环境的改善和促进不同文化之间的对话作出贡献，主要资助的企业社会责任项目集中在教育、科学、艺术和文化领域，并鼓励员工捐款、参与社会慈善活动。在其可持续发展报告中，戴姆勒公司用较大篇幅描述企业社会责

[1] “68% of U.S. Execs Admit Their Companies are Guilty of Greenwashing,” April 13, 2022, https://www.fastcompany.com/90740501/68-of-u-s-execs-admit-their-companies-are-guilty-of-greenwashing.

[2] Daimler/GM Sustainability Report, 2016, GM/Ford Annual Report, 2016.

[3] General Motor Annual Report 2015.

任，主要分为促进科技和教育发展、改善交通安全、自然保护、支持艺术与文化交流、提供社区慈善承诺、增进文化间对话与理解以及公司志愿者项目。戴姆勒公司在其年报中表示：全面综合环保措施是其总体长期战略的一部分，也是公司的最高目标。公司的环境保护政策分为三个阶段：首先对环境保护问题中影响环境的潜在因素进行分析，再预先评估生产过程和公司产品的环境影响，最后将这些结果纳入公司决策。2016 年，戴姆勒公司在环保事务上的支出达到 32 亿欧元，较 2015 年的 28 亿欧元有明显增长。其环保目标主要是减少能源消耗和废气排放，同时也关注从汽车制造到产品回收等一系列生产流程中各环节的环保事项。[1]

沃尔沃集团在 2017 年的年报中指出，可持续性发展是其核心理念，包括经济可持续、环境可持续与社会可持续发展三个方面。[2]在环境可持续角度，沃尔沃集团专注于提升节能的运输方式以及超低的二氧化碳、微小颗粒物、一氧化氮和噪声的排放量。沃尔沃集团认为有效和便利的运输方式是可持续发展的动力，也是经济增长、减轻贫困和应对气候变化的先决条件。2017 年间，沃尔沃更新了集团行为准则，以明确回应员工的期望，主要努力是在创建非歧视、安全和健康的工作场所、结社自由和集体谈判，工作时间和补偿等方面。[3]沃尔沃集团也致力于与国际组织的合作，作为联合国世界粮食计划署的合作伙伴，沃尔沃集团的雷诺卡车公司参与培训非洲当地粮食计划署车队的卡车

[1] Daimler Sustainability Report 2016.

[2] The Volvo Group Annual and Sustainability Report 2017, p.7.

[3] Ibid., p.76.

维护以及车间管理工作，自 2012 年至 2017 年，项目志愿者在十二个国家培训了 190 名世界粮食计划署工作人员。[1]沃尔沃集团积极响应“2030 年可持续发展议程”，并明确“提升燃料效率和积极开发替代燃料”是产品开发的重中之重，以积极降低能源消耗。此外，沃尔沃集团也加快了构建环境法规的步伐，为了应对客户、员工和其他第三方针对环境相关问题提起的投诉和法律诉讼，沃尔沃集团关于化学品管理以及车辆本身的排放标准的环境立法也在不断变化。[2]

二、政企关系

各大汽车公司在其公司年报中都不同程度地强调了国家监管的重要性。美国汽车公司倾向于没有约束、自由放任的市场和行业环境，企业与政府的互动目标主要是控制行业标准的制定，而非建立伙伴关系。通用汽车公司在对政府监管上的理念主要强调不同国家、不同部门间的监管协调。通用汽车公司在其 2016 年的可持续发展报告中强调应当与政府紧密合作使规则的实施更为有效。其中，通过积极参与美国环保署（Environmental Protection Agency，EPA）和国家公路交通安全局（National Highway Traffic Safety Administration，NHTSA）共同进行的温室气体与燃油积极标准测试，通用汽车公司试图将这两个机构的法规相协调，并致力于各个利益攸关方的持续对话，以缩小监管条款和实际商业行为之间的差距。[3]福特更加重视与政府在政策制定上

[1] The Volvo Group Annual and Sustainability Report 2017, p.78.

[2] Ibid., p.116.

[3] GM Sustainability Report 2016.

的相互协调和可持续发展战略的整合进程。福特始终将与政府的关系视作可持续发展战略的一个关键外部变量。不仅如此，福特还定期与立法和监管官员保持对话，分享专业知识，甚至介入政策制定过程。在其可持续发展战略中，福特指出创建监管框架对于新能源汽车的发展而言是必要的，并且也承担起了政策倡议者的角色。[1]美国公司相当重视政府乃至国际条约的监管，但政企对话、知识共享并不能有效推进行业减排标准的提升。这是由于，美国联邦政府和国会长期以来受到汽车业院外游说的影响，不时放松节油性标准，多次反对提高公司平均燃料经济性标准的提案。[2]美国政企间的这种游说—冲突式关系决定了汽车业较低的行业减排标准。

对于欧盟汽车行业，限制产品碳排放量的规定并非政府强加于厂商，而是汽车业的共识。欧盟汽车行业和相关政府部门都认为，正是厂商自主提出的减排承诺以及政企协调为已经实现的减排目标作出了巨大贡献，二者应继续保持紧密的伙伴关系以实现更高的减排目标。[3]例如，宝马公司和戴姆勒公司都强调与政府、民间协会和各种团体进行公开对话与交流对实现可持续发展目标的重要性，戴姆勒公司更是直接与政府决策部门、德国汽车工业协会（VDA）等社会团体保持长期交流，并且将范围扩大到

[1] Ford Sustainability Report 2016.

[2] Austin, Duncan, et al., "Changing Drivers: The Impact of Climate Change on Competitiveness and Value Creation in the Automotive Industry, Sustainable Asset Management and World Resources Institute," 2003, http://pdf.wri.org/changing_drivers_full_report.pdf.

[3] John Mikler, "Apocalypse Now or Business as Usual? Reducing the Carbon Emissions of the Global Car Industry," *Cambridge Journal of Regions, Economy and Society*, Vol. 3, Issue 3, 2010, pp. 1–20.

更广的贸易政策、社会问题等方面。[1]在宝马公司看来，相较于对其他利益相关者，政治环境和社会经济影响对公司本身更加重要。[2]在公司理念上，宝马和戴姆勒都非常强调协调各国家、各地区监管体系的差异，因为技术和标准上的区别可能导致车辆实际排放的误差，并认为跨国监管模式的多样性和缺乏统一标准将是对全球可持续发展战略的一个根本挑战。[3]同样，戴姆勒公司也认为不同国家的监管模式应该在国际上进行统一、技术标准上尽可能相似，以避免出现重大偏差。[4]总体上，欧洲国家政府与龙头厂商大多通过反复的多轮谈判、协调、妥协和建立共识，实现广泛的协调一致，也正基于此，欧盟逐步确立了在全球环境和社会治理规则中的领导地位。

美国的汽车公司将重点放在市场力量的利益驱动方面，股东利益至上是其主要特点，环境问题方面的社会关切只是实现企业盈利的某种手段。德国的汽车公司展现了与国家合作的倾向，北欧的汽车公司沃尔沃与国际组织合作紧密。早在 2001 年，沃尔沃集团就签署了联合国全球契约，全球契约呼吁各公司将战略和运营目标与人权、劳工、环境和反腐败的普遍原则相结合，并采取促进社会目标的行动。沃尔沃集团还积极与联合国世界粮食计划署合作，在十二个国家培训了 190 名世界粮食计划署工作人员。沃尔沃集团也积极响应 2016 年在联合国大会第七十届会议上通过的“2030 年可持续发展议程”，并配合其可持续发展目标的第 3、9、11、13 条目标。[5]

[1] BMW Sustainability Report 2016.
[2] Ibid.
[3] Ibid.
[4] Daimler Sustainability 2017.
[5] The Volvo Group Annual and Sustainability Report 2017, p. 79.

三、减排目标

自由市场经济下的消费者需求等市场信号是决定产品节油标准的首要因素，经济收益始终是汽车厂商的首要考虑。美国汽车行业2009年的全行业平均节油标准与1985年相同，尽管如此，直到1993年美国汽车行业也没有达到这一标准。此外，在2000年以前，美国进口机动车的节油性能长期以来比起其国内产品更为优越，汽车业节油性能的提升部分是国外竞争者挤占市场份额的压力所致。相较欧盟和日本的汽车厂商，美国汽车厂商面临的国外竞争者的压力更大，产品的本土市场占有率不到44%。[1]

协调市场经济中的公司行为并非完全取决于市场及价格信号，而是受到众多内部和外部的利益相关者影响。1995年，欧洲汽车制造商协会（Association des Constructeurs Européens d'Automobiles，ACEA）在与欧洲交通运输部长会议（European Conference of Ministers of Transport，ECMT）的协商中自主承诺减少在欧盟内部市场销售的汽车碳排放量。欧盟汽车行业限制碳排放量的规定是由厂商自主承诺和宏观调控设立的最低目标相结合的合作调控。2013年，欧洲谈判代表达成了《汽车温室气体减排协议》，要求汽车制造商各车型新车平均每公里二氧化碳排放量不得超过95克。[2]该协议要求，各厂商95%的新车需在2020年达到这一减排目标，到2021年要全部达到目标。

[1] John Mikler, "Apocalypse Now or Business as Usual? Reducing the Carbon Emissions of the Global Car Industry," *Cambridge Journal of Regions, Economy and Society*, Vol. 3, Issue 3, 2010, pp. 1–20.

[2] Ibid.

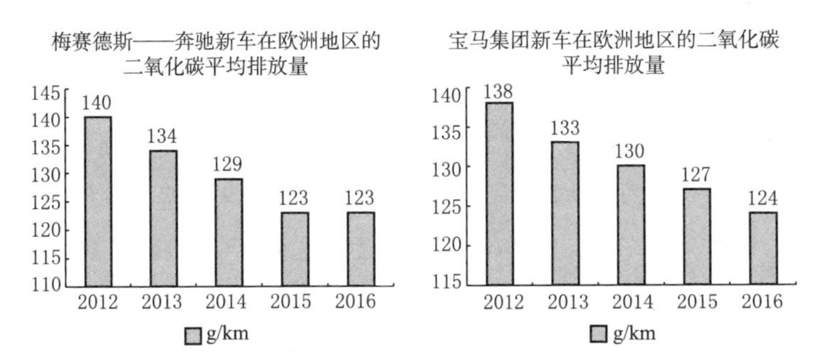

图 4-2　戴姆勒和宝马公司新车的二氧化碳平均排放量

资料来源：Daimler Sustainability Report 2016, BMW Sustainability Report 2016。

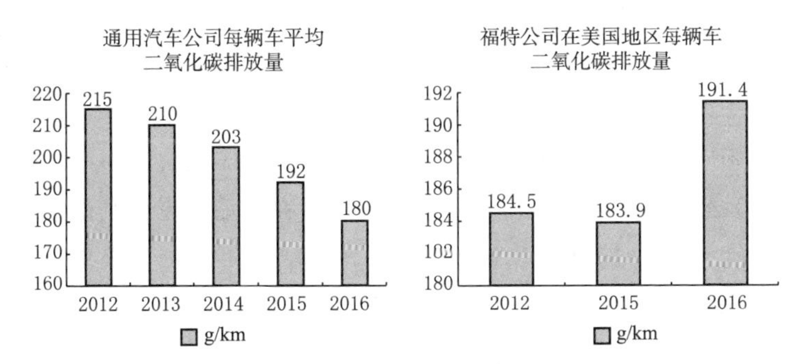

图 4-3　福特和通用汽车公司新车的二氧化碳平均排放量

资料来源：GM Sustainability Report 2016, Ford Sustainability Report 2016/17。

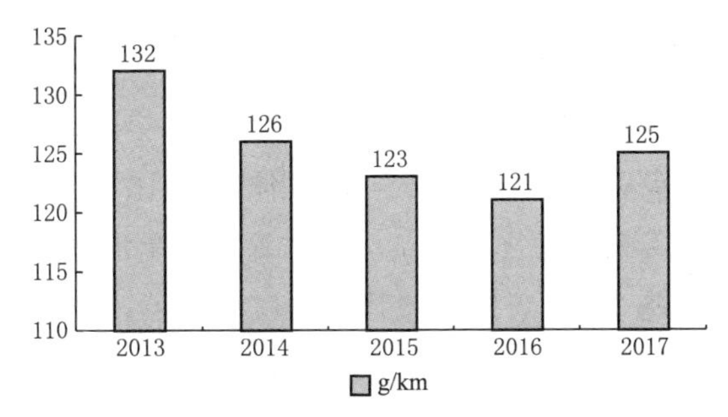

图 4-4　沃尔沃集团新车在欧洲地区的二氧化碳平均排放量

资料来源：Volvo Car Group Annual Report 2017。

2016年，世界平均汽车二氧化碳排放量是144 g/km（其中美国是173，中国是144，欧洲约为100），较之2015年的147 g/km下降了2%。从2012年到2016年，戴姆勒公司的梅赛德斯——奔驰系列汽车的平均二氧化碳排放从140 g/km降低到123 g/km，降低了12.2%。在2015年，这已经达到了欧洲新车排放要求（125 g/km）。根据新欧洲循环工况（New European Driving Cycle，NEDC）要求，戴姆勒公司在2021年将减排目标设定在100 g/km以内。从2012年到2016年，宝马集团旗下的新车品牌在欧洲的二氧化碳排放量从138 g/km降低到了124 g/km。其中销量最大的28款品牌排放量已经降至100 g/km左右。相比之下，美国公司汽车的二氧化碳排放量明显高于德国公司。福特公司在2016年每辆车平均每千米排放二氧化碳超过191克，相比2014年有所增加。排放量增加的原因在于消费者更倾向于购买大型汽车。2016年，通用汽车公司每辆车平均每公里排放二氧化碳约为180克。相比2015年的200克有所下降，且从2010年开始处于大幅下降过程。

从2013年到2017年，沃尔沃集团汽车的平均二氧化碳排放量从132 g/km降低到125 g/km，早在2015年，沃尔沃集团的平均二氧化碳排放量就已经达到了欧洲的新车排放要求（125 g/km），虽然2017年的二氧化碳平均排放量较2016年121 g/km有了较大幅度的提高，但总体而言，与通用汽车相比，沃尔沃集团汽车还是保持着较低的排放量。[1]沃尔沃集团是世界上唯一一家被世界自然基金会（WWF）批准参与气候保护计划的汽车制造商，2015年至2020年期间的现行协定包括以下承诺：到2020

[1] Volvo Car Group Annual Report 2017, p.179.

年，产品的二氧化碳排放量与2013年相比累计减少至少4000万吨，事实证明从2015年至2017年，产品的二氧化碳排放量已累计减少了1700万吨。沃尔沃集团同样关注材料供应和交付过程中的碳排放，沃尔沃集团的目标是到2020年将每个生产单位的沃尔沃集团货物运输的二氧化碳排放量减少20%。沃尔沃集团自2015年至2017年实施了600多项节能活动，每年节省102 GWh。[1]沃尔沃集团承认，没有任何一种燃料可以满足所有需求，常规柴油可能在未来许多年内仍然是大多数类型商业运输的主要燃料。但沃尔沃已经推出了用于车辆的替代燃料，以减少对环境的影响，并满足市场需求。[2]总体上，美欧公司汽车的平均排放量差异体现了截然不同的企业与市场关系。美国公司易受市场信号影响，经济收益是主要考量。德国和瑞典公司重在自主减排承诺及与利益相关者的多方协调合作。

小　结

在自由市场经济体制下，美国激进创新成效显著，但减排技术创新较弱。美国成功以技术革命创造新市场，从核反应堆、集成电路到个人电脑，美国一直处于创新的最前方。美国理应被寄予厚望，推进应对气候变化技术的渐进创新。然而，美国渐进创新的资金支持来源于由短期收益主导的市场，自由市场经济体推动渐进创新的能力极为有限，企业财务安排注重当前的盈利性，

[1] The Volvo Group Annual and Sustainability Report 2017, p.79.

[2] Ibid., p.38.

破坏了员工的安全感，反垄断法和合同法也阻碍了公司间的渐进创新合作。同时，灵活的劳动力市场和较短的雇佣期限激励员工去追求个人职业目标，而不是某一企业要求的，或某一行业要求的特定技能。因此，自由市场经济体中的员工和企业都缺乏渐进创新的动力和资源。[1]相比之下，欧盟的协调市场经济制度在清洁技术创新领域具有明显优势。2021 年，欧洲投资银行的一份报告指出，尽管美国在大多数数字领域处于领先地位，但欧盟是绿色创新的全球领导者，尤其是在绿色和数字创新方面。与美国相比，欧洲公司更有可能投资于减缓或适应气候变化。最近的数据显示，欧洲注册的绿色技术专利比美国多 50%，结合绿色和数字技术的专利比美国多 76%。[2]德国的绿色技术市场国际领先，这得益于德国中小型企业，其优势在于企业内部决策流程迅速、高效，更容易与客户建立直接联系。德国高校和科研机构在生态和环保议题的教学与研究以及国家对绿色科研项目的扶持中也发挥了重要作用，让产学研更好地融合，加之中小型企业管理机制灵活，加速了技术成果的转化。德国在全球绿色技术六大先导市场的占比分别是：可持续交通 21%，循环经济 16%，环境友好型能源生产、存储及分配 15%，能源效率 13%，资源和原材料利用效率 12%，可持续水经济 11%。[3]瑞典创新能力的领先地位得益于下列特征：其一，成功的经济发展模式，瑞典稳

[1] Mark Zachary Taylor, "Empirical Evidence against Varieties of Capitalism's Theory of Technological Innovation," *International Organization*, Vol. 58, No. 3, 2004, pp. 601–631.

[2] "EIB: European Union is Leading the Way in Green Technology Investment," 22 January 2021, https://www.climateaction.org/news/eib-european-union-is-leading-the-way-in-green-technology-investment.

[3] GreenTech Made in Germany 2018, p.92.

定的经济及生产力增长，以及社会公平、社会包容的较好实现为科技创新提供了良好的社会经济环境；其二，政府与产业间的合作，其中主要包括高额的政府资金投入和大量的公共采购，还包括政府同企业实现风险共担、为高科技产业提供试验发展平台，并为这些企业提供人员培训和国际支持等；[1]其三，良好的“软件”“硬件”基础，这既包括强大的人力资源基础、高额的研发资金投入、强大的科研系统、优质的教育资源等要素，[2]还包括一般性的基础设施和强大的运输系统及物流绩效等条件；[3]其四，高效的创新政策体系更是瑞典创新能力的重要保证，作为政策执行机构，瑞典国家创新局（Vinnova）在该体系中发挥了连接顶层决策与机构创新的关键角色，一系列基金管理组织和研究、生产机构在这个系统中受到资助。

发达资本主义国家中的跨国公司应对环保所面临的协作问题，受其所在国家的制度环境制约。美国跨国公司的环境治理整体落后于德国和瑞典。美式自由市场经济支持市场竞争，反对共同协作。这些公司倾向于忽略减排问题，而重视那些能带来短期经济利益的因素，更关注由环境关切引发的市场波动。德国致力于发展电动车，实行严格的监管措施。瑞典政府积极支持乙醇或其他生物燃料汽车。瑞典绿色汽车销售不断增长，这在很大程度上是由于政府的积极支持。欧洲公司的行为并非仅由市场与价

[1] OECD, “OECD Reviews of Innovation Policy: Sweden 2012,” Paris: OECD Publishing, 2013, p. 102.

[2] OECD, “OECD Reviews of Innovation Policy: Sweden 2016,” Paris: OECD Publishing, 2016, p. 23.

[3] WIPO, “Global Innovation Index 2020—Sweden,” https://www.wipo.int/edocs/pubdocs/en/wipo_pub_gii_2020/se.pdf.

格信号决定，而是基于合作网络的国家—社会关系，这类国家更为重视关系式协调这种非市场形式。德国政府对于产业利益的支持，体现在公司对“优秀公民”原则的践行之上。公共责任与私人关切是同等重要的。因此，公司存在的意义不仅是创造经济财富，也要服务于社会利益。[1]沃尔沃集团的可持续发展报告中并没有股东利益至上的金融化理念，也没有体现出德国企业共有的“公民身份”的概念。沃尔沃集团有着强烈的“世界公民”的价值取向，积极寻求与国际组织的合作，并严格遵守与联合国签订的协议。通过汽车业跨国公司的减排差异可以看出，气候治理亟需针对不同国家、不同公司的举措。美国跨国公司的减排更具“漂绿”色彩，即使公司能够研发和提供更为环保的产品，前提必然是生产成本低，或者政府提供补贴。因此，改变消费者偏好与市场信号、游说政府，才能驱动公司实现减排。相较之下，德国公司兼顾公共利益与公司目标，积极回应社会关切。瑞典积极参与各类低碳国际合作项目，构建了瑞典的环保科技能力，使其在诸如汽车、能源和电子等产业都具有较强的竞争力和国际知名度。

[1] Stewart R. Clegg and S. Gordon Redding eds., *Capitalism in Contrasting Cultures*, Berlin: Walter de Gruyter, 1990, p.138.

第五章　右翼民粹主义与美欧气候政策

自20世纪70年代以来，为应对“福利国家的财政危机”，凯恩斯主义资本主义被新自由主义资本主义所取代。在制度层面，“有组织的资本主义”的特征，如新法团主义的工资谈判和社会谈判形式不断减弱。“无组织的资本主义”获得了支持，并逐步从英美扩展到其他国家。商业，特别是金融部门，开始对经济和社会政策制定施加更大的影响。[1]社会顶层聚敛财富的速度不断加快，金融危机本身导致了更大规模的金融集聚和集中化。在这种情况下，新自由主义的逻辑越来越偏向金融化的征敛和积累。[2]2008年金融危机后，美欧极右翼政治兴起，新自由主义时代似乎已经结束。但实际上，右翼民粹主义表现为保守主义、民粹主义和经济民族主义，并没有偏离新自由主义。

[1] Ian Gough, “Welfare States and Environmental States: A Comparative Analysis,” *Environmental Politics*, Vol. 25, No. 1, 2016, pp. 24–47.

[2] John Bellamy Foster, “Capitalism Has Failed—What Next?” *Monthly Review*, Vol. 70, No. 9, 2019, https://monthlyreview.org/2019/02/01/capitalism-has-failed-what-next/.

第一节 保守新自由主义对美国气候政策的影响

早在2016年的美国总统选举中，民主党与共和党都表现出对全球化和贸易协定的民粹化观点，特朗普当选这一事件被视为右翼民粹主义者对“进步”新自由主义的否定。[1]“进步”新自由主义在美国大致发展了近三十年，并在1992年克林顿的当选中获得认可，它信奉多样性、多元文化主义，在支持进步思想的同时，也倡导解除对银行系统的管制，推进自由贸易，加速去工业化进程。特朗普的支持者们反对的并非新自由主义，而是“进步”新自由主义。丹尼尔·费伯（Daniel Faber）称之为保守新自由主义，萨沙·布雷格·布什（Sasha Breger Bush）称之为民族新自由主义（National Neoliberalism），两种表达的含义是相同的，意指以民族主义取代克林顿、奥巴马政府时期的新自由主义的世界主义导向。[2]这一趋势脱离了经济组织的自由主义原则，迈向更具组织性的资本主义形式，更加关注国家的作用。[3]2020年拜登当选很大程度上被认为是对特朗普政策的“拨乱反正”，尤其表现在气候变化政策方面。拜登在竞选期间就把气候和能源革命作为其核心政策，2021年入主白宫以来采取了一系列前

---

［1］［德］海因里希·盖塞尔伯格：《我们时代的精神状况》，第72页。

［2］ Daniel Faber, “Global Capitalism, Reactionary Neoliberalism, and the Deepening of Environmental Injustices,” *Capitalism Nature Socialism*, Vol. 29, No. 2, 2018, pp. 8–28; Sasha Breger Bush, “Trump and National Neoliberalism: And Why the World is About to Get Much More Dangerous,” https://www.commondreams.org/views/2016/12/24/trump-and-national-neoliberalism, 2021年12月10日。

［3］［德］安德里亚斯·讷克：《英国脱欧：迈向组织化资本主义的全球新阶段？》，刘丽坤译，《国外理论动态》2018年第6期，第50—57页。

所未有的积极气候政策，包括第一天就立刻签署命令重新加入了《巴黎协定》。拜登气候政策的核心是以"重建美好未来"为目标的绿色就业和基础设施建设计划，但该计划实际上可能最终会增加化石燃料的需求。这是由于，拜登政府所宣称的气候政策在修辞上的雄心壮志无法掩盖其本质上的中右翼立场。只要化石燃料资本主义没有改变，只要所有税收减免仍然存在，资本主义就非常倾向于使用化石燃料。因此，拜登时代的美国气候政策并不能被称为"进步"。[1]可以预见，保守新自由主义仍会延续下去。哪怕拜登会继承奥巴马政府时期的部分政策，让美国重回到"正常轨道"，当今组织化资本主义新阶段的发展趋势所带来的紧张局势仍是值得关注的。

一、保守新自由主义的基本理念

在全球资本力量不断增强和工人阶级分化的背景下，美国政治右倾趋势日益加剧。自 2008 年金融危机以来，美国民众将生活状况的恶化简单归咎于移民的威胁，反移民已成为选举政治中日益重要的组成部分。不断增长的不稳定群体逐渐导致移民污名化和极端保守主义。新自由主义使西方工人阶级变得越来越四分五裂、混乱无序，对于他们来说，诉诸"血统和民族"似乎是现存的唯一可行的集体主义形式。哈佛大学的皮帕·诺里斯（Pippa Norris）和密歇根大学的罗纳德·英格哈特（Ronald Inglehart）研究发现，2016 年美国总统大选之前就存在的文化因

[1] Kate Aronoff, "Joe Biden's Climate Policies Are a Step Back From 'Death Wish', But We Need More Than That," 16 Feb. 2021, https://jacobinmag.com/2021/02/joe-biden-climate-change-fossil-fuels.

素是滋生新一轮民粹主义非常重要的土壤，二者将“保守”民粹主义定义为排外的威权主义。在与外来劳动力竞争中失业的美国选民往往会非常支持特朗普，种族怨恨是其获胜的重要因素，特朗普的当选代表着保守新自由主义这一更为顽固的资本主义（hardnosed brand of capitalism）处于优势地位。[1]在美国高度分裂的政治变局中，拜登入主白宫。价值观问题在拜登政府的外交政策中占据非常重要的地位。然而无视阶级矛盾和生产关系变革，拜登“治愈”美国的愿望恐怕难以实现，美国难以摆脱特朗普以及他所代表的“非自由民粹主义”（illiberal populism）的影响。[2]2022年，盖洛普（Gallup）最新民调显示，选民过去一年的政治偏好已从民主党转向共和党，[3]特朗普主义代表着美国右翼政治的未来，其基本理念主要涉及政治基础、经济基础、合法化战略等维度。

第一，保守新自由主义的政治基础在于白人中下阶层。中下阶层通常是反国家、亲资本的民族主义者。自由贸易和资本流动导致贫困与经济不安全，战后时期的资本劳动关系契约由于跨国生产和金融化而遭到破坏，不稳定正在成为美国工人的常态，曾经主要局限于女性、非裔美国人和拉丁裔美国人，而现在白人男性、大学毕业生和工薪阶层越来越多地成为新的不稳定阶层的一

[1] Daniel Faber, “Global Capitalism, Reactionary Neoliberalism, and the Deepening of Environmental Injustices,” *Capitalism Nature Socialism*, Vol. 29, No. 2, 2018, pp. 8–28.

[2] 赵明昊：《灯塔与民粹：拜登能找回“西方”吗？》，2021年1月31日，https://www.thepaper.cn/newsDetail_forward_11013692。

[3] Eric Black, “A Recent Gallup Poll Shows People Shifting Toward the Republican Party,” 18 Jan. 2022, https://www.minnpost.com/eric-black-ink/2022/01/a-recent-gallup-poll-show-people-shifting-toward-the-republican-party/.

部分。中下阶层认为，国家福利多半流向其两个大敌：中上阶级和工人阶级，前者直接受益于国家，后者愈发被贴上种族标签。保守新自由主义意在调动资本主义体系的“后卫”，让居住在农村、信教的、白人中下阶层民族主义者成为资本主义的政治意识形态军队，同中上阶层和工人阶级对抗。[1]作为一名右翼经济民粹主义者，特朗普声称他代表了“美国人民的声音”，将美国资本主义的失败归为“不合理”的政治家谈判的“不良”贸易协议。保守新自由主义关注的是移民而非不平等、种族主义而非阶级意识、种族隔离而非包容、安全而非变革，这是特朗普和共和党背后的“保守”主义根基。[2]与特朗普的单打独斗不同，拜登更强调联盟，尤其是所谓价值观联盟。特朗普的强硬保守主义和拜登的软性保守主义都未触及美国内部社会撕裂的根源，美国国内的政策变化形式多于实质。为弥合社会经济矛盾，美国的未来将受到国内种族关系的深刻影响，“让美国再次伟大”实质上是美国白人将再次伟大，拯救美国经济的希望被狭隘地放在净化民族文化和种族歧视上。

第二，国家利益与市场利益相互融合。保守新自由主义逐渐导向一个更加公开和明显的极权主义政治，国家利益和市场利益进一步融合，在这种融合中，市场和大企业几乎拥有全部的权力和行动自由，而劳动力在权力配置中处于弱势地位。保

[1] [美]约翰·贝拉米·福斯特：《绝对资本主义：新自由主义规划与马克思—波兰尼—福柯的批判》，《国外理论动态》2019 年第 8 期，第 50—57 页。

[2] Daniel Faber, Jennie Stephens, Victor Wallis, Roger Gottlieb, Charles Levenstein, Patrick Coatar Peter & Boston Editorial Group of CNS, “Trump’s Electoral Triumph: Class, Race, Gender, and the Hegemony of the Polluter-Industrial Complex,” *Capitalism Nature Socialism*, Vol. 28, No. 1, 2017, pp. 1–15.

守新自由主义旨在继续扩大金融资本、污染企业和军工复合体的权力和利润，将财富最大程度地分配给华尔街和国防承包商，如通用（General Dynamics）、雷声（Raytheon）、科赫兄弟（Koch Brothers）和石化巨头（petrochemical giants）的所有者和管理者，最小程度地分配给工人。[1]美国民主长期以来受到大公司利益的钳制，这一现象被称为倒置的极权主义（inverted totalitarianism），不同于传统形式的极权主义，它并没有表现在煽动者或魅力十足的领袖身上，而是表现在企业国家（corporate state）的匿名性上。也不同于纳粹主义，纳粹主义在为工人阶级和穷人提供社会计划的同时，也让富人和特权阶层的生活变得不确定，相反，倒置的极权主义剥削穷人，减少或削弱健康计划和社会服务。也就是说，新自由主义并未消亡，它正在转变为一个地理上更加分散和本土化的体系。特朗普的民族主义、排外心理、孤立主义冲击了二战后以美国为主导的资本主义世界经济体系。[2]这表明，自由市场的内在矛盾正引起社会的抵抗，波兰尼所说的反向运动频繁出现，而其中绝大部分都处于极右翼阵营，表现为强调认同政治的排外主义、宗教原教旨主义，左派的进步运动黯然失色，这种倒退的反向运动伪装成要与 99% 的人团结在一起，但实际上它仍享有那 1% 的强有力的支持。[3]其结果就是政府与大企业利益捆绑在一起，打着民众的旗号来反民众。

[1] Daniel Faber, "Global Capitalism, Reactionary Neoliberalism, and the Deepening of Environmental Injustices," *Capitalism Nature Socialism*, Vol. 29, No. 2, pp. 8–28.

[2] Sasha Breger Bush, "Trump and National Neoliberalism: And Why the World is About to Get Much More Dangerous," 24 Dec. 2016, https://www.commondreams.org/views/2016/12/24/trump-and-national-neoliberalism.

[3] [德]海因里希·盖塞尔伯格:《我们时代的精神状况》，第 229、62 页。

第三，新自由主义与右翼民粹主义矛盾共存。保守新自由主义实际上体现了新自由主义与种族主义的矛盾共存。面对危机，新自由主义需要一种与极右翼政治潮流相结合的种族主义政治战略，以确保其霸权与合法性。新自由主义建立在一种集体的社会经济不安全感的基础上，这种不安全感有助于重新唤起那些业已存在的旨在实现社会团结的种族化构想。在福利私有化和削减政府开支的过程中，很多政策都体现了种族主义和不公的倾向，对少数族裔的影响更为严重。新自由主义为极右翼势力的重新崛起创造了条件，与此同时，极右翼思想政治潮流的动员又是重构新自由主义政治经济权力的一个必要因素。特朗普的当选被视为新自由主义资本主义总体危机的一部分，为转嫁危机，有色人种、移民、妇女以及少数民族成为替罪羊。在新自由主义的选举政治中，种族问题越来越成为中心议题。实质上，新自由主义导致了民主的“空心化”，许多对民主的攻击都是打着民主的旗号进行的，他们的主张以自由和爱国主义的名义提出，这些旗号即等同于民主，即社会应当由市场和道德来统治，而国家主义则应该被用来促进此种统治。[1]

总体来看，保守新自由主义在本质上强化了新自由主义。特朗普任内曾主张将政府的作用限制在国防和国内法律秩序等职能上。联邦政府的活动范围将限缩到基础设施、国防、国内警务和监督等领域。对于医疗保健、教育以及保护环境和公共土地等其他政府职能，不断推进其私有化和下放进程。唯一的不同之处在国际贸易领域，保守新自由主义试图回归某种“重商主

[1] 蒋雨璇:《新自由主义毁掉了民主——温迪布朗访谈录》，载《国外理论动态》2018 年第 10 期，第 1—4 页。

义”，其实质是利用右翼民粹主义的“本国至上”原则，来甩掉自己由于“自由化”而承担的各种义务，从而争相把自身积累的危机转嫁到他国，英国脱欧、美国“退群”以及美欧各国正在趋于一致的“本国至上”政策和“仇外”心理都是这种表现。因此，保守新自由主义看似违背了新自由主义的“自由承诺”，但实际上它不过是新自由主义的又一副面孔而已。正如西方一些学者已经指明的那样：对于新自由主义来说，“迄今为止的危机已经证明不是范式威胁，而是范式强化”。[1]虽然拜登政府更加重视重振美国中产，将领导盟友重塑多边合作，但面对一个日益分裂的美国，拜登政策的推行在很大程度上取决于美国国内政治力量和国际合作能否管控当今的右翼民粹主义的崛起。当前民主党人对联邦政府的控制是脆弱的，一些政治分析人士对他们能否在气候、社会和经济政策中实施彻底改革持怀疑态度。[2]在全球经济秩序层面，自由主义制度正逐渐被削弱，新冠肺炎疫情进一步加剧了美国的政治经济危机，特朗普主义仍将保持强势影响。

保守新自由主义体现了跨国资本与压制性的政治权力的融合，新自由资本主义逐步走向威权主义。那么，新自由主义这种特殊的威权形式的崛起，究竟是短期的政治反常，即在遭到必然的失败后就会迅速恢复到新自由主义的中右翼政治“常态”，还是标志着“新自由主义的终结”呢？答案都是否定的。相反，这

[1] Vivien A. *Schmidt and Mark Thatcher eds., Resilient Liberalism in Europe's Political Economy*, Cambridge University Press, 2013, p. 290.

[2] Steve Cohen, “President Biden's Climate Change Political Strategy,” 28 June 2021, https://news.climate.columbia.edu/2021/06/28/president-bidens-climate-change-political-strategy/.

种症候是其深层问题的反映：经济危机在“结构性改革”后仍未被克服，而是向其他领域蔓延；民众被政治系统排斥，在现有体制内没有发言权；极右运动煽动大众的不满情绪。种种迹象表明，在极右翼的领导下，新自由主义内部已经出现了新的霸权阵营，并开始巩固。[1]

二、保守新自由主义气候政策的特点

长期以来，美国气候政策的基本立场是保持灵活性，偏重市场手段，以尽可能低的成本实现减排。这一政策立场如今受到国内民粹主义的冲击，保守新自由主义体现了危机之中资本主义体系充满矛盾的对抗性反应，这种对抗将矛头指向移民和外部，而非资本主义制度本身。作为对资本主义危机和国家合法性危机的回应，保守新自由主义试图通过化石燃料开发、能源独立、对移民和少数族裔的压制来克服资本主义的经济危机和生态危机。[2]保守新自由主义气候政策的特点主要体现在以下方面：

第一，市场主导，反对监管政策。早在20世纪90年代，美国就倡导以市场和企业为主体的市场自由主义气候治理模式，这一模式随后扩展至全球气候治理。在保守新自由主义阶段，美国气候政策依然从属于经济增长，而且以污染企业为核心的碳资本主义模式得到强化了。在保守新自由主义的推动下，由农业综合企业、石油与天然气业、矿业、木材业、石油化工业、制造业

[1] Marco Boffo, Alfredo Saad-Filho, Ben Fine, “Neoliberal Capitalism: The Authoritarian Turn,” *Socialist Register*, Vol. 55, 2019, pp. 247–270.

[2] Daniel Faber, “Global Capitalism, Reactionary Neoliberalism, and the Deepening of Environmental Injustices,” *Capitalism Nature Socialism*, Vol. 29, No. 2, pp. 8–28.

牵头，这些污染企业将巨额资金投入反环境组织、基金会、智库和研究所，以及两大政党中亲企业候选人的竞选活动，其目标是建立保守新自由主义监管体制，大规模瓦解国家的环境监管职能。[1]美国权力结构正由污染工业复合体（Polluter-Industrial Complex）所控制，主要包括化学公司和农业综合企业，它们寻求放宽农药使用管理规则；木材和采矿利益集团希望设立保护区以开发资源；汽车业和大型公用事业公司寻求降低排放标准；石油、天然气和煤炭行业意在取消对温室气体排放的控制，并扩大化石燃料生产。在这种情况下，能源的主导地位成为美国的战略经济和外交政策目标，并被视为恢复美国经济活力的经济议程的核心。[2]特朗普任内曾任命多位具有能源背景的内阁成员，如国务卿雷克斯·蒂勒森（Rex W. Tillerson）、商务部部长威尔伯·罗斯（Wilbur L. Ross）、能源部部长詹姆斯·佩里（James R. Perry）等。很多人认为特朗普的气候政策乃至外交政策缺乏理性，也从来没有任何战略规划。但事实相反，这些旨在取消监管、败坏科学声誉的努力，是碳资本试图不受阻碍地继续依赖化石燃料的必要组成部分，其中的动机很简单，就是以牺牲整个社会为代价，不断将碳资本主义制度化。[3]拜登政府的三项关键人事任命决定——约翰·克里（John Kerry）任总统气候

[1] Daniel Faber, "Global Capitalism, Reactionary Neoliberalism, and the Deepening of Environmental Injustices," *Capitalism Nature Socialism*, Vol. 29, No. 2, pp. 8–28.

[2] Daniel Faber, Jennie Stephens, Victor Wallis, Roger Gottlieb, Charles Levenstein, Patrick CoatarPeter & Boston Editorial Group of CNS, "Trump's Electoral Triumph: Class, Race, Gender, and the Hegemony of the Polluter-Industrial Complex," *Capitalism Nature Socialism*, Vol. 28, No. 1, 2017, pp. 1–15.

[3] John Bellamy Foster, "Trump and Climate Catastrophe," 1 Feb. 2017, https://monthlyreview.org/2017/02/01/trump-and-climate-catastrophe/.

特使、珍妮特·耶伦（Janet Yellen）任财政部部长、布莱恩·迪斯（Brian Deese）任首席经济顾问，他们坚持市场经济活力与中间派环保主义相融合的意识形态，支持新自由主义气候政策。[1]可以说，市场逻辑贯穿始终，即使在拜登时代，美国的低碳转型仍将遭遇重重阻力，很可能混乱无序，甚至充满暴力冲突。

第二，环境种族主义与环境中产化。环境种族主义是保守新自由主义计划的核心。为了提高利润和竞争力，保守新自由主义会用经济上最有效和政治上最有利的战略来获取原材料和应对环境外部性。这就意味着，资本家往往把目标锁定在弱势群体和发展中国家身上。在美国，工人阶级、少数民族和贫困的有色人种社区常常遭遇最严重的问题，而在国际上，遭遇这种问题的大多是贫困的发展中国家。环境和健康危害正在美国底层公民中集中，贫穷的有色人种面临的危害最为严重。资本选择白人工人阶级和有色人种社区，作为有害工业设施和废物填埋场的选址。[2]与非拉美裔白人和高收入家庭相比，少数族裔和低收入家庭往往面临更重的污染负担。美国《新闻周刊》文章指出，底特律是公共卫生灾难的一部分，该灾难差不多与工业革命同时开始，持续至今。时至今日，当地居民仍哮喘频发，但由于州政府的不作为，主要是少数族裔的市民不得不继续忍受呼吸困难之苦。[3]在美国，这样的“环境种族主义”屡见不鲜。化工厂附近

[1] Jordan Mcgillis, “Biden’s Neoliberal Climate Cronyism,” 7 Dec. 2020, https://spectator.org/biden-climate-cronyism-neoliberal/.

[2] Daniel Faber, “Global Capitalism, Reactionary Neoliberalism, and the Deepening of Environmental Injustices,” *Capitalism Nature Socialism*, Vol. 29, No. 2, 2018, pp. 8–28.

[3] Alan Stamm, “Newsweek Cover Topic: Environmental Racism and ‘Choking to Death in Detroit’,” 30 March 2016, https://www.deadlinedetroit.com/articles/14634/newsweek_cover_topic_environmental_racism_in_detroit_s_dirtiest_areas.

地区往往是少数族裔社区，房价、居民收入和教育程度远远低于全国平均水平。

环境中产化（Environmental Gentrification）正迅速成为影响美国城市低收入居民和有色人种的主要问题。美国城市结构越来越具有中产化和种族隔离的特征，城市被富人主导，而边缘化的人口则被分流，大部分人口也越来越无法获得足够的医疗、住房、教育和清洁的水和空气。由于工作健康和安全法规的执行力度不够，黑肺病在美国死灰复燃。抗生素的过度使用，特别是在资本主义农业综合企业的过度使用，导致了抗生素耐药性危机。超级细菌的危险增长导致死亡人数不断增加，到21世纪中叶，死亡人数可能会超过每年的癌症死亡人数，这促使世界卫生组织（World Health Organization）宣布进入“全球卫生紧急状态”。[1]随着保守新自由主义城市重建计划的实施，可以看到有色人种和白人工薪阶层正被迫离开经济和生态恢复的社区。[2]环境中产化展现了一幅对立的社会图景，就业、财富和整洁环境越来越多地集中在大城市里，非工业化地区、乡村地区、中小城镇越来越衰败，“边缘法国”“边缘美国”等成为西方工人阶级的居住地，也正是在这些边缘地区，黄马甲运动此起彼伏。

第三，政治极化与气候政策分歧加剧。自20世纪90年代后期以来，美国社会对气候变化的态度已变得越来越两极化，保守新自由主义进一步加剧了这一趋势。美国民众对于政府监管、环

[1] John Bellamy Foster, “Capitalism Has Failed-What Next,” 1 Feb. 2019, https://monthlyreview.org/2019/02/01/capitalism-has-failed-what-next/.

[2] Hamil Pearsall, “Moving Out or Moving In? Resilience to Environmental Gentrification in New York City,” *Local Environment*, Vol. 17, No. 9, 2012, pp. 1013–1026.

境保护等众多问题的态度更加对立，民主党和共和党在政府角色、种族、移民等问题上的分歧也达到了历史最高点。民主党支持奥巴马的能源政策，赞成动用联邦政府权力来缩减化石燃料的使用，从而降低温室气体的排放量。而共和党则更倾向于支持特朗普的政策，赞成限制政府权力，特别是反对对石油、天然气和煤炭等能源的使用进行管控。由于美国人越来越倾向于将政党认同视为社会认同，党派两极分化得到加强，党派身份对个人的认知越来越重要。随着党派和意识形态的认同变得一致，政治认同的影响变得更强。共和党人对政府法规的反感，加上化石燃料利益集团对共和党的竞选支持，意味着大多数共和党政客除了受到党内活动人士和选民的压力外，还有强烈的意识形态和现实理由反对减少温室气体排放的措施。[1]随着共和党右倾，环境保护措施受到共和党人越来越多的攻击。总体来看，美国国内政治越充满仇视、越分裂，政府运行就会越呆滞越低效，政治极化威胁着一个国家与其他国家达成协议的能力。政坛动荡也将加剧政客的政治投机行为，导致气候政策多变，政策取向更加内向，气候政策必将失去应有的连续性和弹性。

第四，美国气候政策更加倒退。保守新自由主义要求政府不断削减环保预算，削弱环境法规，把责任推向地方和州政府。以美国 2020 财年预算为例，环境保护署、商务部、教育部、能源部等部门的科研预算降幅均超过 10%。特朗普几乎计划从可再生能源等基础研究和应用研究项目完全撤资，转而对军事科技

[1] Riley E. Dunlap, Aaron M. McCright & Jerrod H. Yarosh, "The Political Divide on Climate Change: Partisan Polarization Widens in the U.S.," *Environment: Science and Policy for Sustainable Development*, Vol. 58, No. 5, 2016, pp. 4–23.

研发、核安全、网络安全技术等国防科研项目加大投资力度。对此，民主党领袖、纽约州参议员查克·舒默（Chuck Schumer）称该提案是“对美国中产阶级的一记重拳”。[1]这意味着美国将把政策重点从国外转向国内，这些承诺具有吸引力并能激发底层民众的民族主义情绪：在这些人看来，奥巴马和民主党人大把的精力和金钱耗费在应对气候变化等国际主义问题上，忽视了提升美军军力、国内经济与就业等更为重要的问题。为了获得国内选民的支持并减少气候政策实施的压力，拜登政府在气候政策推进过程中强调环境正义，要求政府在推进能源转型的进程中要特别关注受到气候变化影响和冲击的弱势群体，但对“环境正义”具体如何落实以及多久能够落实拜登并未给出明确答复。[2]拜登虽然开启了与特朗普截然不同的气候政策，但由于党派政治和内部分裂，其政策能否完全落实仍存质疑。凯特·阿罗诺夫（Kate Aronoff）认为拜登气候政策类似欧洲中右翼国家政府的立场，如果在经济方面不采取左翼行动，其气候新政将无法实现。[3]

三、保守新自由主义气候政策的影响

保守新自由主义是金融危机之后美国新自由主义的延续和调整，即在美国霸权衰落、右翼民粹主义的压力之下，转向本国利益至上的贸易保护主义、气候民族主义等立场，保守新自由

[1] Jim Tankersley and Michael Tackett, “Trump Proposes a Record $4.75 Trillion Budget,” 11 March 2019, https://www.sfgate.com/nation/article/Trump-proposes-record-4-75-trillion-budget-13679913.php.

[2] 肖兰兰：《拜登气候新政初探》，载《现代国际关系》2021年第5期，第41—50页。

[3] “Joe Biden’s Climate Policies Are a Step Back From ‘Death Wish’,” 16 Feb. 2021, https://jacobinmag.com/2021/02/joe-biden-climate-change-fossil-fuels.

主义不过是新自由主义的一种“变体”，美国新自由主义政策没有发生质的变化。可以预见，美国气候政策长期以来的实用主义、经济主导趋向不会发生任何改变，同时，这些趋势会进一步加剧。

第一，延续了美国气候政策的新自由主义立场。保守新自由主义反对的是全球主义，而非新自由主义。因此，美国的政策摇摆不可能偏离既定轨道太远，那就是确保美国经济增长和竞争力是首要考量。特朗普关于《巴黎协定》的立场主要围绕“使美国再次变得伟大”这一主题做文章。特朗普在演讲中谴责《巴黎协定》，“与其说是气候问题，不如说是其他国家获得了比美国更大的经济优势”，以及“巴黎协定就是劫富济贫，把美国巨大的财富分给其他国家，退出《巴黎协定》符合美国的经济利益，而对气候的影响不大”，并指出他“代表匹兹堡而不是巴黎”。[1]拜登政府承诺将绿色政策作为其任期核心的一些特征，而重新加入《巴黎协定》就是第一步。后续法案“美国就业计划”(the American Jobs Plan)有可能成为有史以来最大的气候行动投资之一。然而，国会的分裂，导致它面临着被严重削弱的威胁。[2]就国际层面来看，拜登政府推动的“清洁能源革命和环境正义”计划提出在全球实施一系列绿色行动核查，让那些无法兑现和破坏《巴黎协定》的国家付出代价。其中有很明显的针对中国的意味，将对中国当下的煤炭使用造成压力，尤其是美国对中国“一带一路”

[1] White House Office on the Press Secretary, “Statement by President Trump on the Paris Climate Accord,” 1 June 2017, https://trumpwhitehouse.archives.gov/briefings-statements/statement-president-trump-paris-climate-accord/.

[2] 山姆·摩根:《欧盟、美国和中国的绿色疫后复苏政策比起来怎么样?》, 2021年4月19日, https://chinadialogue.net/zh/1/71238/。

建设项目的质疑、批评，甚至是反制行动上的准备，几乎从未停止过。[1]可以看到，在全球气候政治中，美国政府的不合作由来已久。美国气候政策一以贯之的主线是实用主义和政治化导向，未来美国的气候政策将更趋保守和务实。

第二，加剧了全球生态危机。保守新自由主义全球商业战略的核心是成本最小化，全球资本具有高度的地理流动性，污染企业因而有能力将生产设备设在地球上每个角落，并利用保守新自由主义所提供的宽松环境法规和更有利可图的商业环境。这一基础之上的资本积累通过国际国内两种机制加剧了生态危机。一方面，美国退出《巴黎协定》，特朗普任内拒绝向发展中国家提供气候资金支持和向绿色气候基金注资。美国坚决反对有关减缓和融资的具有约束力的承诺，坚持将发达国家的减缓政策法律约束力降低，将强词“shall”替换为弱词“should”。《协定》中文译本中的“应”与“应当”看起来差异不大，但它们在英文原文中对应的“shall”与“should”有着实质区别，使用“shall”时一般指该条款创设一项法律义务，而使用“should”时视该条款为一种建议。其他国家必须在较弱的美国参与的全球条约和较强的没有美国参与的条约之间作出选择。美国代表团在国家数据中心将减缓政策“承诺”转变为“贡献”。它还删除与国家自主贡献有关的“履行”一词，从而削弱执行和实现政策成果的法律义务。[2]拜登政府虽然重返《巴黎协定》，但更加强调气候议题与

[1] 刘元玲:《中美气候外交如何从政治僵局中突围》, 2021年8月3日，https://chinadialogue.net/zh/3/72773/。

[2] Radoslav Dimitrov, Jon Hovi, Detlef F. Sprinz, Håkon Sælen, Arild Underdal, “Institutional and Environmental Effectiveness: Will the Paris Agreement Work,” *WIREs Climate Change*, Vol. 10, No. 4, 2019, pp. 1–12.

全球安全以及美国外交事务议题的绑定。美国将发布《全球气候变化报告》，要求世界各国对未履行其气候承诺以及破坏全球气候解决方案承担责任。通过借助自身政治地位与经济优势，拜登政府治下的美国试图主导全球气候治理进程，分化发展中国家阵营。修改《巴黎协定》"国家自主贡献"机制，将会增加发展中国家的减排压力。[1]另一方面，降低成本，提高效率，促进资本积累。面对来自外国竞争者的低成本进口产品，美国公司寻求降低国内经营成本来提高出口产品的竞争力。除了劳动力成本，许多污染行业认为环保是最沉重的负担之一。企业不仅通过裁员来维持利润，还通过削减污染控制设备、环境保护，以及工人健康和安全等方面的非生产性支出维持利润。总之，成本控制的关键在于资本重组，使企业能够在更短的时间内以更低的成本从劳动力和自然中获取更大的价值。保守新自由主义在国内对环境正义运动、工会、环保主义者和其他进步社会运动发起新一轮的政治进攻，目的是控制工资和福利，减少工人和公众的健康与安全法律，向环境倾倒更多污染，从事更具破坏性和污染性的能源与自然资源开发活动。[2]

第三，成为美国内部社会分化与冲突的导火索。在保守新自由主义的影响下，气候问题从以往的科学共识转变成为一个政治争论的焦点，成为引发美国内部冲突的导火索。当前新自由主义的政治经济危机助长了对移民的敌意，催生左右翼民粹主义的各

[1] 于宏源、张潇然、汪万发：《拜登政府的全球气候变化领导政策与中国应对》，载《国际展望》2021年第2期，第27—44页。

[2] Daniel Faber, "Global Capitalism, Reactionary Neoliberalism, and the Deepening of Environmental Injustices," *Capitalism Nature Socialism*, Vol. 29, No. 2, 2018, pp. 8–28.

项社会压力将继续加重，其支持者遭受了全球化和现代化的经济影响。气候政策被视为导致其困境的重要因素，极端主义替代方案不断增加，尤其是民族主义替代方案，这些方案具有替政治危机发出预警信号的作用，但其本身不足以应对危机。保守新自由主义否定全球化，将一切问题归咎于移民和外国人，主张为富人减税、取消监管以及减少或取消福利项目。这实质上是保护白人免受气候变化的危害，充分体现了右翼民粹主义与新自由主义的融合，而没有触及新自由主义危机的根本症结，只不过转移了矛盾。当今美国对气候变化的态度受制于诸多因素，具体包括阶级、种族、性别、公司权力、媒体影响、去工业化以及美国衰退。特朗普并不是造成美国分歧的主要原因，只不过加剧了已有的分化趋势。[1]保守新自由主义是美国应对霸权衰落的防御性反应，气候变化问题可能会成为美国内部社会分化和冲突的导火索，美国的经济和生态矛盾将逐步加剧。

第四，促进了能源地缘政治的复兴。保守新自由主义以经济增长和能源独立为口号，全面攻击既有的气候政策和环境监管制度。美国气候政策在国内遭遇挫折，能源地缘政治的重要性日益提升。2017 年 1 月，特朗普就任后不久，就推出了“美国第一能源计划”。2017 年 3 月 28 日，特朗普签署“能源独立”的行政命令，解除对能源生产的限制，取消政府的干涉。随着石油和天然气行业在经济和地缘政治中的重要性不断增长，与化石燃料相关的利益和意识形态也将相应增强，这意味着在“美国优

---

[1] Jan Selby, “The Trump Presidency, Climate Change, and the Prospect of a Disorderly Energy Transition,” *Review of International Studies*, Vol. 45, No. 3, 2019, pp. 471–490.

先”方针指导下的“美国能源主导”时代已经来到。值得注意的是，新任拜登政府将加强清洁能源和创新投资，通过严格的限制政策促使美国能源转型，但并未“全面封杀”化石能源。代表石油和天然气公司的西方能源联盟主席凯瑟琳·斯甘玛（Kathleen Sgamma）称拜登的计划“不切实际”。[1]对传统油气行业的限制，以及可再生能源的间歇性弊端，会让美国削弱作为世界主要石油天然气生产国的角色，这与美国多年来追求的“能源独立”目标背道而驰。实际上，当前全球正在见证朝向组织化资本主义新阶段的长期转向，这一转向和能源地缘政治的复兴密不可分。就此而言，拜登的能源政策变革无法脱离组织化资本主义这一全球发展趋势。

综上所述，面对资本主义的普遍危机，长期坚持自由贸易的新自由主义政策和意识形态在美国急剧转向了以贸易保护和本国利益至上为主要特点的保守新自由主义。保守新自由主义是金融危机之后美国新自由主义的延续和调整，是美国金融资本向国内普通民众和国际社会转嫁危机而采取的一种极端保守的新自由主义形式，其本质是跨国资本新兴独裁的化身，而非偏离。[2]总的来看，保守新自由主义的气候政策正在激起巨大的“社会反向运动”，这一运动重新把矛头导向社会经济斗争，导向对金融资本和金融寡头的反抗。而且，由于保守新自由主义的气候政策主要是将美国的国内危机转嫁到国外，尤其是那些处于边缘和半边缘地位的国家，因此，围绕气候和环境问题最为激烈的

[1] Reid J. Epstein and Michael D. Shear, “Biden Announces $2 Trillion Climate Plan,” *New York Times*, 14 July 2020.

[2] [美]威廉·罗宾逊：《全球资本主义危机与21世纪法西斯主义：超越特朗普的炒作》，赵庆杰译，载《国外理论动态》2019年第11期，第53—68页。

斗争不是发生在美国本土，而是发生在美国这个世界体系的中心国家与广大的外围国家之间。而人类社会的希望也正在于此，正如美国著名的垄断资本学派的代表人物福斯特（John Bellamy Foster）所言，正是在体系的边缘，而不是在中心，人类最有可能颠覆现有秩序。因此，今天的希望首先来自“地球上的不幸”的反抗，来自南方国家的反抗，这种反抗将在资本主义世界体系的中心打开裂缝。[1]

第二节　右翼民粹主义与欧盟气候政策

金融危机以来，欧洲政局经历剧变，欧债危机未平，难民危机又起，再加上传统政治力量应对乏力，民众获得感和安全感急剧下降。疑欧论调弥漫于欧洲大陆，欧洲的右翼民粹主义政党强势崛起，这些政党的共同特征是以种族为基础的民族主义、威权主义和民粹主义。这些党派利用民众对非欧洲移民及难民的不满，以及欧盟的民主赤字来反对主流政党。右翼民粹主义政党明确提出反全球化、反移民、反对欧盟的气候政策，但在气候政策上并没有形成统一立场。由于意识形态的极端主义，许多右翼民粹主义政党可能没有能力直接参与决策，但有能力通过提高其所关注问题的重要性来阻碍各国制定气候政策。特别是当前极右翼转绿，移民等传统议题渐渐失去吸引力，气候问题正成为欧洲极右翼政党的新战场。

---

[1] John Bellamy Foster, “Trump and Climate Catastrophe,” 1 Feb. 2017, https://monthlyreview.org/2017/02/01/trump-and-climate-catastrophe/.

一、右翼民粹主义政党的兴起

民粹主义通常被视为一种意识形态，在这种意识形态中，社会的基本分裂存在于“纯粹的人民”和“腐化的精英”之间。此外，民粹主义的对立结构不仅包含精英和人民，实际上还涉及第三者，即由移民所组成的“恶毒的少数派”(nefarious minorities)，这被视为精英腐败的根源。民粹主义的意识形态较为“薄弱”，很少独立存在，倾向于与其他意识形态的元素和价值观相结合，包括传统的左翼或右翼观点。右翼民粹主义是典型的本土主义和经济干预主义，而左翼民粹主义坚持社会自由主义和普世主义。右翼民粹主义的气候立场体现为反对移民、民族主义、福利沙文主义(welfare chauvinism)和欧洲怀疑论。[1]

右翼民粹主义是欧洲政治的一个长期特征，金融危机以来右翼民粹主义政党开始在欧洲各国政治中崭露头角，针对这种现象，通常有两种解释：第一，结构主义。民粹主义的兴起可归因于技术变革和全球化驱动的后工业国家的结构变化。右翼民粹主义对后工业社会中的弱势群体具有吸引力，其工作、收入和经济安全受到全球化、自动化和工会衰落的影响。[2]在技术变革和全球化的推动下，欧洲的劳动力市场空洞化以及中低技能就

[1] Kostas Gemenis, Alexia Katsanidou and Sofia Vasilopoulou, “The Politics of Anti-Environmentalism: Positional Issue Framing by the European Radical Right,” *MPSA Annual Conference, Chicago, IL, USA*, 2012.

[2] Pierre Ostiguy and María Esperanza Casullo, “Left Versus Right Populism: Antagonism and the Social Other,” Paper presented at the 67th Annual Conference of the Political Studies Association, Glasgow, 10–12 April 2017.

业的实际工资停滞不前。与此同时，工会变得越来越弱，主流政党变得更加技术官僚化，并融入针对中产阶级选民的中右翼政策议程。结果，经济“输家在右翼民粹主义政党周围不成比例地上升”。[1]第二，意识形态。右翼民粹主义意识形态包含两个重要元素，首先是文化和政治价值。西方经历了两次文化分裂的浪潮：第一次从20世纪60年代开始，涉及权威、法律和秩序、社会宽容、妇女权利和对同性恋的态度的自由主义价值观，这与传统的价值观相冲突。第二次浪潮与全球化进程有关，覆盖和部分改造了第一次浪潮，并引发那些持有普遍主义或世界主义价值观的人，与民族主义者之间的分裂。保守主义和民族主义价值观认为气候议程主要是由全球化的精英支持，与国家利益背道而驰。[2]其次，民众和政治精英之间的联系被阻断。现代代议制民主承诺将权力置于人民手中，但其运作往往是复杂和不透明的，承诺与现实之间的紧张关系可能破坏其合法性，从而为民粹主义提供了可能性，右翼民粹主义承诺实现直接民主，而不是依靠政治家、官僚或专家。[3]欧洲传统政党面对全球化的挑战及欧洲社会难题，找不到有效解决方案，其政治主张已无法满足社会各阶层的利益诉求，在传统政党丧失支持的背景下，右翼民粹主义乘虚而入。右翼民粹主义主要集中在移民较多的北欧和中欧国家，他们打着民族主义和保守主义旗帜反对精英阶层。

---

[1] Matthew Lockwood, “Right-Wing Populism and the Climate Change Agenda: Exploring the Linkages,” *Environmental Politics*, Vol. 27, No. 4, 2018, pp. 712–732.

[2] Pablo Beramendi, *The Politics of Advanced Capitalism*, New York: Cambridge University Press, 2015, pp. 202–230.

[3] Paul Taggart, *Populism*, Maidenhead: Open University Press, 2000, p.112.

表 5-1 欧洲主要的右翼民粹主义政党

英国	英国保守党，英国独立党（UK Independence Party，UKIP），英国民族党（British National Party，BNP）	瑞典	瑞典民主党（Swedish Democrats，SD）	波兰	波兰人民党，波兰法律正义党（PiS）
法国	法国共和党，法国国民联盟（French Front National，FN）	芬兰	芬兰人党（the Finns Party，曾名为正统芬兰人党，True Finns）	捷克	自由和直接民主党（Svoboda a přímá demokracie，SPD）
德国	德国共和党、德国选择党（Alternative for Germany，AfD）	挪威	挪威进步党（Progress Party）	爱沙尼亚	保守人民党（Conservative People's Party of Estonia，EKRE）
奥地利	奥地利自由党（Austrian Freedom Party，FPÖ）	荷兰	荷兰自由民主人民党（VVD），荷兰自由党（Dutch Party for Freedom，PVV），荷兰民主论坛党（Dutch Forum for Democracy）	拉脱维亚	民族联盟（National Alliance，NA）
比利时	比利时弗莱芒利益党（Belgian Flemish Interest，VB）	西班牙	西班牙人民党，西班牙民声党（Vox）	立陶宛	秩序与正义党（Order and Justice）
匈牙利	匈牙利尤比克党（JOBBIK），匈牙利青民盟（Fidesz）	意大利	意大利北方联盟（Italian Northern League，NL）	斯洛伐克	斯洛伐克民族党（Slovak National Party，SNS）
丹麦	丹麦人民党（Danish People's Party，DF）	希腊	希腊人民东正教阵线（Greek Popular Orthodox Rally，LAOS），金色黎明党（Golden Dawn）	保加利亚	保加利亚民族运动（Bulgarian National Movement，VMRO）

二、右翼民粹主义政党的气候立场

右翼民粹主义政党并非都质疑气候科学，在气候政策上也存在诸多分歧。在中右翼和极右翼之间、各国之间，以及特定政策领域，它们的立场并不统一。总体上，右翼民粹主义政党坚持反精英主义的意识形态，认为气候政策远离社会现实，但气候政策立场存在很多分歧，主要分为以下四类：

第一，气候科学。与美国右翼民粹主义不同，大多数欧洲右翼民粹主义政党并不完全拒绝气候科学，而是试图将气候议程边缘化，以便集中应对边境管制和移民问题。具体体现在以下方面：其一，对人类引发气候变化的科学共识表示怀疑。德国选择党声称"二氧化碳不是污染物，而是所有生命不可或缺的组成部分"。英国独立党的前党首奈杰尔·法拉奇（Nigel Farage）和保罗·纳塔尔（Paul Nuttal），以及现任党首杰拉德·巴滕（Gerard Batten）都否认气候变化的现实。英国民族党是唯一声称反对全球变暖理论的政党。2018年，来自英国独立党的欧洲议会议员约翰·斯图尔特·阿格纽（John Stuart Agnew）撰写了一份报告，声称气候变化来自宇宙射线，二氧化碳水平的影响可以忽略不计。丹麦人民党承认全球变暖的存在，但是与意大利北方联盟相似，对人类影响持怀疑态度。[1]荷兰自由党辩称，没有独立的科学证据表明，与人类相关的二氧化碳排放是气候变化的原因。丹麦人民党在他们的项目中没有提及气候变化。爱沙尼亚的保

---

[1] Stella Schaller and Alexander Carius, "Convenient Truths, Mapping Climate Agendas of Right-wing Populist Parties in Europe," 2019, https://www.adelphi.de/en/publication/convenient-truths.

守人民党、瑞典民主党以及奥地利自由党也在质疑或完全拒绝气候科学。其二，各方要么在气候变化问题上没有立场，要么对此问题不重视。比利时弗莱芒利益党、捷克自由和直接民主党、意大利北方联盟和希腊的金色黎明党在气候变化问题上没有明确立场。立陶宛秩序与正义党关注能源价格问题，但没有具体说明其在气候变化问题上的立场。波兰法律正义党是欧洲支持煤炭的政党，其领导人发表了一些模棱两可的声明，并经常反对气候政策，但该党对气候科学并未持明显的怀疑态度。此外立场相似的还有挪威进步党和法国国民联盟。其三，认识到气候变化对全球的威胁。主要包括匈牙利执政党青民盟、拉脱维亚的民族联盟和芬兰人党。[1]

第二，化石燃料与核能。德国选择党认为减排会削弱当地经济，降低生活水平，主张退出《巴黎协定》并取消可再生能源计划，支持煤炭和石油产业。希腊金色黎明党认为具有权开采国家石油、天然气和矿产资源。丹麦人民党表示，新的气候法将给丹麦企业带来沉重的负担。大部分极右翼民粹主义政党都支持继续和增加使用化石燃料。法国国民联盟、荷兰自由党和英国独立党反对现有的碳氢燃料税。法国国民联盟、德国选择党、西班牙民声党和英国独立党支持页岩气勘探开采，支持核能。[2]超过半数的激进右翼政党认为，核能是产生热能和电能所必需的。他们认为，包括太阳能、潮汐、水和风在内的可再生

[1] Matthew Lockwood, “Right-Wing Populism and the Climate Change Agenda: Exploring the Linkages,” *Environmental Politics*, Vol. 27, No. 4, 2018, pp. 712–732.

[2] David J. Hessa, Madison Renner, “Conservative Political Parties and Energy Transitions in Europe: Opposition to Climate Mitigation Policies,” *Renewable and Sustainable Energy Reviews*, Vol. 104, 2019, pp. 419–428.

能源提供的资源有限，因此欧洲国家的电力需求将无法满足。波兰各右翼党派都强调经济优先，反对欧盟的气候政策立场。特别是在一些煤炭产业强大的国家，右翼民粹主义政党往往反对能源改革。

第三，可再生能源和能源效率。在可再生能源和能源安全问题上，法国国民联盟的政策与绿党或主流政党的政策有很多共同之处。法国国民联盟优先考虑住宅能源效率和可再生能源，以保障能源安全和创造就业机会。在总统竞选宣言中，勒庞呼吁大力发展可再生能源网络，重点关注太阳能、生物质和沼气，以实现更大的能源独立性。然而，该党希望暂停风力发电场建设，并禁止开采页岩气。法国国民联盟希望缩短供应链，提高食品和农业行业的透明度，并采取保护主义措施保护法国的可再生能源制造业。[1]奥地利自由党支持太阳能、风能和生物能源，减少对进口化石燃料的依赖。意大利北方联盟支持可再生能源发展，瑞典民主党关注能源效率和能源研究。[2]法国共和党、德国基督教民主人士和荷兰自由民主党倡导可再生能源补贴和税收减免。荷兰自由民主党、西班牙人民党和英国保守党提出了提高能源效率的计划，但有时也会以竞争力为名义削减可再生能源补贴和税收优惠。德国选择党、荷兰自由党、波兰法律正义党和英国独立党反对可再生能源政策，主张取消可再生能源税收减免和补贴来降低能源成本。西班牙民声党支持一些太阳能税收减免政策，但以

[1] Elisabeth Jeffries, “Nationalist Advance,” *Nature Climate Change* Vol. 7, No. 7, 2017, pp. 469–470.

[2]《法国暂停上调燃油税，重征“巨富税”呼声再起》,《人民日报海外版》2018年12月5日。

经济自由化的名义反对其他补贴。[1]

第四，绿色税收。欧洲国家的绿色税收走在世界前列，但这一势头正在遭遇阻力。法国上调燃油税引发黄马甲抗议以来，政府不得不暂停上调燃油税，同时暂停上调天然气和电力价格。法国极右翼政党国民联盟前主席勒庞表示，延期上调燃油税没有满足各方的期待，也不是法国民众想要争取的结果，要求政府重新开征巨富税，实现税务公平。法国共和党首布鲁诺·勒塔约（Bruno Retailleau）也认为这一决定还不够，政府应取消上调燃油税，而不是延期。[2]希腊人民东正教阵线和意大利北方联盟在其选举宣言中没有提到绿色税收，多数党派都压倒性地反对征收环境税。丹麦人民党宣称环境税不应该仅仅成为政府消费融资的一种新方式，认为税收不利于经济发展，税收将使能源更加昂贵，绿色税收实际上是变相增税，养老金领取者和低收入者将不得不支付绿色税收以及不应该在经济上“惩罚”个人。[3]芬兰人党主席尤西·哈拉-阿霍（Jussi Halla-aho）曾表示，他并不否认气候变化本身，而是否认芬兰有义务为应对气候变化作出牺牲，比如燃油税“大幅”提高。奥地利自由党的立场有些前后矛盾，一方面，它支持对大型汽车征税，但另一方面，它认为能源增值税必须减半。瑞典民主党是唯一接受税收作为环境行动激

---

[1] David J. Hessa, Madison Renner, “Conservative Political Parties and Energy Transitions in Europe: Opposition to Climate Mitigation Policies,” *Renewable and Sustainable Energy Reviews*, Vol. 104, 2019, pp. 419–428.

[2]《法国暂停上调燃油税，重征“巨富税”呼声再起》，《人民日报海外版》2018年12月5日。

[3] Kostas Gemenis, Alexia Katsanidou, and Sofia Vasilopoulou, “The Politics of Anti-Environmentalism: Positional Issue Framing by the European Radical Right,” 2012.

励的政党。

表 5-2　右翼民粹主义政党的气候立场

	不同意（或怀疑）	不确定	同　意
气候科学	英国民族党、英国独立党、丹麦人民党、德国选择党、瑞典民主党、奥地利自由党、爱沙尼亚保守人民党	捷克自由和直接民主党、意大利北方联盟、希腊金色黎明党、立陶宛秩序与正义党、波兰法律正义党、挪威进步党、法国国民联盟	匈牙利青民盟、拉脱维亚民族联盟、芬兰人党
核能	丹麦人民党、奥地利自由党、德国国家民主党、希腊人民东正教阵线	德国共和党	英国独立党、法国国民联盟、德国选择党、意大利北方联盟、荷兰自由党、瑞典民主党、瑞士人民党、芬兰人党、比利时弗莱芒利益党
可再生能源与能源效率	德国选择党、荷兰自由党、波兰法律正义党和英国独立党		法国共和党、法国国民联盟、德国基督教民主党、西班牙民声党和英国保守党、波兰人民党、波兰法律正义党
绿色税收	英国民族党、丹麦人民党、法国国民联盟、德国国家民主党、荷兰自由党、芬兰人党、德国共和党、瑞士人民党、比利时弗莱芒利益党	奥地利自由党	瑞典民主党

资料来源：Kostas Gemenis, Alexia Katsanidou and Sofia Vasilopoulou, “The Politics of Anti-environmentalism: Positional Issue Framing by the European Radical Right,” MPSA Annual Conference, Chicago, IL, USA, 2012; Stella Schaller and Alexander Carius, “Convenient Truths, Mapping Climate Agendas of Right-wing Populist Parties in Europe,” Adelphi Consult GmbH, 2019.

上述政策立场表明欧洲右翼政党具有以下特点：首先，右翼民粹主义政党的气候政策立场在国际国内层面并不连贯，持"绿色爱国主义"或者"生态民族主义"的政党（如法国的国民联盟），坚定反对国家的气候行动，并且投票反对欧洲议会的气候政策，但倡议终止化石燃料和发展可再生能源来创造工作岗位，并且减少对外部的依赖。意大利北方联盟也在欧洲选举中居于首位，该党支持能源转型，但是投票反对欧洲议会的大多数气候政策。与之相反，只有匈牙利执政的青民盟率先通过了《巴黎协定》，并且支持大多数欧盟范围内的气候政策。[1]其次，欧洲中右翼与极右翼政党之间存在明显分歧。极右翼政党支持化石燃料开发，中右翼支持可再生能源政策。再次，西北欧右翼政党之间的分歧大于中南欧。[2]英国保守党支持气候减缓政策与可再生能源政策，英国独立党拒绝气候科学，反对可再生能源政策。德国自由民主党和选择党之间差异较大，前者坚持淘汰化石燃料和发展可再生能源，后者倡导化石燃料，放缓可再生能源政策。荷兰自由民主人民党坚持本国在全球排放中所占比例很小，反对更严格的国内政策。荷兰自由党拒绝气候政策和可再生能源补贴。最后，法国、波兰、西班牙的中右翼、极右翼之间存在一些趋同点。法国共和党和极右翼的国民联盟支持再生能源及能效政策，在具体能源政策上立场接近。波兰人民党、波兰法律正义党都强调欧盟指令不适用于波兰经济，倡导煤炭工业以及天然气

[1] Rachel Waldholz, "'Green Wave' vs Right-Wing Populism: Europe Faces Climate Policy Polarization," 5 Jun 2019, https://www.cleanenergywire.org/news/green-wave-vs-right-wing-populism-europe-faces-climate-policy-polarisation.

[2] David J. Hessa, Madison Renner, "Conservative Political Parties and Energy Transitions in Europe: Opposition to Climate Mitigation Policies," *Renewable and Sustainable Energy Reviews*, Vol. 104, 2019, pp. 419–428.

开发。西班牙人民党明确支持气候变化协议，西班牙民声党立场模糊，但双方都支持国内能源发展，强调能源效率的重要性。

三、右翼民粹主义政党对欧盟气候政策的影响

右翼民粹主义政党对环境议题相对积极，而对多边主义气候合作持反对态度，并转向本国利益至上的保护主义、气候民族主义等立场。在这种趋势下，欧盟成员国政府之间的分歧进一步加深，并将制定和讨论气候政策的方式从环境目标转变为纯粹的经济目标。[1]

第一，坚持生态民族主义，对气候议题之外的环境议题态度相对积极。大多数右翼民粹主义欧洲议会议员支持环境相关提议。除了英国独立党和荷兰自由党之外，其他政党对地方环保法规的支持强于对与全球主义相关的气候法规的支持。奥地利自由党、希腊金色黎明党和法国国家联盟的议员们一贯反对气候政策，但强烈支持其他环境提案。2019 年 5 月 18 日，应意大利副总理、极右政党“北方联盟”领导人撒尔维尼号召，来自欧盟各国的十多个国家主权主义党派代表齐聚意大利米兰，在集会上打出环保、民生牌，对移民政策、伊斯兰教以及布鲁塞尔寡头政治进行严厉批评。集会者亮出印有“对官僚、银行家、随大流、大忽悠说不”口号的条幅。荷兰传统右翼自由民主党党魁维尔德斯称“布鲁塞尔的政治精英不配我们信任”“欧洲需要更多的撒尔维尼”。[2]总体上，由于生态问题的影响越来越显著，许多极右

---

［1］ Jakob Skovgaard, “EU Climate Policy After The Crisis,” *Environmental Politics*, Vol. 23, No. 1, 2014, pp. 1–17.

［2］《打环保、民生牌——欧洲议会选举法国政党纲领趋同》,《欧洲时报》, 2019年5月20日, http://www.oushinet.com/europe/france/20190520/321647.html。

翼也开始提出绿色政策，但倾向于将对环境的关注与欧洲本土保护、排外思维联系在一起，把环境恶化的责任归咎于那些“四处流浪、不关心环境、没有祖国”的人——简言之，“千错万错”都是难民的错。[1]在这种情况下，以往在气候政策上领先的国家不愿意再推动更严格的政策，欧洲理事会参与气候谈判的权重增大，政府间主义复苏，欧洲气候政策抱负和积极性不断减弱。

第二，对多边主义持反对立场，反对欧盟气候和可持续能源政策。右翼民粹主义政党利用民众的经济不安全感来反对多边主义气候合作。瑞典民主党宣称，“欧洲各国之间的合作是好的，但是，造出一个新的欧洲超级大国可不是什么好事”。[2]气候科学、国际协调和多边气候行动已成为欧洲大陆右翼民粹主义政党的攻击目标。右翼民粹主义认为，减排政策给国家工业带来了难以承受的负担，能源价格上涨将损害企业和消费者。意大利北方联盟、法国国民联盟、奥地利自由党等认为《巴黎协定》和欧盟气候行动既无效又不公平。右翼民粹主义向工人阶级保守派支持者发出警告，称城市精英正在出卖他们的利益。气候问题加剧了人们对能源价格上涨和消费者成本上升的担忧，从而使人们在气候政策的问题上变得情绪化。欧洲的许多右翼政党和右翼运动已经采取了类似的方式，对气候政策发起了猛烈抨击，以煽动选民的情绪。2019 年 4 月，芬兰议会大选期间，芬兰人党抓住了气候问题，借机开辟“文化战争”的新战线。来自芬兰人党的政治家马蒂·普特科宁（Matti Putkonen）警告称，激进的环境保护

[1] Kate Aronoff, “The European Far Right’s Environmental Turn,” *Dissent*, 2019.

[2] [美]约翰·朱迪斯：《民粹主义大爆炸：经济大衰退如何改变美国和欧洲政治》，马霖译，中信出版集团 2018 年版，第 123 页。

措施将会“拿走工人嘴里的香肠”。他还说，更重要的是，猫猫狗狗的宠物食品，也将会涨价 20% 到 40%。[1]

第三，加剧欧洲政治极化与气候分歧，引发新的冲突。欧洲右翼民粹主义政党崛起，加剧了政治极化趋势，气候问题很可能会成为欧洲社会中爆发冲突的新战线。近半个世纪以来，西方的经济政策就是服务于新自由主义金融市场利益的技术专家制定的，他们声称这些利益将惠及民众。左派和右派的政党，都奉行“市场”主导的政策。民众对所有政党都失去了信心，要求以新的方式实现他们的愿望。[2]气候政策已成为欧洲政治社会分歧的一部分，欧洲各国在气候问题上的极化趋势明显。一方面，呼吁政府积极应对气候变化的活动层出不穷：2018 年，由 15 岁的瑞典学生格雷塔·通贝里所发起的“全球气候大游行”强烈影响了欧洲年轻人。至今，德国、意大利、奥地利、芬兰等欧洲多个国家都有学生响应“周五为未来”行动，他们走上街头呼吁政府尽快采取行动，切实加强应对气候变化的力度。另一方面，也有民众遭受了全球化和现代化的经济影响，气候政策使其困境雪上加霜。一批“气候反对派”开始视气候问题为一种武器，利用它来赢得更多人的支持。[3] 2019 年 1 月 13 日，德国选择党通过一份宣言，表示如果欧盟不按照该党提出的要求进行改革，将推动德国脱欧。2019 年 5 月，欧洲议会选举投票民意调查显示，法国总统马克龙所属的共和国前进党不敌勒庞率领的极右翼政党

[1] Elisabeth Jeffries, “Nationalist Advance,” *Nature Climate Change*, Vol. 7, 2017, pp. 469–471.

[2] 赵俊杰：《民粹大潮汹涌，欧洲政治加速极化》，2018 年 12 月 24 日，https://baijiahao.baidu.com/s?id=1620692627465290844&wfr=spider&for=pc。

[3] 《气候问题，欧洲极右翼党派的新机会？》，2019 年 4 月 15 日，http://www.oushinet.com/europe/other/20190415/318863.html。

国民联盟。左翼整体上表现疲弱，关注环保议题的绿党取得惊人成绩，成为欧洲议会选举的一大赢家，被认为有望成为欧洲议会中左右决策的主角，但极右翼对绿党成为欧洲政治光谱中的稳定力量构成了威胁。绿党和德国选择党正在发动一场文化战争，前者支持开放的、多元的、保护少数的、世界主义的社会，后者支持防御性的、保护性的立场。[1]

小　结

新自由主义的政治经济危机助长了对移民的敌意，催生美欧右翼民粹主义的各项社会压力将继续加重，极端主义替代方案不断增加，尤其是民族主义替代方案。在美国，右翼民粹主义和政治极化相互加强，尽管拜登的气候新政重视多边主义，但其政策推行将受到国内政治极化的制约，如果2022年中期选举后共和党控制参议院，民主党将很难通过拜登的增税、医疗保健、平价住房、绿色能源等计划。伴随着政治极化和气候政策的极端对立，美国气候政策的前景将更加严峻，新的更大规模的危机又在酝酿之中。针对这种危机，越来越多的人呼吁实行“绿色新政”，主张在促进经济增长的同时，解决环境恶化和社会不公问题，如丹尼尔·费伯等美国左翼寄希望于环境正义组织和网络，从而构建一个更具包容性和变革性的环境政治，通过反霸权生态运动来解决环境不公。一些更激进的左翼学者则主张建立一个新的国际贸易协定以加强

［1］ Rachel Waldholz, “‘Green Wave’ vs Right-Wing Populism: Europe Faces Climate Policy Polarization,” 5 Jun 2019, https://www.cleanenergywire.org/news/green-wave-vs-right-wing-populism-europe-faces-climate-policy-polarisation.

金融监管，关注劳工权益、健康保障和对少数族裔的保护等。[1]

欧洲在传统上并不否认气候科学，但如今气候问题已从以往的科学共识转变为一个政治争论的焦点，布鲁塞尔智库欧洲政策中心的赫德伯格（Annika Hedberg）甚至悲观预言“气候政治化的战斗才刚刚开始”。[2]由于生态问题的影响越来越显著，不能再用是否关注生态来辨别欧洲左、右翼。欧洲极右翼政党虽然没有健全或充分的长远计划，也未能制定时间表来完成科学所需的零排放，但是至少提出了鲜明的口号：保护欧洲白人免于气候变化的损害。[3]气候政策、移民、欧洲一体化等问题相互交织，成为右翼民粹主义纲领的整体组成部分。应对气候变化需要深层的结构转变，而且这日益逼近民众的日常生活。对于普通民众来说，改变生活方式，作出牺牲是非常困难的，右翼民粹主义因而有非常坚实的基础。右翼民粹主义政党曾一直聚焦于限制移民或批评欧盟，但是德国选择党、芬兰人党和荷兰民主论坛党等右翼民粹主义政党已开始将反对气候行动作为其纲领的核心部分，将气候政策建构为精英议程，认为其威胁了国家主权和地方经济。大多数欧洲政党一直把气候变化视为一个只有中产阶级才能理解的问题来处理。然而，正是那些遭受气候变化带来的不平等的人，才是雄心勃勃的议程的最佳支持者，这些议程旨在应对气候变化，并确保在社会层面消除其根源。[4]气候问题不再是

[1] [德]海因里希·盖塞尔伯格：《我们时代的精神状况》，第301—302页。

[2] 同上。

[3] Kate Aronoff, “The European Far Right’s Environmental Turn,” *The Dissent*, May 31, 2019.

[4] “Why the Gilets Jaunes Embody the Future of Europe Blind Alley,” 2 December 2018 http://www.newslettereuropean.eu/gilets-jaunes-embody-future-europe-blind-alley/.

一个精英主导下的技术问题，而是一个是否能满足公众期望的社会问题。在很大程度上，未来取决于改革者是否有决心遏制私人部门所造成的市场权力过度、不平等问题，具体措施包括经济保障、就业机会、基本工资、医疗保健、住房等。这就要求摈弃空洞的政治正确观念，积极应对改革的成本分担问题，顾及普通民众的切身利益，实现经济、环保与民生之间的平衡。

第六章 反思及应对

前述研究表明，福利资本主义的体制差异决定了美欧在气候治理上的优劣势差异。而在福利资本主义危机的影响下，美欧气候政策总体上偏向保守。面对新自由主义气候治理的困境，西方提出绿色国家理论，试图以国家来规训资本，但这只是一种规范性设想，在现实中难以取得成效。就中国对策来看，在国内层面，中国应在碳交易与碳税政策、绿色产业与技术创新、企业减排等领域积极借鉴美欧有益经验；在国际层面，鉴于美欧气候治理的市场导向与责任弱化，中国应坚持减排与适应并重，以人类命运共同体和社会主义生态文明建设来引领全球气候治理。

第一节 美欧气候政策的总体比较

随着20世纪80年代以来新自由主义政策在全球的广泛推行，西方福利国家长期推行的凯恩斯主义政策不同程度地被取代，放松政府管制、实行国际化和经济自由化的“新政”成为福利国家发展的主要趋势。在这种趋势下，国家干预市场、调节经济的权力受到束缚，公民享有的基本福利受到不同程度的削减，资本力量得到空前强化，以至于原来由政府推行的各种社会政策都外包给私人企业去实行。福利国家的这种发展态势使自身在面对经济发展与环境治理的困境上更加软弱无力，使“福利国家的矛盾”[1]愈发突出。美欧主要的“中立”或“进步”政党都渐渐右倾，气候政策市场化、金融化趋势明显。鉴于美欧福利资本主义体制本身存在的差异以及二者在新自由主义政策推行程度上的差别，美欧的气候政策也呈现出不同的特点。

一、美欧气候政策的差异

气候政策的评估是多维度的，涉及大气、水、废物、生物多样性、基因控制等，这导致了多样化指标能否综合的问题。综合性指标涵盖领域广泛，但容易遮蔽特定环境问题中的因果关联，而这正是分散性环境绩效指标的优势。经合组织汇集了不同国家的环境统计数据，世界银行以绿色 GDP 形式，综合收入、能源消费、生态足迹等指标来综合评价各国可持续发展程度。[2]马克斯・科赫（Max Koch）、马丁・弗里兹（Martin Fritz）在对福利国家环境政策的研究中，曾使用基尼系数、社会支出、可再生能源、环境税、碳排放、生态足迹、GDP 等指标。本章在这一研究的基础上，选取市场化气候政策、能源消费、碳排放三个维度进行分析，主要基于两点考虑：首先，这些指标能够体现福利资本主义的制度差异；其次，这些指标涵盖生产和消费的各个环节，有助于全面评估美欧气候政策及影响因素。

---

[1] ［德］克劳斯・奥菲：《福利国家的矛盾》，郭忠华译，吉林人民出版社2006年版。

[2] World Bank, *Environmental Valuation and Greening the National Accounts: Challenges and Initial Practical Steps*, 2010.

（一）碳交易和碳税

美欧碳排放交易采用的模式与效力有所不同，美国采用自下而上的松散减排模式，无国家层面的排放交易立法，欧盟采用自上而下的强制模式，交易体系具有强制法律效力。欧盟的碳排放交易机制源自 2005 年，主要针对高耗能产业、亚硝酸制造业和航空业，这三类产业涵盖了欧盟大约一半的温室气体排放。欧盟排放交易体系作为世界上最大的碳交易市场，自成立以来，经历了两次大的价格波动：一次是 2008 年碳价几乎崩溃；另一次是 2012 年以来碳价一直在低位运行。碳价从 2011 年的 20 欧元每吨下降到 2013 年的 5 欧元，随后维持在 4—5 欧元水平，2014—2015 年基本在 7—8 欧元左右。2017 年，欧盟碳排放交易体系的碳价为 4.8 欧元（5.45 美元）。据研究，碳价只有保持在 30 欧元左右，才会对企业生产与低碳发展产生实质性影响，显然目前碳价水平过低。[1]自 2020 年下半年以来，尽管受到新冠肺炎疫情的冲击，欧盟碳价却持续上涨，并多次突破30欧元/吨的关口。2021 年 1 月 4 日，随着欧盟排放交易体系第四交易阶段的启动，欧盟碳价一度突破 34 欧元 / 吨。欧盟排放交易体系第四交易阶段免费碳排放配额的削减速度更快了。

2009 年，美国众议院通过了全国性的碳排放限额交易法案，但该法案第二年被美国参议院否决。由于碳交易将增加煤等化石能源的成本，损害行业既得利益，该法案遭受了传统能源行业的激烈反对，最终被共和党所推翻。在推进全国性碳定价法案受阻的情况下，奥巴马转而支持州政府（如加利福尼亚州）实施地区性碳定价和碳交易。[2]此后，美国逐步建立起了非国家

[1] ICAP (International Carbon Action Partnership) Status Report 2017.

[2]《美国为什么不加入全球碳定价的真正原因解读》，2014年9月30日，http://www.tanpaifang.com/tanguwen/2014/0930/38679_2.html。

层面的碳排放交易机制，以2000年创建的芝加哥气候交易所（Chicago Climate Exchange，CCX）为例，CCX交易的商品称为碳金融工具合约（Carbon Financial Instrument，CFI），每一单位CFI代表100吨二氧化碳。由于CFI的价格远远低于欧洲碳市场价格，实际上很难进行跨区域的交易。[1]北美现有的地区性碳交易市场——加利福尼亚州、美国东北部以及加拿大的部分省份，在很大程度上各自独立运行，预计需要较长的一段时间才会实现整合。美国没有国家级碳交易体系，仅依靠部分州或地区交易机制推动减排，这些倡议自觉履行减排任务的性质决定了交易规模相对较小，而且易受利益集团阻挠。

1972年美国出台《二氧化硫税法案》，率先开征二氧化硫税。1987年，美国国会又建议对一氧化硫和一氧化氮的排放征税。美国已经有部分州尝试实施碳交易税，如2009年在纽约州、马萨诸塞州、马里兰州等9个州开始实施的区域温室气体行动计划（RGGI）和2012年在加州开始实施的碳税交易计划。碳交易税的额度由需要购买超标排放额度的企业相互竞价确定，因而被认为是一种通过市场化手段促进企业节能减排的措施。欧盟环境税征税范围更广，覆盖能源、交通、空气污染治理、垃圾填埋与焚烧、包装、塑料产品、排水、污水处理、化肥与农药生产、建筑材料等诸多行业领域。不同国家或地区碳税的税率差别很大，只有高税率才能提供明确市场信号，改变消费者行为。碳税税率高的国家主要在北欧，瑞典的标准碳税税率是每吨二氧化碳105美元，挪威的汽油税相当于每吨二氧化碳62美元，芬兰

[1] Hugh Compston and Ian Bailey, “Climate Strength Compared: China, the US, the EU, India, Russia, and Japan,” *Climate Policy*, Vol. 16, No. 2, 2016, pp. 145–164.

为每吨二氧化碳 30 美元。相比之下，美国加州的税率最低，湾区空气质量管理局（Bay Area Air Quality Management District，BAAQMD）规定的税率是每吨二氧化碳 0.045 美元，加州空气资源局规定的税率是每吨二氧化碳 0.155 美元，旨在执行《全球气候变暖解决方案法案》，即 AB 32 法案。该项法案要求加州范围内的温室气体排放量在 2020 年恢复到 1990 年的水平，2050 年排放量比 1990 年减少 80%。CARB 税率更像是一种碳费（cost-covering fee），而不是传统意义上的碳税。[1]（图 6-1）

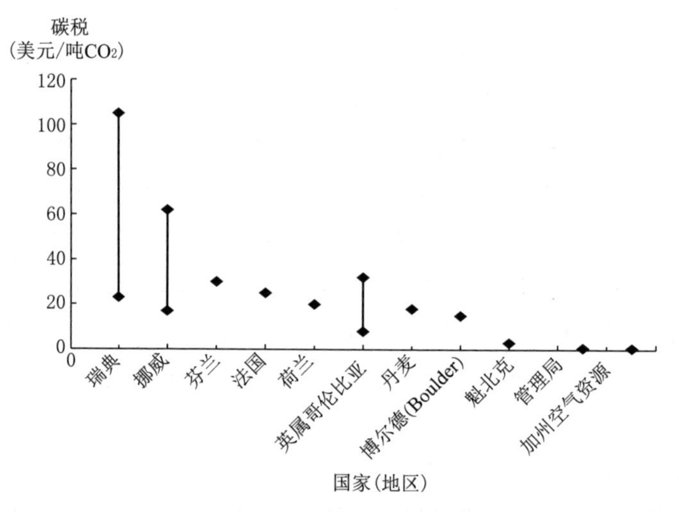

图 6-1　美欧碳税税率

资料来源：Jenny Sumner, Lori Bird & Hillary Dobos, "Carbon Taxes: a Review of Experience and Policy Design Considerations," *Climate Policy*, Vol. 11, No. 2, 2011, pp. 922–943.

[1] Jenny Sumner, Lori Bird & Hillary Dobos, "Carbon Taxes: A Review of Experience and Policy Design Considerations," *Climate Policy*, Vol. 11, No. 2, 2011, pp. 922–943.

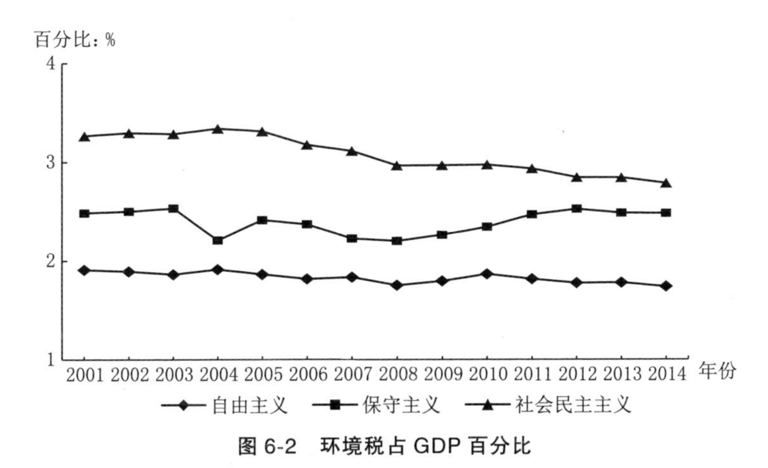

图 6-2　环境税占 GDP 百分比

资料来源：Environmentally related taxed, %GDP, green growth indicators: economic opportunities and policy responses, OECD.Stat.

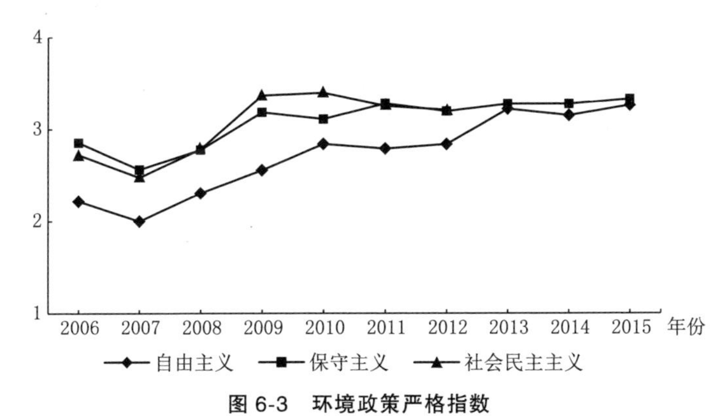

图 6-3　环境政策严格指数

资料来源：Environment policy stringency index, OECD.Stat.

就环境税占 GDP 百分比、环境政策严格程度指数来看，社会民主主义国家明显高于保守主义和自由主义国家（图 6-2、6-3）。受自由民主市场经济体制的制约，美国民众和能源公司都对碳税、碳交易等气候政策持反对态度。在自由主义经济体制之下，中低收入者和底层民众面对的风险和不确定性更多，自由市场、经济结构调整和全球化降低了他们的实际收入，恶化了工作环境并侵蚀了社会福利。在过去的三十年间，自由主义经济体制国家经历了去工业化和经济结构调整的过程。[1]低收入、危险的工作、不充足的公共服务以及社会不公加剧了中低收入者的焦虑情绪，导致了集体性的不合作、反政府和反公司的社会氛围，激起了反税收、反政府、反移民的舆论浪潮。并且，由于底层工人、低收入家庭、小企业最容易受到碳排放税的影响，增加他们实际的经济负担，降低实际收益和生活质量，这些群体对于可能增加的税收表现得更为敏感。不难理解，由于收入和福利下降，工人阶层整合度降低，公共服务减少，社会阶层流动降低，以及对于有效解决方案的绝望，反对税收是自由主义市场经济体制下的合理和自然的反应，这种情绪在自由市场经济体中被有效地制度化了。除自由经济体制中制度化的反税阻力，现实的经济风险和不确定性使中低收入者在自由主义市场经济下感受到更多的经济不安全感，他们更在意眼前的物质需求和短期收益，很难顾及为未来几代人构建一个更为可持续的生存环境所带来的长期收益。

美国国内将碳税付诸行动的还仅仅是在州、市一级，碳税制度还处于尝试阶段。意大利、德国和英国碳税的推出时间落后于北欧，并且这些国家的碳税属于拟碳税，即没有将碳税作为一个单独的税种直接提出，而是通过将碳排放因素引入已有税收的计

[1] Jacob S. Hacker, Paul Pierson, “Winner-take-all Politics: Public policy, Political Organization, and the Precipitous Rise of Top Incomes in the United States,” *Politics & Society*, Vol. 38, No. 2, 2010, pp. 152–204.

税依据形成潜在的碳税。北欧是全球最早推出碳税的五个国家，并且在这些国家碳税作为一个明确的税种单独提出。欧盟成员国多为社会民主经济体制，GDP 用于社会保障支出的比例大，民众对气候政策带来的经济负担并不是那么敏感，因而环保意愿相对积极。相对于保守主义和自由主义福利机制，社会民主福利国家能更有效地融合社会与环境政策，更有利于发展成为生态国家或环境国家。[1]（表 6-1）

表 6-1　环保意愿与社会支出

类型	国　　家	民众的环保态度	收入及社会保障
自由主义	英，美，澳大利亚，新西兰，爱尔兰，加拿大	消极	收入不平等差距大 /GDP 用于社会支出的比例小
保守主义	芬兰，日本，德国，意大利，法国，瑞士	积极	GDP 用于社会支出的比例适中
社会民主主义	挪威，瑞典，丹麦，荷兰，比利时，奥地利	较为积极	收入不平等差距小 /GDP 用于社会支出的比例大

资料来源：Max Koch and Martin Fritz, "Building the Eco-social State: Do Welfare Regimes Matter," *Journal of Public Policy*, 2014, Vol. 43, Issue 4, pp. 679–703.

（二）能源消费与可再生能源电力

自由主义福利国家由于长期规划和政策框架的缺位，私人部门投资和技术部署受到抑制。美英等国在可再生能源发展领域一直是落后者，这很大程度上是由于能源密集型企业等利益集团的阻力，政府难以推行积极的产业政策。而英国政府采用可再生

[1] Robert MacNeil, "Death and Environmental Taxes: Why Market Environmentalism Fails in Liberal Market Economies," *Global Environmental Politics*, Vol. 16, No. 1, 2016, pp. 21–37.

能源主要是对欧盟的被动回应，以及对全球气候和能源政策承诺的回应。英国可再生能源政策只是出于成本效益考虑，而不是创新、创造就业或社会参与。特朗普在其当选之后，更是把传统能源放在了突出位置，反对管制型的气候变化政策。美国能源信息局（Energy Information Administration，EIA）的数据显示，近半个多世纪以来，核能和可再生能源在所有能源中的占比有所提升，2011 年达到 17%，但石油、天然气和煤等传统能源占比仍在 80% 以上。能源信息局预计，美国的这种能源供给格局还将持续几十年。[1] 与之相反，欧盟的能源转型不断推进。2016 年 11 月 30 日，欧盟委员会提出题为《所有欧洲人的清洁能源》（*Clean Energy for All Europeans*）的立法提案，将《巴黎协定》现有的 2030 年目标转化为更具体的措施，以保持欧盟在全球能源市场向清洁能源转型中的竞争力，从而有助于欧盟实现其 2030 年及以后的气候与能源政策目标。内容涉及能源效率、可再生能源、电力市场设计、电力供应安全、能源联盟（Energy Union）管理规则等，还包括加快清洁能源创新和改造欧洲建筑的相关行动，并提出了鼓励公共和私人投资、促进欧盟工业竞争力和减轻清洁能源转型社会影响的相关措施。[2]

欧盟范围内风能、太阳能和其他可再生能源在其能源消费中的比重稳步上升，可再生能源使用的增加有效缓解了欧盟气候变化压力（图 6-4、图 6-5）。就可再生能源电力占发电总量百分比（2006—2015）来看，社会民主主义国家领先，保守主义国家居

---

[1] 《美国为什么不加入全球碳定价的真正原因解读》，2014 年 9 月 30 日，http://www.tanpaifang.com/tanguwen/2014/0930/38679_2.html。

[2] 全球变化研究信息中心：《欧盟委员会提出新的清洁能源立法提案》，2016 年 12 月 30 日。

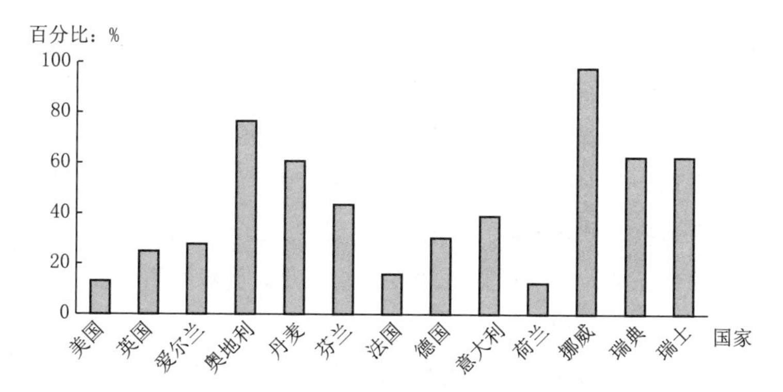

图 6-4　2015 年各国可再生能源电力占发电总量百分比

资料来源：green growth, OECD.Stat.

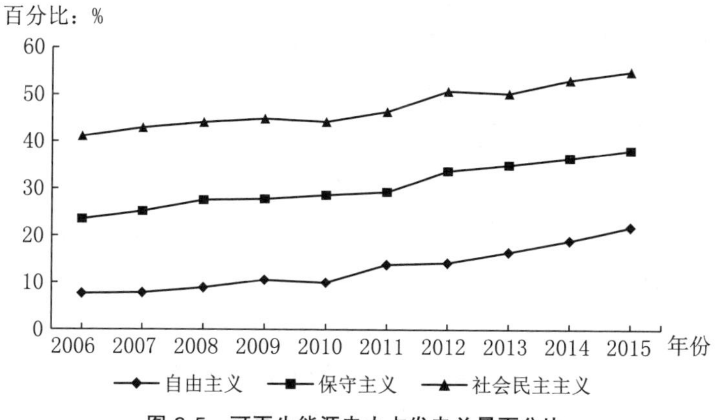

图 6-5　可再生能源电力占发电总量百分比

资料来源：green growth, OECD.Stat.

中，自由主义国家最低。北欧的可再生能源发展领先于世界，这并不在于其丰富的自然资源，而是北欧地区的可再生能源技术研发能力强大，如芬兰和瑞典的生物能源技术、挪威的水力资源利用技术、丹麦的风能利用技术以及冰岛的地热利用技术。2017

年 6 月 20 日，欧盟委员会发布《2017 年欧洲创新指数记分牌》，计算 10 个创新维度的 27 项指标，对欧盟国家及欧盟外部分国家（地区）的创新绩效进行比较分析，评估各国创新体系的相对优势和弱点，从而帮助各国确定其需要加强的领域。《2017 年欧洲创新指数记分牌》显示，由于人力资源、创新环境等条件改善，欧盟的创新绩效不断增强。瑞典仍然是欧盟创新的领跑者，其次是丹麦、芬兰、荷兰、英国和德国。[1]

能源转型和可再生能源发展离不开技术的推动，而美欧在环境领域的政府研发投入存在显著差异。就政府环境 R&D 预算占政府 R&D 百分比来看，2015 年，自由主义、保守主义、社会民主主义福利国家平均值分别为 0.45，1.77，2.51。2005 年以来，以美国为代表的自由主义国家环境研发预算占比明显低于保守主义和社会民主主义国家。长期以来，美国基础研发投入主要流向美国国民经济中占重要地位的军事工业。奥巴马政府期间，能源部推出了多项可再生能源技术发展项目，投入大量资金，有力地促进了美国可再生能源技术研发，然而即使在这一时期，美国政府环境 R&D 预算支出占比仍然低于保守主义和社会民主主义国家。特朗普政府优先考虑的是传统能源行业、经济竞争力与就业机会，同时为提升军事力量，美国新增的国防费用将从国务院、环保署及其他非国防预算中扣除。由于美国研发投入中对国防部门的投入占比较高，美国国家创新体系产出减排技术的效率相对较低。[2]

---

[1] 科技部：《欧盟委员会发布“2017 年欧洲创新指数记分牌”》，2017 年 7 月 4 日，http://www.most.gov.cn/gnwkjdt/201707/t20170704_133893.htm。

[2] John Mikler and Neil E. Harrison, “Varieties of Capitalism and Technological Innovation for Climate Change Mitigation,” *New Political Economy*, Vol. 17, No. 2, 2012, pp. 179–208.

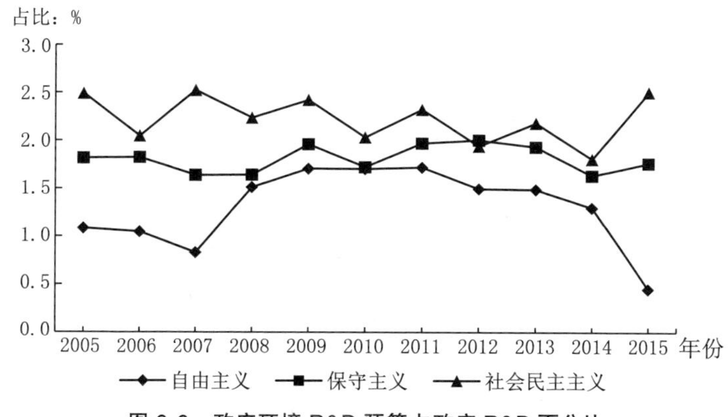

图 6-6　政府环境 R&D 预算占政府 R&D 百分比

资料来源：green growth, OECD.Stat.

（三）生态足迹与人均碳排放

福利资本主义国家中个人层面的资源消耗也存在显著差异，这一差异可以通过生态足迹和人均碳排放两个指标来说明。

生态足迹受人均 GDP、能源密度、就业人口等因素影响。[1]2013 年度，社会民主主义国家的生态足迹高于自由主义国家，保守主义国家的生态足迹最低（图 6-7）。一个重要的原因是，不同国家中的经济活动人口存在很大差异。在自由主义福利国家中，伴随着私人服务部门的扩大，妇女劳动参与的增长更为迅速。保守主义福利国家不支持妇女的劳动参与，高工会合同覆盖率避免了私人服务业出现低工资的部门，从而减少了妇女参与这类工作的机会。北欧福利国家劳动参与水平较高，主要是因为妇女劳动参与水平较高，北欧国家重视积极的劳动力市场政策。在欧洲大陆国家中，对待不断上升的失业率的办法是，通过让

[1] Alexandra Rudolph, Lukas Figge, “Determinants of Ecological Footprints: What is the Role of Globalization,” *Ecological Indicators*, Vol. 81, 2017, pp. 348–361.

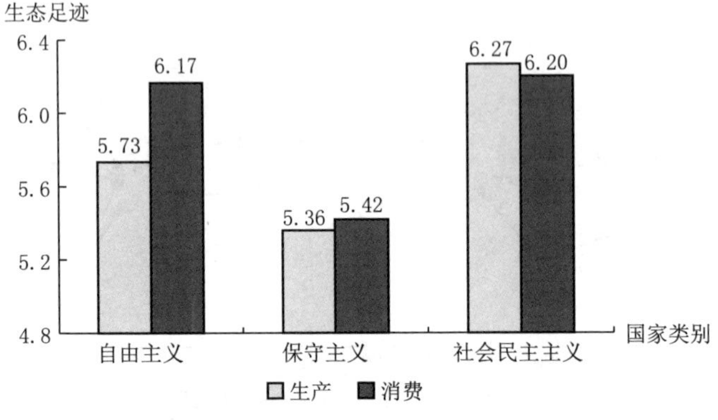

图 6-7 生态足迹（2013 年）

资料来源：Global Footprint Network.

年老雇员提前退休或提前领取伤残养老金的方法减少劳动力的供应。[1]

根据全球碳图集（global carbon atlas）数据，2015 年，美欧各国人均碳排放为：美国 18 吨 / 人，英国 9.1 吨 / 人，爱尔兰 9.3 吨 / 人，法国 7.1 吨 / 人，意大利 8.1 吨 / 人，瑞士 15 吨 / 人；奥地利 11 吨 / 人，比利时 16 吨 / 人，德国 11 吨 / 人，荷兰 9.6 吨 / 人；挪威 9.7 吨 / 人，瑞典 7.5 吨 / 人，芬兰 13 吨 / 人，丹麦 9.5 吨 / 人。[2]（图 6-8）

就人均碳排放来看，从高到低依次是自由主义国家、保守主义国家、社会民主主义国家。在一个构筑了强大社会安全网的国家里，整个社会和民众的公益精神和环保意识自然更强。北欧模式下的可再生能源政策的特征包括共同决策、发挥跨部门委员会

[1] [英]安德鲁·格林编：《新自由主义时代的社会民主主义》，刘庸安等译，重庆出版社 2010 年版，第 284、292 页。

[2] Consumption per capita (tCO_2 per person), http://www.globalcarbonatlas.org/en/CO_2-emissions.

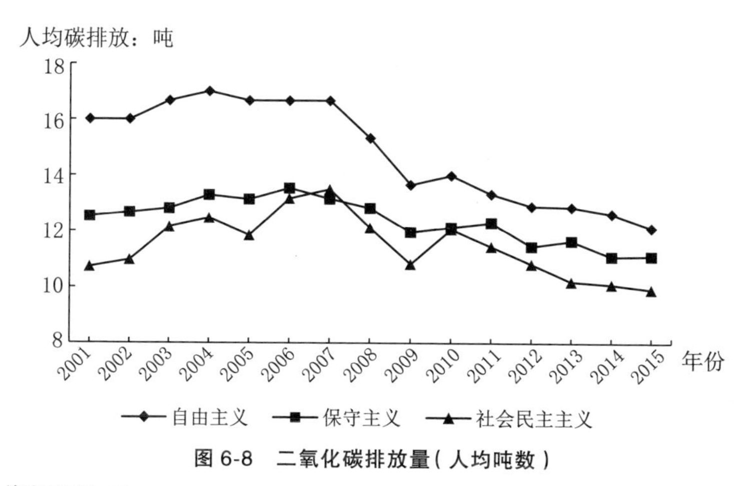

图 6-8　二氧化碳排放量（人均吨数）

资料来源：The World Bank, Consumption Per capita (tCO_2 per person).

的作用以及运用地区政府、大学和公司的权威作用等。北欧可再生能源扩散政策在实施之前受到了社区组织和居民的支持，公众、学术界、利益团体和商业部门都充分参与了决策过程。相比之下，美国的自由市场经济模式推崇竞争、短期利益、企业家精神，不可避免地导致了自利结果。美国民众并非没有环保意识，只是这种意识没有制度支持，也就无法彰显，无法形成合力并影响政府和企业决策。相对于美国和北欧的显著区别，德国的情况显得稍微复杂。德国公众更希望政府采取行动，而无损于民众的利益。20 世纪 90 年代，绿党成为德国政府的盟友，这意味着环境问题已经进入主流政治，这是美国无法企及的。因此，德国受访者认为无需缴纳更高的税，或是作出类似的经济牺牲来推动变革，是完全可能的。治理的责任从社会转移到了国家以及企业。[1]

［1］ John Mikler, "Plus Ca Change? A Varieties of Capitalism Approach to Social Concern for the Environment," *Global Society*, Vol. 25, No. 3, 2011, pp. 331–352.

二、福利资本主义的发展趋势

2008 年以来，美英的福利政策导向已经从“制度化的”转向“补缺型的”（依靠家庭和市场来提供个人所需的福利），分权和私有化趋势明显。欧洲社会法团主义代表当代福利资本主义中的左派倾向，但在后危机时期整个意识形态领域都已向右转。在非组织化资本主义阶段，不能忽视财政紧缩政策带来的社会问题。财政紧缩将造成企业收益下降，私营部门数量下降和失业率上升，同时增加政府所需要负担的失业金和社会救助金额。法国政治理论家瑟奇·拉图什（Serge Latouche）预测，失业金、养老金、社会教育、医疗、交通、法律、秩序、文化等方面的支出占西方福利国家 GDP 的比重将在未来持续大幅上升。[1]并且，由于国家财政开支的削减和投资、征信机构和金融机构潜在的惩罚性反应，社会福利预算压力会因私营部门的减少而成倍增加（图 6-9）。

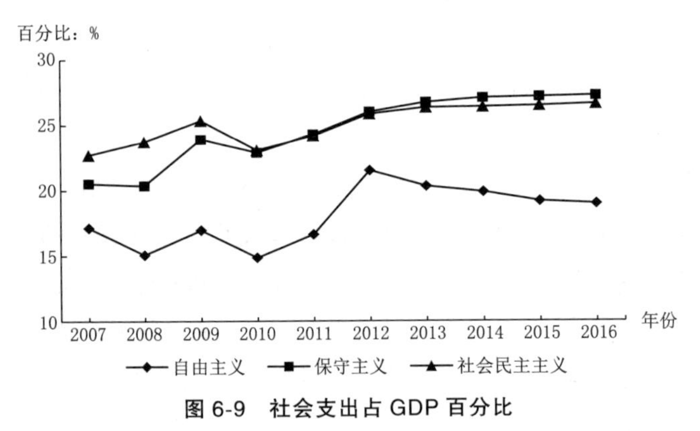

图 6-9　社会支出占 GDP 百分比

资料来源：Social expenditure-Aggregated data (in percentage of gross domestic product), OECD.Stat.

[1] Serge Latouche, *Farewell to Growth*, Cambridge: Polity Press, 2009.

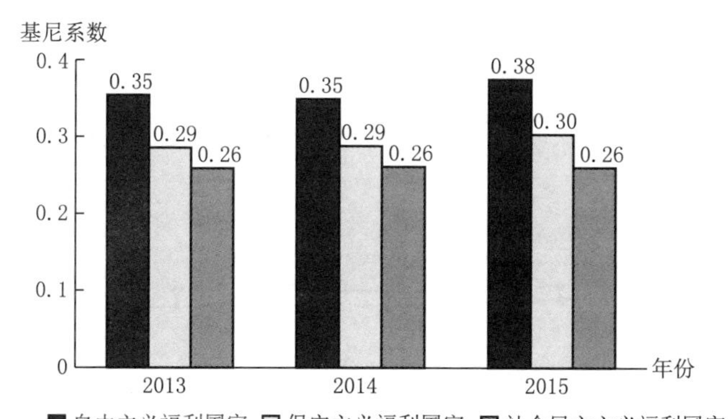

图 6-10　税后转移支付的基尼系数

资料来源：Gini (disposable income, post taxes and transfers), income distribution and poverty, OECD.Stat.

如何应对财政和公共福利压力，分配好有限的国家资源成为西方福利国家转型所面临的重大问题。当前的突出表现是社会保障制度的逐渐瓦解、更苛刻的劳动条件、“灵活的”劳动力市场。自 1990 年以来，前东欧集团国家（匈牙利、波兰）和美国经历了不平等的大幅增加，即使是在瑞典和丹麦这样的国家，高、低收入者之间的工资差距也日益扩大。在许多欧洲经济体中，不平等的增加明显体现为上层和中层收入者之间的工资差距日益扩大，而中层和底层收入者之间的差距变化不大。在美国和英国，中、低收入者之间的差距也在扩大。[1]2013—2015 年度，自由主义福利国家的基尼系数最大，呈逐步上升趋势；保守主义福利国家居中；社会民主主义福利国家最小（图 6-10）。

在福利资本主义的三种类型中，削弱社会保障这一趋势都是

[1]［英］詹森·海耶斯等:《资本主义多样性、新自由主义与2008年以来的经济危机》，海燕飞译，载《国外理论动态》2015 年第 8 期，第 2—13 页。

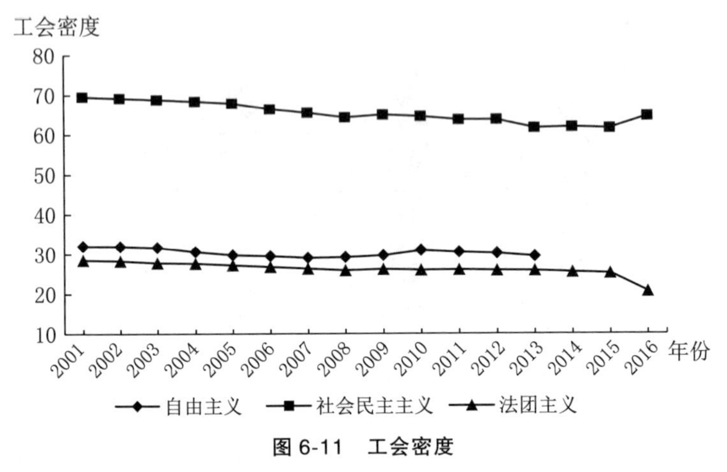

图 6-11　工会密度

资料来源：Trade union membership and trade union density, OECD.Stat.

非常明显的。不同类型国家虽然在工会密度（工会会员在整个工薪者中的百分比）上差异巨大，但几乎所有国家的工会密度都出现了下降（图 6-11）。工会密度的下降与集体谈判覆盖率的降低是同时出现的。总体来看，新自由主义国家面临更大的调整，如在英国，劳动力市场两极分化的趋势最为明显，低工资、低保障的临时工作再次出现，不平等现象激增。但在欧洲大陆和北欧国家则较为平缓。[1]这种差异可以概括为以下两种不同的发展趋势：

（一）市场国家与新管理资本主义

美国新自由主义意味着生产的去地域化，新自由主义的最初赌注是中心国家逐渐转变为服务型经济体，集中大量以知识、教育和研究为主的社会活动，并为世界提供金融服务。新自由主义这一社会秩序旨在为高收入阶层增加收入，而不是促进生产投

[1] [英]阿尔弗雷多·萨德-费洛等编：《新自由主义批判读本》，陈刚等译，江苏人民出版社 2006 年版，第 191 页。

资，更不是促进社会进步，国内资本积累被放弃用以支持使下层阶级受益的收入分配。[1]在当前的资本主义发展阶段，并没有像20世纪最初数十年那样爆发大规模的工人运动，此时的主动权并不在下层阶级手中。在议事日程上，既没有再现社会民主妥协，也没有出现更为激进的社会变革。这种新的社会秩序的阶级基础是上层阶级、资本家和经理人之间的一种妥协。其中，资本家的利益在一定程度上受到了抑制，同时也没有战后数十年里的福利保障的特征，这种权力结构被称为“新管理资本主义”。美国社会关系的结构特征是社会等级金字塔顶层各组成部分之间的密切关系，美国对于资产阶级利益的抑制远没有欧洲或日本那么激烈。由于经理人和政界不愿采取激烈措施约束资本所有者的利益，这种特权联系可能在短期发挥作用，从而延缓变革。总体而言，社会发展趋势是社会等级顶层的一种新妥协的建立，这种妥协是一种中右而非中左的社会安排。[2]美国气候政策的主旋律仍将是市场环境主义，在具体议程和目标设定上将更趋保守。这在特朗普时期政府人员组成上已显露端倪，环保和气候领域重要部门的负责人几乎都反对环境管制，污染工业复合体正在环境和气候领域形成垄断。

（二）公民国家与混合经济

当前欧洲正面临经济和生态的双重危机，欧洲国家并没有屈服于新自由主义的逻辑，一个“去新自由主义化”和“新管理主义化”的进程开始出现。欧洲工业领域的管理者虽然超越了战后的妥协方案而与资本家走到一起，但他们并没有完全放弃自己的

[1] [法]热拉尔·迪梅尼尔、[法]多米尼克·莱维：《新自由主义的危机》，魏怡译，商务印书馆2011年版，第21—24页。

[2] 同上，第32—33，375—376页。

领导力。[1]相对于管理资本主义，欧洲混合经济体制特征明显，注重市场机制和国家调节（或计划）的结合，强调社会福利、社会保障和公平。这一前提之下，欧洲多数国家被视为公民国家，相较于市场国家，在公民国家中，政治具有优先性，即其公民意志的优先性。[2]

平等始终是欧洲福利国家（特别是北欧）追求的目标。英国流行病学专家理查德·威尔金森（Richard Wilkinson）和凯特·皮克特（Kate Pickett）指出，一个愈加平等的社会更容易产生较低的碳排放量。[3]一个收入平等和公正的社会更容易形成公共精神，而社会的不平等会侵蚀个人的社会责任感，难以在社会中形成“社会共有财产”的概念，而良好的社会责任感、公共精神和对于共有社会财产的认知对减少碳排放有至关重要的作用。[4]相反，不断扩大的社会两极差距将削减社会凝聚力，意味着更多的社会问题以及更少的共同资源去解决公共问题。在愈加个人主义和经济不平等的社会中创造公共物品愈困难，个人人均单位资本所产生的碳排放量也远远大于社会福利完善的北欧国家。[5]在更加平等和公民道德更强的社会中，这种政治和制度文化使社

---

[1] [法]热拉尔·迪梅尼尔、[法]多米尼克·莱维：《大分化：正在走向终结的新自由主义》，第101页。

[2] [德]弗里德里希·艾伯特基金会编：《社会民主主义的未来》，夏庆宇译，重庆出版社2014年版，第21页。

[3] Kate Pickett and Richard Wilkinson, *The Spirit Level: Why More Equal Societies Almost Always Do Better*, London: Penguin, 2009.

[4] Michele Micheletti and Dietlind Stolle, Sustainable Citizenship and the New Politics of Consumption, *The ANNALS of the American Academy of Political and Social Science*, 2012, pp. 88–120.

[5] Ian Gough et al., “Climate Change and Social Policy,” *Journal of European Social Policy*, Vol. 18, No. 4, 2008, pp. 325–344.

会中的个人更多考虑公共物品的保护和集体财富的增长。作为一个成员身份参差不齐的参与者，欧盟在联合国气候变化框架公约谈判，特别是在巴黎会议中的表现表明：在气候领域，欧盟各国在行动一致方面非常成功。[1]这也充分说明，欧盟多年来在观念、制度、文化等方面积淀而成的规范性权力依然不可撼动，这种规范建构了欧洲的生态政治、环保意识、绿色公民身份等。

三、简评

美欧福利资本主义近十年来在发展方向上出现了新自由主义的趋同现象，但如前述指标（社会支出、基尼系数、工会密度）所显示，它们的差异仍将长期存在。在现有福利资本主义体制的基础上，美欧气候政策表现为盎格鲁-撒克逊模式和欧洲模式。欧盟在应对气候变化方面采取了积极的态度，而美国在联邦层面则采取了相对被动的方法。欧盟立法是围绕国际气候变化制度的基本原则制定的，包括有区别的责任和预防措施的必要性。而美国在联邦层面缺乏有效的立法来纳入气候变化目标，从而无法实现这些目标。[2]

美国气候政策将一直从属于经济增长。美国的经济模式可概括为“赢者通吃”，这种增长方式使收入和权力更加集中。[3]在

[1] Charles F. Parker, Christer Karlsson & Mattias Hjerpe, “Assessing the European Union’s Global Climate Change Leadership: from Copenhagen to the Paris Agreement,” *Journal of European Integration*, Vol. 39, No. 2, 2017, pp. 239–252.

[2] Evan Healey, Hareem Hilal, Kathrine Cornali Lerche, Shao Yan Ng, Grace Osberg, Lene Emilie Øye & Audrey Vijn, “The Divergent Climate Change Approaches of the EU and the US: An Analysis of Contributing Factors,” *Journal of Energy & Natural Resources Law*, Vol. 37, No. 4, 2019, pp. 465–481.

[3] Jacob Hacker, and Paul Pierson, *Winner Take All Politics*, New York: Simon & Schuster, 2010.

一个不平等日益加剧的国家中，能源及气候问题不可能得到解决。美国能源资源丰富，目前，正在大幅增加能源生产，包括传统化石燃料和可再生能源。如今，一些新自由主义者仍然拒绝采用除碳排放交易体制以外的其他控碳体制，他们坚持市场主导。这正是《京都议定书》的逻辑。以发电业为例，最先实施的减排方式一定是价格最低的，很可能是短期内盈利性最强的方式。因此，开发化石燃料比建立可再生能源发电设施更有吸引力，因为可再生能源发电是资本密集型产业，需要巨大的前期投资。这种情况将会持续下去，除非化石能源价格持续走高，从而能克服这个问题。总体而言，这一体系很可能对减排进程只有缓慢的推进作用，从而抑制减排的科技创新。总之，美国的气候变化观被描述为实用的、政治化的、跨国的，偏好“实践方法”，侧重于商业机会和成本效益。气候变化的国内和国际方面没有明确区分，美国在全球气候变化政治中的首选角色是“全球领导”，还是“国内问题优先”，是气候变化辩论中反复出现的问题。在美国进行谈判的过程中，保持灵活性，以尽可能低的成本实现减排仍然是关键问题。[1]因此，美国气候政策的未来很可能由气候以外的问题决定。民意调查发现，尽管民主党人对气候问题的担忧正在增加，但环境问题在选民的关切议题中并不突出，影响气候政策的政治结果取决于经济、种族、国家安全、医疗保健和疫情的影响等。[2]

欧洲模式倡导严格的减排计划、激进的社会政策与生活方式

---

[1] Jan J. Boersema, Lucas Reijnders, *Principles of Environmental Sciences*, Springer, Dordrecht, 2009, pp. 459–471.

[2] Daniel J. Fiorino, “Climate Change and Right-wing Populism in the United States,” *Environmental Politics*, 2022.

的转变，从而在社会团结的基础上，扩大就业权利，应对环境问题，实现经济增长、大众就业和社会包容。欧盟面临的最大问题是成员国政策现状和立场不同，缺乏达成集体目标所必须具备的高度协调和协作精神。事实上，不同的资本主义类型想要共生共存，灵活性是必不可少的，而前提是欧盟各国可以形成能够带来这种灵活性的制度能力和财政能力。回顾过去二十年，欧盟层面相关规则制定和行政权力体现出集中化的总趋势。2000—2012年，欧盟排放交易体系的发展证明了权力的集中。然而，近些年来这一趋势似乎再次放缓，尤其体现在可再生能源领域的责任下放问题上。[1]2017年，欧洲环境署（European Environment Agency，EEA）发布报告，指出欧盟有望实现可再生能源和能源效率目标，但是进展正在逐步变缓。[2]欧盟气候政策的核心是如何处理欧元危机下成员国（特别是北欧与南欧国家）之间的分歧问题。由于欧元区经济危机的影响，欧洲政治局势短期向右转，气候政策的推进将会放缓，气候政策目标让位于福利政策的改革。总体上，欧盟气候政策呈现两条主线：一是欧盟委员会的政策设计雄心勃勃，但成员国实现各自2020年目标的进展情况参差不齐；二是欧盟长期以来重视气候政策与福利政策的协调，"可持续福利"这一概念就是欧盟在气候变化的背景下对社会福利再认识的结果。它强调在生态环境条件的约束下，国家福利政

[1] Camilla Bausch, Benjamin Görlach & Michael Mehling, "Ambitious Climate Policy through Centralization? Evidence from the European Union," *Climate Policy*, Vol. 17, No.S1, 2017, pp. S32–S50.

[2] "Trends and Projections in Europe 2017: Tracking Progress Towards Europe's Climate and Energy Targets," https://www.eea.europa.eu/publications/trends-and-projections-in-europe-2017.

策对人类基础需求的满足。从实现全球背景下的生态发展和环境保护的视角出发，其关键在于通过国家内部和超国家的环境、经济和社会政策满足人类的基本需要和其他需要。[1]

第二节　绿色国家转向的本质

20 世纪 70 年代以来，围绕环境问题的讨论与福利国家的危机共同成为西方学者热议的话题。研究者们从市场规则的运用、自由民主制度的改良到国家职能的重塑、资本主义制度的变革等角度，分别提出了环境恶化问题的解决方案。总的来看，这些方案大体可以分为以下三种：第一种是新自由主义解决方案。该方案认为，环境问题产生的根源在于，环境作为一种公共产品缺乏一个明确的产权执行人，从而导致破坏环境的主体缺乏成本和责任约束，破坏环境的社会成本外溢，解决之道在于实现自然资源的完全私有化和资源配置的彻底市场化，将对环境的破坏成本反映到产品价格中，使“负外部性”内生化。[2]第二种解决方案是生态社会主义的路径。该方案认为，当代资本主义社会不仅面临经济矛盾，同时面临生态矛盾。随着 20 世纪 80 年代资本全球化和金融全球化的发展，资本积累的内在矛盾不仅以经济危机和金融危机的形式逐渐显现出来，同时也越来越以全球性生态危机

[1] Max Koch, et al., “Sustainable Welfare in the EU: Promoting Synergies Between Climate and Social Policies,” *Critical Social Policy*, Vol. 36, No. 4, 2016, pp. 704–715.

[2] 参见[美]威廉·诺德豪斯：《均衡问题：全球变暖的政策选择》，王少国译，社会科学文献出版社 2011 年版。

的面貌展现出来。要解决上述双重危机，资本主义制度必须进行彻底的变革，最终走向一条人与自然和谐共生的生态社会主义道路。[1]第三种解决方案是建构主义的路径，它的主要成果体现在“绿色国家”的理论中。所谓“绿色国家”理论，顾名思义就是把环境问题与政治问题尤其是国家问题结合起来的一种理论，核心主张是以增强国家的政治干预为突破口来对资本和市场导致的环境问题作出一种“政治修复”，以解决当前西方资本主义国家所面临的环境治理困境。[2]根据“绿色国家”理论，环境问题的出路既不在新自由主义经济学提出的市场化方案中，也不在生态社会主义者提出的社会主义方案中，而在于加强国家的权力和职能，以国家来规训市场、规训资本，以政治和法治的手段来解决问题。

上述三种解决方案中，“绿色国家”理论提出的“强国家”方案正得到越来越多西方学者的追捧。约翰·巴里（John Barry）[3]、罗宾·艾克斯利（Robyn Eckersley）[4]、彼得·克里斯托弗（Peter Christoff）、詹姆斯·梅多克罗夫特（James Meadowcroft）、安德烈亚斯·杜伊特（Andreas Duit）[5]、马克

---

[1] 参见［美］约翰·福斯特：《生态危机与资本主义》，耿建新等译，上海译文出版社2006年版；［美］詹姆斯·奥康纳：《自然的理由——生态马克思主义研究》，唐正东、臧佩洪译，南京大学出版社2003年版。

[2] ［澳］罗宾·艾克斯利：《绿色国家：重思民主与主权》，郇庆治译，山东大学出版社2012年版。

[3] John Barry and Robyn Eckersley eds, *The State and the Global Ecological Crisis*, Cambridge: The MIT Press, 2005.

[4] Robyn Eckersley, “The Green State in Transition: Reply to Bailey, Barry and Craig,” *New Political Economy*, Vol. 25, No. 1, 2016, pp. 46–56.

[5] Andreas Duit, Peter H. Feindt & James Meadowcroft, “Greening Leviathan: The Rise of the Environmental State,” *Environmental Politics*, Vol. 25, No. 1, 2016, pp. 1–23; Andreas Duit, “The Four Faces of the Environmental Governance Regimes in 28 Countries,” *Environmental Politics*, Vol. 25, No. 1, 2016, pp. 69–91.

斯·科赫(Max Koth)[1]、丹·贝利(Dan Bailey)[2]等学者近年来先后在《环境政治》(*Environmental Politics*)和《新政治经济学》(*New Political Economy*)等期刊上发起学术讨论,使“绿色国家”理论一时成为国际学术界讨论的热点问题。“绿色国家”理论之所以呈现逐渐勃兴之势,一方面是因为环境问题的新自由主义解决方案在2008年全球金融危机之后陷入了困境,并受到了广泛的质疑和批评;另一方面是由于生态社会主义解决方案总体上还停留在“事实与规范的二元论框架中”[3],尚未找到真正的出路。对比这两种方案,“绿色国家”理论提出的在不触动资本主义根本制度前提下的“强国家”方案倒似乎找到了“第三条道路”,因而也是最“行得通”的方案。那么,这条道路果真能走得通吗?全球环境问题的解决真有“第三条道路”吗?本节试图在经典马克思主义的“资本批判”与“国家自主性”批判的双重视域下来对这一问题进行分析。

一、“绿色国家”理论的核心思想

2004年,澳大利亚学者罗宾·艾克斯利出版了《绿色国家:重思民主与主权》一书,在对古典自由民主制度进行深刻反思的基础上,将生态主义思潮与国家政治制度的变革有机综合在一起,创立了一种“政治学视野下思考生态环境问题的新视角”[4],

---

[1] Max Koch, “The State in the Transformation to a Sustainable Postgrowth Economy,” *Environmental Politics*, Vol. 29, No. 1, 2020, pp. 115–133.

[2] Dan Bailey, “Re-thinking the Fiscal and Monetary Political Economy of the Green State,” *New Political Economy*, Vol. 25, No. 1, 2020, pp. 5–17.

[3] 唐正东:《基于生态维度的社会改造理论——利比兹、奥康纳、福斯特的比较研究》,载《马克思主义研究》2009年第1期,第116—122,160页。

[4] 郇庆治:《“碳政治”的生态帝国主义逻辑批判及其超越》,载《中国社会科学》2016年第3期,第24—41,204—205页。

也即“绿色国家”理论。近年来，围绕“绿色国家”理论的讨论越来越多，但始终未能真正走出艾克斯利为这个领域所“勘探”好的范围。西方学者一般也公认艾克斯利的“绿色国家”理论最具开创性，最为系统。[1]因此，本节主要以她的理论为分析对象来阐述“绿色国家”理论的基本内容。概言之，“绿色国家”理论主要有以下四点核心主张。

（一）“国家相对自主论”

在艾克斯利看来，“绿色国家”的基本政治经济特征主要有两个方面：一是剥夺国内生产总值（GDP）作为政治目标的特权，二是利用国家来实施环境保护。[2]前者被学界称为“超越GDP霸权”或“去增长”，其主要内容是反对把经济增长列为社会发展的最高目标，主张经济增长与环境保护和谐共生；后者则被学界称为“国家相对自主论”，其主要内涵是突出国家在环境治理中的主动性和能动性。艾克斯利之所以提出“绿色国家”概念，认为国家在环境治理上不是无可作为，而是大有可为，是因为她对国家的本质有自己的独特理解。在她看来，国家绝不仅仅是资本手中的工具，在社会和历史发展中没有任何能动性，相反，国家就像“理性人”一样，作为一个机构主体，它可以进行“反思和学习”。面对环境的恶化，国家可以制定相应的治理目标，使用相应的政策和法律手段，来对环境进行有效的治理。比如，国家可以积极组织推广新的生态技术，发展绿色产业，在推动经济增长的同时，实现环境的改善。作为“合法性暴力手段的垄断性控制

[1] Dan Bailey, “Re-thinking the Fiscal and Monetary Political Economy of the Green State,” *New Political Economy*, Vol. 25, No. 1, 2020, pp. 5–17.

[2] Ibid.

者”，国家还具有对资本市场、生产者和消费者进行约束和管制的能力，因此它“能够承担起生态托管者的责任，并抚慰公众对生态风险不断增加的焦虑”。[1]当然，艾克斯利并没有否定国家在执行环境治理职能时会受到资本和市场的牵制和束缚，但是，她认为这并没有完全堵塞国家发挥环境治理作用的空间，国家不纯粹是资本的工具，它是相对自主的。

（二）“生态民主论”

艾克斯利之所以如此相信国家在环境治理上的巨大潜能和作用，是因为她从建构主义方法论出发，认为国家作为一种“结构”可以受到“施动者”的强大塑造。[2]这个施动者就是“生态公民”。所谓生态公民就是那些受环境恶化影响并起而反抗斗争的社会大众。他们是环境恶化的主要受害者，而根据艾克斯利提出的“受影响”原则，“所有受到某种风险潜在影响的人都应有机会参与到或有适当代表处在造成这种风险的决策中”[3]。因此，在这种原则塑造下的生态公民将通过民主选举的手段，重塑国家职能，使国家从资本集团的操纵和控制下解放出来，从而真正承担起“保护生态环境、维护公共利益”的责任。由此一来，因过度放纵个体私利行为扩张、消极应对环境问题恶化，从而丧失统治合法性的传统自由民主制度就将逐步过渡到一种更加先进理性、更具道德责任感的民主制度——“生态民主”制度。这种“生态民主”制度具体包括“社区知情权立法、社区环境监控与报告、

---

[1] [澳]罗宾·艾克斯利：《绿色国家：重思民主与主权》，第70页。

[2] 艾克斯利的“绿色国家”理论奠基于建构主义方法论基础之上。建构主义的核心概念有两个，一个是“施动者”，一个是“结构”。（参见[美]亚历山大·温特：《国际政治的社会理论》，秦亚青译，上海人民出版社2000年版。）在“绿色国家”理论中，施动者是生态公民，结构则是国家。

[3] [澳]罗宾·艾克斯利：《绿色国家：重思民主与主权》，第93页。

第三方诉讼权、环境与技术影响评估、政策顾问委员会、公民陪审团和公共环境质询”等一系列形式，这些形式将“使国家、资本对生态受害者负起责任”。[1]

（三）“绿色公民话语批判论”

生态公民是绿色国家愿景实现的根本动力，但是仅有此还不够。绿色国家的目标要实现，还依赖一个绿色公共领域的形成，用艾克斯利的话说，“绿色公共领域是绿色国家出现的前提条件”。[2]所谓绿色公共领域是生态公民绿色交往所形成的一个话语批判场域。艾克斯利认为，生态公民将通过围绕生态问题的讨论和批判，建构一个基于绿色变革的批判性场域，这个场域将把生态风险活动的行为者（强大的资本利益集团）与潜在风险的承担者（生态公民）聚合到一个平台上，使二者进行广泛而又深入的“包容性对话”。这种对话将使所有利益相关者受到教育，最后凝聚起“公共利益优先于私人利益”的社会共识。在艾克斯利看来，这是国家合法地承担起环境治理职能的基本文化条件。从这个意义上来说，“绿色国家”依赖公民道德意识的提升和话语共识的形成。正如艾克斯利所说，“资本积累和（国家）合法性功能都是被依据话语而制造出来的，而且它们可以受到话语的挑战”。[3]

（四）“绿色世界论”

艾克斯利的“绿色国家”理论不仅限于民族国家范围内，也可以应用到国际社会当中，从而发展为“绿色世界”理论。那么，如何从绿色国家过渡到绿色世界呢？在艾克斯利看来，率先发展

[1]［澳］罗宾·艾克斯利：《绿色国家：重思民主与主权》，第78页。

[2] 同上，第228页。

[3] 同上，第53页。

起绿色运动的西方发达国家应该主动改变它们与发展中国家和不发达国家在生态领域的不平衡、不公平现状，同时，发展中国家与不发达国家也需要联合起来，通过与发达国家进行多边谈判、签订多边协议的方式，迫使发达国家遵守统一的环境管理标准和要求，在世界范围内推动绿色路线的实现，最终实现全球的环境正义。[1]也许有人会质疑发达国家参与全球环境治理的利益动机，认为发达国家不会那么“高尚”。但是，艾克斯利认为，这不是问题，她从康德式的世界民主论出发，从批判性建构主义理论出发，认为发达国家的“生态自私性”不是天然存在且固定不变的，而是可由生态文化和公民道德意识等因素来建构的。

综上所述，我们可以看出，艾克斯利的“绿色国家”理论的整体逻辑在于，试图通过强化国家的环境治理职能来规训资本对环境的野蛮破坏；而国家职能的强化又必须依赖一种以生态保护和改善为目的的生态民主制度，这种制度建设的根本动力来自生态公民。生态公民将通过民主选举、公共交往、话语批判等一系列方式与资本集团争夺对国家职能的支配权，并最终使国家成为全社会乃至全球公共利益和“绿色正义”的守护者。

二、国家“规训”资本是否可能

“绿色国家”理论是近些年来西方学界对新自由主义以资本市场为主导的环境治理方案的一种反动，其核心是试图在环境治理领域实现“国家规训资本”的目标。那么，国家到底能不能够“规训”资本？国家在资本面前到底有没有自主性？资本积累与环境恶化到底存在怎样的关系？全球环境治理的出路究竟在哪

---

[1] 参见[澳]罗宾·艾克斯利：《绿色国家：重思民主与主权》，第56页。

里？这些问题都是“绿色国家”理论讨论中极具争议而又亟待解决的基础性问题。本节认为，关于这些问题的讨论，不应仅仅停留在西方学界目前采用的政治哲学或政治学的单一视角，而应该采用政治经济学的综合视角，因此，本节试图在回到经典马克思主义的资本批判理论的基础上，对上述问题作一具体分析。

（一）资本积累与环境恶化之间存在本质联系

同环境问题的新自由主义解决方案不同，“绿色国家”的理论家们既然主张国家“规训”资本，那就意味着他们承认，资本积累与环境恶化之间有着内在联系。那么，这种联系究竟是本质上的关联，还是只是一种偶然性的关联？换句话说，是资本积累必然导致环境恶化，还是环境改善也能与资本积累齐头并进？从“绿色国家”理论的倡导者们的现有论述来看，他们倾向于后者。在他们看来，目前的全球环境恶化态势主要是由资本积累造成的，但这并不意味着资本主义生产关系本质上就是一种“反自然”的制度。

但是，资本积累与环境恶化之间真的只是一种偶然性的关联吗？答案是否定的。这种观点是建立在对资本作为一种生产关系和社会制度的肤浅认识之上的。

1. 资本的无限增殖本性与环境有限承载力之间存在深刻矛盾

在经典马克思主义视野下，资本不是以使用价值而是以交换价值和利润为目的的生产关系。在这种生产关系中，使用价值生产只有在服从和服务于剩余价值和利润生产这个目的的前提下才能顺利得以实现。从使用价值生产也即从财富的物质生产维度上看，其数量是以人的自然需要为前提的，因而本质上是有限的，遵循的是适可而止的原则；但从剩余价值和利润生产也即从财富的社会生产维度上看，其数量在本质上是无限的，正如马克思所说，价值作为货币“除了量上的变动，除了自身的增大外，不可能有其他的运动”[1]，“它只有不断地自行倍增，才能保持自己成为不同于使用价值的自为的交换价值”[2]。这种不断追求自我保存和自我增殖的价值就是资本。因此，资本主义生产方式是一种剩余价值和利润生产压倒使用价值生产的生产方式。这就决定了它必然会不断地在深度和广度上开发自然的各种有用属性，不断与自然进行越来越深入和广泛的物质和能量交换。这种对自然的开发和利用如果能够保持在自然环境的承载范围之内，那固然是问题不大。但问题恰恰在于，不断地超越这个“度”，超越已有的“界限”，正是资本的内在冲动和本性！它必然会一次次地突破自然环境所给它设定的界限，从而使其自身的无限扩张与自然环境的有限承载力之间的矛盾走向激化！从这个意义上来说，资本主义制度在本质上是不可能以生态可持续性为其价值追求目标的。正是基于上述经典马克思主义对资本本性的深刻理解，当代的生态马克思主义者奥康纳将资本主义称为一种本质上“反自然”的经济制度。[3]

2. 自然环境的破坏必然威胁资本利润率的提升

资本积累会不断突破自然环境的限度，而自然环境也不纯粹是被动的，它会进行“无声的反抗”，因此，二者的本质关联是一个辩证互动、彼此制约的过程。在当今的一些生态马克思主义者看来，资本主义商品生产中使用价值和价值之间的矛盾、财

[1] 《马克思恩格斯全集》第30卷，人民出版社1995年版，第227页。

[2] 《马克思恩格斯全集》第30卷，第228页。

[3] 参见[美]詹姆斯·奥康纳：《自然的理由——生态马克思主义研究》，第18页。

富的物质生产形式与社会生产形式之间的矛盾内在地蕴含着资本主义生产方式与其自然物质条件之间的矛盾。他们把这种自然物质条件的有限性与资本无限制地追求价值增殖本性的矛盾称为除生产力与生产关系矛盾（第一重矛盾）之外的“第二重矛盾”[1]。如果说，第一重矛盾将导致资本主义的经济危机的话，那么第二重矛盾将导致资本主义的生态危机。这种生态危机的突出表现就是自然界新陈代谢的断裂。

所谓新陈代谢的断裂是指，资本积累的副产品如温室气体和碳排放源源不断地产生，从而使自然界新陈代谢的正常过程被打断，并发生代谢危机。[2]上述第一重矛盾与第二重矛盾并非简单的并列关系，而是具有内在的辩证互动关系。自然环境新陈代谢的断裂不仅是自然环境自身循环的破坏，同时也会作为资本物质生产条件的破坏反作用于资本主义生产本身。比如，资本积累引致的气候变化所产生的负面影响，最终造成诸多非生产性劳动成本的上升，包括资源衰竭引起的成本，在污染日益严重的环境中维持工人劳动力健康再生产的费用，预防和补救气候危机的费用，发明和生产某些替代能源的成本，以及在一个愈发受到威胁的社会维持价值观念和伦理道德的成本等。尤其是治理环境退化、维持生产条件的设备本身，需巨额固定资产投资，不仅增加成本，还会提高资本的有机构成，进一步威胁现有的利润率。[3]

---

[1] 参见[美]詹姆斯·奥康纳：《自然的理由——生态马克思主义研究》，第257页。

[2] John Bellamy Foster, “Marx’s Theory of Metabolic Rift: Classical Foundations for Environmental Sociology,” *American Journal of Sociology*, Vol. 105, No. 2, 1999, pp. 366–405.

[3] 参见谢富胜：《全球气候治理的政治经济学分析》，载《中国社会科学》2014年第11期，第63—82，205—206页。

3. 环境问题金融化加大了环境治理的难度

当然，面对自然的反击，资本也不纯粹是被动的，那么，资本是如何反应的呢？在当代西方国家的环境治理实践中，一种最典型的路径就是把自然环境作为一种商品，使其资本化，甚至金融化，以此来攫取更高的利润。比如，将碳排放指标本身作为商品，形成碳交易市场。在这种制度设计下，人们因环境污染所损失的利益和个人生活的幸福度都可以进行货币折价，从而使污染环境成为一种可以购买的权利。[1]这种制度设计造成了一种假象，似乎环境的恶化不是资本本身的罪行，而是人类整体对自然所犯下的罪行，因此应该“责任平摊”，而且平摊的方式也应该是以每个“理性人”所拥有的资本大小为准则。这样，生态环境这个公共物品也就成为一个有成本、有收益、可计价的付费品。

在碳排放量商品化的基础之上，西方国家还衍生出一系列碳金融产品，从而实现了“点碳成金”(Turning Carbon into Gold)。[2]由于这些金融衍生品是基于“未来收入的资本化”[3]而创造出来的虚拟资本，而这个未来收入由于供求关系、利息率

---

[1] 这里可以举一个形象的例子。英国的路虎公司曾主动帮助乌干达推广一款可用于削减温室气体排放的新炉灶，但它的目的并不是为了污染物减排，而是为了借此换得碳排放指标(在投行的牵线搭桥下)，使自己的路虎汽车正常排放污染物，从而实现所谓的“碳中和”。参见《华尔街投行盯上2万亿碳交易　游说国会放行减排法案》，http://www.china.com.cn/news/txt/2009-12/17/content_19082958.htm。

[2] David Layfield, “Turning Carbon into Gold: The Financialisation of International Climate Policy,” *Environmental Politics*, Vol. 22, No. 6, 2013, pp. 901–917.

[3] “人们把虚拟资本的形成叫作资本化。人们把每一个有规则的会反复取得的收入按照平均利息率来计算，把它算作是按这个利息率贷出的一个资本会提供的收益，这样就把这个收入资本化了。”(参见马克思：《资本论》第3卷，人民出版社2004年版，第529页。)

和政府政策等因素的随时变化充满着各种不确定性。一旦预计的未来收入发生一点波动，这种波动就会数倍甚至数十倍地反映在（虚拟）资本价格中。这些碳金融产品由此就成为天然适合投机的对象。在这种投机中，金融机构所追求的，“几乎是完全不依赖碳减排实际活动进展的纯粹虚拟的金融利润。一些金融公司甚至通过打赌碳市场的崩溃，攫取金融利润”。[1]在这里，资本的逐利动机与自然环境之间的异化对立关系发展到了极致。

4. 金融资本的全球扩张导致了国际性的生态不平等

资本积累与环境恶化之间的本质关联不仅存在于民族国家的范围内，还体现在生态帝国主义所主导的不平等的国际体系中。在资本的全球扩张中，国际体系逐渐形成了一种“中心—边缘”的架构。中心国家不仅享有巨大的经济、政治和军事权力，同时还享有巨大的生态权力。这种权力表现为，一方面它可以通过资本和技术的跨国转移，把本国高耗能、高污染的中低端产业转移到边缘国家，同时也把环境污染及其治理压力转移到边缘国家；另一方面它还可以通过国际经济贸易规则的制定，通过对高端产业链的垄断性控制，肆意掠夺边缘国家的宝贵自然资源，以获取巨额的利润，同时使边缘国家的生态环境进一步恶化。

当然，中心国家确实可以依靠自身雄厚的技术实力发展高精尖的生态技术来暂时降低对环境的破坏程度，但是，正如资本主义的一切都是在对立和矛盾中运行的一样，这种对先进生态技术的专利和知识产权也被金融资本所垄断，成为其获取垄断利润的重要来源。广大发展中国家不得不支付昂贵费用以获取这些技

[1] 谢富胜：《全球气候治理的政治经济学分析》，载《中国社会科学》2014年第11期，第63—82，205—206页。

术来改善环境，从而进一步加剧了它们自己对发达国家的生态依附。这一切都充分暴露出资本主义制度的生态歧视本性，即它不仅在经济上是一种具有极强等级性和排斥性的制度，在生态上也是如此。

综上所述，我们可以看到，资本积累与环境恶化之间并不像“绿色国家”理论所设想的那样，只是一种偶然性的关联，似乎只要进行较强的“国家动员”，就可以消除资本的“反自然”本性，实现资本与环境的“和谐共生”；似乎资本市场这只“看不见的手”上本身就有一根“绿色拇指”。相反，环境恶化乃是资本积累的必然产物，这种“反自然”的本性流淌在资本的血液里。“绿色国家”理论的核心问题在于，它对资本的本质这个根本性的问题缺乏深刻的洞察力，而是仅仅从事物的表象中获取一些偶然性的规定来展开自身的理论论证，这样就如马克思所说，“把有机的联系着的东西看成是彼此偶然发生关系的、纯粹反思联系中的东西”。[1]因此就不可避免地得出这样的结论：环境问题只是资本主义国家的一个政策问题，而不是制度问题，也即从政策上看，必须节制资本，但从制度上又不能真正触动资本。

正是从上述观点出发，“绿色国家”理论的倡导者们就不约而同地在自己的“资本批判”中表现出一种折衷主义的态度。这一点可以从艾克斯利下面的两段话中集中反映出来。她曾说：“我不主张废除私有制和雇佣劳工，但我确实主张国家应在生态上以重要的方式约束和规范资本主义……但是在我们将绿色国家—社会复合体描述为后资本主义之前，公权力需要在多大程度

[1]《马克思恩格斯全集》第30卷，第29页。

上接管私人权力？我并不确定，也不确定这是否重要。”[1]在另一个地方她又指出：“一方面，绿色国家仍将依赖私人资本积累产生的财富，通过税收为其计划提供资金，从这个意义上来说，绿色国家仍将是一个资本主义国家。另一方面，保护私人资本积累将不再是国家的决定性特征或主要的存在理由。国家将更受欢迎，市场活动将受到约束，而且在某些情况下也会受到社会和生态规范的限制。国家的目的和特征将会扩大，并因此有所不同。”[2]

（二）国家的公共职能被金融资本所操纵

“绿色国家”理论不仅对资本的本质缺乏深刻的洞察，对国家的本质同样没有深刻的洞察。在它的视野中，国家是一种公共权力，建立在全体公民的契约之上，代表着全体公民的利益。资本的积累和所谓的 GDP 霸权给自然环境带来了巨大破坏，造成了全球性的环境恶化，损害了全体公民甚至是子孙后代的现实利益和长远利益。资本积累的这种自私性、盲目性必须经由国家进行约束和管制。国家可以承担起生态环境的“公共托管人”角色。“绿色国家”理论的倡导者们并非不了解经典马克思主义和当代生态社会主义者极力主张的“国家是资本积累的工具”的论断，而是认为上述论断过于绝对化了。尽管他们也看到了资本积累对环境造成的各种消极后果，看到了资本家阶级对国家权力的操纵和控制，但他们始终认为，这种操纵和控制并没有彻底失去国家自主性和能动性发挥的可能性，因此，国家总能找到环境治理的政策空间。用艾克斯利的话说，“尽管国家决策的外部限度

[1] ［澳］罗宾·艾克斯利：《绿色国家：重思民主与主权》，第 134 页。

[2] 同上，第 83—84 页。

仍然被认为是由经济力量决定的，但这些限制总是具有弹性的和可以抗争的，因为政策的具体内容从来不会简约到仅仅是一种非个性化的经济动力机制”。[1]在这里，经典马克思主义被艾克斯利批判为一种亟待反思甚至否定的“经济决定论”。由此可以看出，“绿色国家”理论的实质是承认国家在资本面前的相对自主性。

那么，国家的这种自主性真的可以为绿色自然、绿色世界提供一种值得争取的可能性吗？这里试以经典马克思主义的相关理论作一具体分析。

1. 产业资本积累与国家绿色公共职能之间存在深刻矛盾

在经典马克思主义的理论中，国家确实有相对的自主性，这种自主性意味着国家在本质上是一种公共权力。这种公共权力的属性首先来自对社会公共事务进行管理的需要。正如马克思所说，即使是剥削阶级国家也要执行由一切社会性质产生的公共事务的管理职能。同时，国家的公共权力属性还来自对阶级斗争进行管理的需要。也就是说，国家虽然是从阶级斗争中产生的，但又凌驾于阶级斗争之上，并对阶级斗争进行某种程度上的规制，正如恩格斯所言，国家始终以“第三种力量”的身份，“站在相互斗争着的各阶级之上，压制它们的公开的冲突”[2]，发挥着一种社会秩序调节的作用，以维护社会的整体利益。从上述两个方面综合来看，国家的一个本质属性就是“和人民大众分离的公共权力”[3]，它不仅独立于被统治阶级，同时也相对独立于统治

[1] [澳]罗宾·艾克斯利:《绿色国家：重思民主与主权》，第 52 页。
[2] 《马克思恩格斯选集》第 4 卷，人民出版社 1995 年版，第 169 页。
[3] 同上，第 116 页。

阶级。正因为如此，它的权力才对社会大众具有普遍性，它才成为整个社会的集中代表。

如果说，在资本主义社会之前，国家的这种公共权力属性由于政治与经济、国家与社会尚未分离而没有得到充分表现的话，那么，在进入资本主义社会之后，随着社会取得经济自主权，国家与社会分离并退居到上层建筑领域中，国家的公共权力属性就以越来越突出的形式表现出来。这时，国家的公共权力不再表现为领主的特殊意志和它的私有财产，而是在形式上表现为人民的普遍意志。[1]正如艾伦·伍德所说："国家剥夺了占有者阶级的那些与生产和占有不直接相关的权力和义务，留给这个阶级的是除去公共社会职能的私人剥削权力。"[2]于是，整个市民社会，无论是统治阶级还是被统治阶级，都被置于国家的管理和控制之下，"国家管制、控制、指挥、监视和监护着市民社会——从它那些最广大的生活表现起，直到最微不足道的行动止，从它的最一般的生存形式起，直到个人的私生活止"。[3]既然国家本身是一种公共权力，那么，我们似乎也就能如"绿色国家"理论所设想的那样，寻找到国家为了整个社会和公众的利益进行环境政策干预的空间。比如马克思也曾论证过，在资本家竞相延长工作日，对工人的劳动力进行"竭泽而渔"的开发时，有必要"通过国家"来"节制资本无限度地榨取劳动力的渴望"，以防止"国家的生

---

[1] "政治领域是国家中惟一的国家领域，是这样一种惟一的领域，它的内容同它的形式一样，是类的内容，是真正的普遍东西。"(《马克思恩格斯全集》第3卷，人民出版社2002年版，第42页。)

[2] [美]艾伦·梅克森斯·伍德主编:《民主反对资本主义——重建历史唯物主义》，吕薇洲、刘海霞、邢文增译，重庆出版社2007年版，第39页。

[3] 《马克思恩格斯选集》第1卷，人民出版社1995年版，第624页。

命力遭到根本的摧残”[1]，从而保护资本家总体乃至整个社会的利益。

但是，这里需要强调的是，在经典马克思主义理论中，国家不仅具有公共权力属性，还具有阶级统治的属性，且后者始终在国家属性中占据着主导地位。因为在阶级社会中，国家的一切职能运作都不得不依赖于社会的真正主人——统治阶级的“资助”，因此它就不可避免地被统治阶级的特殊利益所绑架，成为阶级统治的工具。比如，就“绿色国家”理论而言，它试图取消经济增长特权和资本积累霸权的政策主张实际上很难真正落到实处。因为任何“超越经济增长”的举措都会对经济活动有所抑制，对资本积累产生约束，从而必然会抑制应税经济活动，抑制资本积累的活力。而经济运行的活力和资本积累率的下降必然导致国家税收的下降，从而间接削弱绿色国家环境治理所需要的财政支持，毕竟任何一项生态治理投资都需要财政资金的支撑。

更为重要的是，现实中大多数西方国家在 2008 年全球金融危机之后都陷入了债务危机的深渊，一些小国甚至沦落到借新债还旧债的地步，其财政能力受到债务的极大侵蚀，严重的财政赤字成为普遍现象。而与此同时，这些国家的福利又是刚性的，很难在短期削减下去。由此导致债务偿还、福利承诺都在与生态环境治理的投资争夺稀缺的政府财政资源，且债务偿还和福利支出都比环境治理更具刚性和紧迫性。因此要想解决好国家的债务偿还和福利支出问题，国家又必须回到原点，即刺激经济增长和资本积累，恢复“GDP 霸权”。最后的结果就是，“不仅未来的政

[1] 马克思：《资本论》第 1 卷，人民出版社 2004 年版，第 276—277 页。

府支出取决于经济扩张，而且当前的支出水平也是基于未来扩张的假设”，[1]于是，发达资本主义国家就不可避免地陷入一个难以摆脱的悖论。

2. 金融资本积累与国家绿色公共职能之间存在深刻矛盾

以上我们还只是在产业资本积累的层面分析资本积累对国家政策的决定作用。但是，当今时代早已不是产业资本主导的时代，而是金融资本主导的时代。在这个时代，产业资本已经成为金融资本积累的一个环节而被金融资本吸纳于自身之中。金融资本作为资本形态发展演变的高级形式，实际上已经控制了包括实体经济（产业市场）和虚拟经济（资本市场）在内的整个经济体，成为社会经济生活中“真正的王者”，成为资本形态的“普照的光”，所有被它“照射”到的东西最终都难免被“金融化”，环境治理领域当然也未能逃脱金融资本的“魔掌”。

以欧洲和美国的碳排放交易来说，这个市场设计的初衷本来是为了减少工业企业的污染物排放，但是，经过20多年的发展，该市场从事交易的主导力量已经不再是那些具有高污染属性的产业公司，而是拥有巨额货币资本、控制着庞大产业集群并以投机为主要目的的金融公司。[2]这些公司有高盛、摩根大通、巴克莱、摩根士丹利等世界顶级金融财团。每个这样的财团内部都设有专门的碳交易部门和业务团队，负责设计推销以碳排放指标为基础的各种金融衍生品，号称“绿色证券”。这些证券名义上是为了促进相关产业公司的绿色减排，实际上只不过是金融资本在

[1] Daniel Bailey, “The Environmental Paradox of the Welfare State: The Dynamics of Sustainability,” *New Political Economy*, Vol. 20, No. 6, 2015, pp. 793–811.

[2] Matthew Paterson, “Who and What are Carbon Markets for? Politics and the Development of Climate Policy,” *Climate Policy*, Vol. 12, No. 1, 2012, pp. 82–97.

全球范围内进行过剩资本动员的手段[1]，一旦时机到来，这些金融寡头就会利用掌握资产定价权的权力，操纵证券价格，以谋取巨额利润。

巨大的资本意味着巨大的权力，这种权力几乎必然会问鼎国家最高权力。例如，美国华尔街的各大投行为了推动碳市场交易的金融化，曾耗费巨资游说国会议员[2]；欧洲各国的工业和金融巨头通过游说政府，拿到了大量免费的碳排放许可，将碳排放权分配演变为一场获取暴利的盛宴。[3]除了直接游说外，这些金融机构还积极参与组建各类国际协会，进行国际性游说。由高盛、巴克莱等169个成员机构组成的国际排放交易协会被公认为碳市场领域最大的国际性游说组织，它的一个主要使命就是向世界各国推销“绿色金融”的理念，游说各国政府放松对污染物排放的统一管制，改用价格机制来调节，从而将更多国家纳入它们主导的金融市场框架之中。在这些金融大鳄的大肆鼓吹和推广下，碳排放指标及在此基础上形成的各类金融衍生品已经与石

---

[1] 巴兰和斯威齐认为，在金融垄断资本主义阶段，资本主义的过剩危机日益从生产过剩转化为资本过剩。越来越多的剩余价值如何吸收的问题成为资本主义的一大难题，于是，金融化应运而生。在他们看来，金融化是经济剩余增长过快与剩余吸收能力有限之间矛盾的产物。资本主义正是通过这种金融投机的形式来缓解越来越严重的资本过剩问题。（参见［美］保罗·巴兰、［美］保罗·斯威齐：《垄断资本——论美国的经济和社会秩序》，南开大学政治经济学系译，商务印书馆1977年版；Paul M. Sweezy, “Monopoly Capital After 25 Years”, *Monthly Review*, Vol. 43, 1991。）环境问题的金融化只是20世纪80年代以来资本主义金融化的一个组成部分，但也是金融化的极端体现，因为它把人类的基本生存条件都交由金融资本去宰割了！这样，资本过剩危机就与生态环境危机有机交织在了一起。

[2]《华尔街盯上2万亿碳交易 巨资游说国会支持减排》，http://www.china.com.cn/news/txt/2009-12/17/content_19082958.htm。

[3] Larry Lohmann, “Uncertainty Markets and Carbon Markets: Variations on Polanyian Themes,” *New Political Economy*, Vol. 15, No. 2, 2010, pp. 225–254.

油、粮食、黄金等国际大宗商品并列成为全球金融资本投机的重要标的物，碳金融市场正在发展为全球规模最大的金融市场。[1]但是，与碳金融市场的迅猛发展形成鲜明对比的是，发达资本主义国家的工业污染非但没有降低，反而还在不断升高；全球生态环境非但没有改善，反而还在进一步恶化。据国外学者研究，按照目前的治理措施，到21世纪后半叶，全球气温上升幅度将达3.6摄氏度，大大突破《巴黎协定》规定的2摄氏度。[2]上述事实充分表明，金融资本已日益成为环境恶化的“幕后推手”和国家治理的“无冕之王”。[3]

环境治理被金融资本所操纵及由此带来的恶果激起了剧烈的“社会反向运动”。2013年12月，全球90个民众社会组织联合发布了一个联合声明，呼吁废除欧盟碳排放交易体系，认为该体系关闭了其他真正有效的环境政策的大门。[4]但是，这种呼吁也只能停留在口头上，因为从大众媒体到经济生活，从市民社会到国家权力，都已经被金融寡头的阴影所笼罩。正如一位美国学者所指出的，在这个金融全球化的时代，“与绝大多数人作对的，是一帮数量很少的寡头精英，他们是华尔街的货币利益集团及其同伙，主要的人物都在伦敦金融城、在艾伦·格林斯潘金融

[1] Larry Lohmann, “Financialization, Commodification and Carbon: The Contradictions of Neoliberal Climate Policy,” *Socialist Register*, Vol. 48, 2012.

[2] Niklas Höhne, Takeshi Kuramochi, et al., “The Paris Agreement: Resolving the Inconsistency Between Global Goals and National Contributions,” *Climate Policy*, Vol. 17, No. 1, 2017, pp. 16–32.

[3] 郇庆治:《“碳政治”的生态帝国主义逻辑批判及其超越》,《中国社会科学》2016年第3期，第24—41，204—205页。

[4] “Time to Scrap the EU ETS-Declaration-Civil Society Organizations Demand that the EU Scrap its Emissions Trading Scheme,” 2013, http://scrap-the-euets.makenoise.org/KV/eclaration-scrap-ets-english/.

革命核心中的30多家世界一流的国际银行里”。[1]在跨国金融垄断资本的这种巨大统治力量面前，不仅市民社会是软弱的，连国家权力都是软弱的。由此可以看出“绿色国家”理论中所谓的“生态公民”“话语批判”、国家的“生态可问责”在现实中只能是空中楼阁！

最后，值得一提的是，从西方政治思想发展史来看，“绿色国家”理论所提出的“国家理论”其实并无新意，它不过是黑格尔以“伦理国家”来解决市民社会矛盾的法哲学的再现。[2]这种无视资本对国家权力的操纵，而单纯把国家视为一种伦理性实体，视为公民自由的终极依靠的思想早已被马克思的历史唯物主义所驳倒。它在当今时代的再现无非表明，资本主义社会的经济矛盾和生态矛盾已经积重难返，资产阶级意识形态的最高成就也不过是在幻想中摆脱和超越矛盾。

三、未来出路

综上观之，“绿色国家”理论所提供的只是环境问题解决的一种规范性设想，现实中很难取得真正的实效，那么出路究竟在哪里呢？

（一）恢复国家作为公共权力的属性

在经典马克思主义的视域中，国家虽然是阶级统治的工具，但也具有公共权力的属性，正是在这个意义上，马克思认为“民主制是一切形式的国家制度的已经解开的谜”。[3]这里的民主制

---

[1] [美]威廉·恩道尔:《金融霸权——从巅峰走向破产》，陈建明、顾秀林、戴建译，中国民主法制出版社2016年版，第254页。

[2] 参见[德]黑格尔:《法哲学原理》，范扬、张企泰译，商务印书馆2007年版。

[3] 《马克思恩格斯全集》第3卷，人民出版社2002年版，第39页。

实际上就是真正的、完全意义上的人民主权，即把国家变成真正为人民的整体利益和普遍利益服务而不是为一小撮特权集团服务的权力实体，从而彻底实现国家作为公共权力的属性。但是，在新自由主义意识形态和政策体系占据统治地位的半个世纪中，恰恰是国家的这种公共权力属性遭到了史无前例的贬损乃至诋毁。在新自由主义体系中，国家被认为仅仅是一种“必要的恶”，是市民社会暂时无法摆脱因而不得不背负的沉重锁链。人性本来是恶的，公权力亦是如此。因此，国家应该只是扮演一个“守夜人”角色，它不应该过多地干涉市场、调节市场、规范市场，而只需承担保护市场运行和保卫社会稳定的基本职能。在这样一种意识形态下，国家调节市民社会矛盾的功能被大大削弱了，公权力受到了史无前例的攻击和丑化。正如新自由主义的倡导者撒切尔夫人所说，国家不是解决问题的工具，国家的存在本身就是问题。这就是新自由主义的“最小国家”观。这与中国特色社会主义制度下强大的国家公共权力以及在此基础上形成的强大的国家治理能力形成了鲜明的反差。中国政府不仅提出了反垄断和防止资本无序扩张的主张，而且有能力做到这一点，而背后的制度支撑就是公有制下政府对金融命脉的掌握。我们之所以说当下西方学者所探讨的“绿色国家”理论只能停留在规范性的设想上而不具有现实可行性，就是因为现实中的新自由主义国家已经在事实上丧失了干预市场运行、调节社会矛盾的能力。这一点已经被新冠肺炎疫情下西方国家治理的乱局所进一步证实。从这个意义上来说，“绿色国家”理论的愿景要实现，西方发达资本主义国家首先必须经历一场“公权力觉醒”运动，恢复国家作为公共权力的权威。而恰恰在这一点上，“绿色国家”理论的倡导者们缺乏足够自觉和清醒的认识。

（二）对金融资本实施国有化改造

在新自由主义的最小国家观背后，是金融资本对市民社会的独裁统治。新自由主义是金融资本统治的意识形态。国家的公共权力职能被攻击、削弱和丑化，最符合金融资本的利益。因此，对国家公共权力问题的解决，必须结合对金融资本的改造来进行。而按照经典马克思主义理论，对金融资本的改造也就意味着由国家代表整个社会对金融资本进行剥夺，对其实行国有化，从而使国家成为银行、保险等大型金融机构的所有者。用马克思的话说，就是“通过拥有国家资本和独享垄断权的国家银行，把信贷集中在国家手里”。[1]这是因为金融资本越是发展，就越会给市民社会带来大规模的剥夺，从而造成越来越大规模的危机。这已经从2008年全球金融危机及其导致的一系列社会危机、政治危机以及国际关系危机得到了充分的体现。另外，金融资本统治所带来的生产力和生产关系的高度社会化也正在为金融资本退出历史舞台创造基本的物质条件。作为资本发展的最高形态，金融资本几乎已经把社会主要的生产部门都置于自己的控制之下，就连人们赖以生存的最基本的物质条件——自然环境也被金融化了。但是，正是由于金融资本把资本主义社会的所有权力集于一身，才使“剥夺剥夺者”变得越来越容易，从而也越来越可行。正如希法亭所说：“在以阶级对抗为基础的社会形态中，只有当统治阶级已在尽可能高的程度上把自己的权力集结起来的时候，才能爆发伟大的社会变革。这是一条历史的规律。”[2]从这个意义上来说，金融资本所完成的对资本主义社会

---

［1］ 参见《马克思恩格斯选集》第1卷，人民出版社1995年版，第293页。

［2］［德］鲁道夫·希法亭：《金融资本》，曾令先、胡天寿译，重庆出版社2008年版，第359页。

权力的集结，正是社会一切进步力量集中起来推翻它的统治的历史条件和现实条件。列宁也正是由此出发才提出，资本主义向社会主义过渡的一个首要任务就是将金融资本收归国有，任何认为绕开对金融资本的改造也能成功实现社会变革的想法都是避重就轻。[1]

从马克思主义经典作家的相关论述以及当今时代金融资本全球统治的现实出发，我们可以清楚地看到，将金融资本收归国有已成为当代资本主义国家社会变革的一个根本方向，这也是超越“绿色国家”理论的生态变革方案的根本之路。因为只有这样，金融资本投机绿色证券价格涨落以攫取利润、游说国家环境政策、操纵碳市场、转移碳污染等问题才能得到有效解决。这一点现在已经发展得如此明显，以至于西方的一些激进自由主义者都或多或少地认识到了。比如，本节开头提及的贝利（Dan Bailey）在反思艾克斯利的“绿色国家”理论时发现，要解决国家环境治理职能遭遇的货币瓶颈，西方国家的“央行独立”原则必须被重塑，央行货币政策必须由国家掌握，而不能被由私人金融寡头实际控制的中央银行所操纵，因为只有这样，才能让“量化宽松”不再为金融寡头服务，而为“绿色国家”服务。[2]贝利的质疑充分反映了这样一个事实，那就是在2008年金融危机之后，西方发达资本主义国家几乎都进行了大水漫灌式的货币增发，这些增发的货币很大一部分不是被用于强化国家的公共财政职能，而是被用于对私人金融机构的救助。而正是由于这种救助，美欧各国政府都背上了沉重的债务。美、法等国的政府债务占GDP

[1] 参见《列宁选集》第3卷，人民出版社1995年版，第239—252页。

[2] Dan Bailey, “Re-thinking the Fiscal and Monetary Political Economy of the Green State,” *New Political Economy*, Vol. 25, No. 1, 2020, pp. 5–17.

的比例都超过了100%。如果说大国背负债务尚能负重前行的话，小国则没那么幸运。意大利、葡萄牙、希腊、西班牙等都陷入沉重的债务危机而不能自拔。在债务危机面前，哪里还能找到国家绿色职能实施的空间呢？

（三）推动社会民主运动走向深入

要对金融资本实施国有化改造，必须依赖强有力的社会民主运动的推动，毕竟批判的武器不能代替武器的批判。金融资本是一种现实的物质力量，因此，也只有现实的物质力量才能使其得到“规训”。

西方社会反对资本主义的民主运动一直以来都存在，尤其当资本主义遭遇阶段性危机的时候，这种运动的发展也就越发迅猛。其中，生态民主运动就是资本主义生态危机日益显现的产物。但总的来看，这种民主运动对环境治理的影响不大。像欧洲绿党这样已经具有较高组织性的政党所取得的最大成就也不过是以小党的身份与主流政党合作，参与组阁。这种状况表明，生态民主运动作为资本主义社会的单一民主性运动，难以独立取得真正的成就。其他民主运动虽然也有很多，但都以女权运动、劳工运动、种族运动等特殊形式存在，呈现出碎片化状态。这种现状显然还不能为深刻而又巨大的社会变革提供足够的力量。

西方社会民主运动的这种不成熟在很大程度上归因于整个资本主义世界体系的“中心—边缘”结构。比如，正是在这样一种国际结构下，中心国家的污染才可以跨国转移到边缘国家，从而有效地缓解中心国家的生态压力，或者说，使中心国家的所有公民可以享受这种中心地位所带来的“环境福利”。而这就必然会给中心国家的绿色民主运动带来难以突破的障碍。这个现象实际上与马克思曾指出的英国工人阶级在享受英国霸权所带来的红利后逐步“贵族化”是一样的道理。也就是说，西方发达国家民主运动的不发展和不深入，是与它们作为中心国家的特殊地位紧密相关的。但是，正如一个硬币有两面一样，世界体系“中心—边缘”结构在给中心国家民主运动造成困难的同时，却给边缘国家的民主运动注入了强大的动力。这是因为边缘国家在国际体系中受到了双重剥夺——经济剥夺和生态剥夺，同时也遭受着两种不平等待遇——经济不平等和生态不平等，因此，他们的反抗最迫切也最有力。近年来，边缘国家尤其是新兴经济体不断通过各种国际合作机制和平台，发出自己的声音，要求发达资本主义国家承担起应有的环境治理责任，这些行动对中心国家形成了一定的压力并取得了一定的成效，同时也大大支持了中心国家生态民主运动的深入发展。由此可见，中心国家与边缘国家民主力量的深度联合已经成为全球环境治理的大势所趋。正是基于这样一种判断，当代生态马克思主义者福斯特大胆地提出了从边缘国家突破的思路。他明确提出：“生态社会主义运动所需要的革命性最有可能来自那些南方国家”，“正是在体系的边缘，而不是在中心，人类最有可能颠覆现有秩序”，“今天的希望首先在于‘地球上的不幸’的反抗，这种反抗将在体系的中心打开裂缝”。[1]这是全球环境治理最有可能也是最具潜力的发展方向。

综上，“绿色国家”理论是西方学者在新自由主义发展道路之外为解决世界性的生态环境问题而提出的一种解决方案。应

[1] John Bellamy Foster, “Capitalism Has Failed—What Next?” *Monthly Review*, Vol. 70, 2019.

该说，这种方案的提出有它的进步性，比如它主张重新呼唤一种高于资本的政治权威来对资本加以约束和管制，主张用公民的民主运动来平衡和抵制资本对生态环境的破坏；在道德和伦理层面，它还主张一种环境面前人人平等的绿色正义。此外，它还深入批判了新自由主义主导的绿色经济学话语中渗透的原子式个人思维，在环境研究领域提出了民主运动与国家的合法性等一系列政治哲学问题。但是，“绿色国家”理论究其本质仍是一种资本主义的改良方案，它的真实主张实际上是试图在保持资本主义根本制度的前提下，在承认资本与雇佣劳动永恒对立的前提下，在不触动金融资本实质利益的前提下，对资本的无限积累及其给自然环境带来的巨大破坏予以一定的“政治修复”。因此，它不是一种“反自由主义”主张，[1]而是新自由主义环境治理在全球金融危机后演化出的一种伪装了的形式。而事实证明，试图在不触动资本根本利益的情况下以国家来规训资本，让国家来给无止境的资本积累套上束缚的缰绳，无论在理论上还是在实践上都不具有现实性。而真正决定全球环境治理未来出路的，是世界各国尤其是边缘国家的绿色运动、女权运动、种族运动等各类民主运动。尽管当前这些民主运动仍然呈现为碎片化状态，但是，随着金融资本的统治所造成的金融危机、政治危机、生态危机以及国际关系危机的不断深化，上述各类民主运动终究会逐步统一起来，并在中心与边缘国家的相互触动和彼此激荡中，汇聚成一种真正以反金融资本为靶向的社会主义运动，只有这种运动才可能赋予我们一个真正的绿色世界和绿色未来。

---

[1] 参见［澳］罗宾·艾克斯利：《绿色国家：重思民主与主权》，第116页。

第三节　中国国内气候政策的重点

中国从1990年开始正式出台了与气候变化相关的法律法规和行政措施，发展至今大致经历了三个政策阶段，首先是1990年至2006年的初始政策阶段，之后进入2007年至2012年的深入发展阶段，2013年至今气候政策进入了全面发展阶段。在气候政策早期阶段，整个政策过程呈现出自上而下的集中治理特征，同时我国在气候治理领域的核心关切点以履行国际责任、树立负责任国家形象为主要关切点，气候政策与经济发展战略并未相结合，公众对气候变化的意识也较为薄弱。前述关于美欧气候政策的分析可以为中国气候治理提供经验借鉴。中国气候治理能否取得成效，关键在于重视探索社会经济与环境协调发展的新路径，使经济发展、社会发展、气候治理相辅相成、相得益彰。2015年，中共中央、国务院印发了《生态文明体制改革总体方案》指出生态文明改革的原则之一，就是要坚持正确改革方向，健全市场机制，更好发挥政府的主导和监管作用，发挥企业的积极性和自我约束作用，发挥社会组织和公众的参与和监督作用。[1]

一、碳交易与碳税

碳税和碳排放交易是全球减排中推行的两种政策实践。2006年，中国开始围绕碳税进行系列研究，包括制度设计、对经济的影响等。2012年之前，中国碳市场发展较为缓慢，主要以参

[1] 中共中央国务院印发《生态文明体制改革总体方案》，2015年9月21日，http://www.gov.cn/guowuyuan/2015-09/21/content_2936327.htm。

与清洁发展机制（CDM）项目为主，随着“后京都时代”的到来，中国开启了碳市场建设工作，对建立中国碳排放权交易制度作出了相应的决策部署。从2011年起，我国在北京、上海、天津、重庆、湖北、广东、深圳等7地开展碳排放权交易试点，并于2014年全部启动上线交易。2017年12月19日，经国务院同意，国家发展改革委印发了《全国碳排放权交易市场建设方案（发电行业）》，标志着我国碳排放交易体系完成了总体设计，并正式启动。此后将以发电行业为突破口，分基础建设期、模拟运行期、深化完善期三阶段稳步推进碳市场建设工作。

碳交易是一种数量控制工具，通过确定碳排放总量，由交易机制自行决定碳排放权的价格，最终形成的价格是浮动的。但是，市场交易价格受到多种因素影响，因此其价格可以出现剧烈波动，从而偏离政策初衷，特别是当市场碳价长期低迷时，碳价对碳减排的引导作用将无法实现，也就意味着碳交易体系可能面临失效。在这种情况下，通过引入碳税，可以将碳价固定在社会合理水平上，避免因碳价过低而造成减排政策无效。美欧在碳税和碳交易上的并行应用、协调配合的实践可以为我国的碳减排政策提供有益的经验和启示。[1]鉴于现在中国设计的碳市场还未纳入全部碳排放源，可以在建设全国碳市场的前提下，考虑碳税与碳市场作为政策组合的可能性，对未纳入碳市场的行业，通过征收碳税来调动减排积极性。同时也应借鉴国外现行碳税经验，持续关注碳税最新研究进展，批判性吸收，更好地发挥两者的协同作用。这意味着一部分减排尤其是大的高

---

[1] 施文泼：《碳税和碳交易可以在价格机制上相互支撑》，《中国财经报》2019年7月13日。

耗能企业的减排可以通过碳市场解决，而小企业可以通过碳税解决。[1]

2016年12月25日，十二届全国人大常委会第二十五次会议闭幕，表决通过《中华人民共和国环境保护税法》(简称《环保税法》)，中国的税收种类由此增至19个。2018年1月1日开始实施的《环保税法》，作为中国第一部专门体现"绿色税制"、推进生态文明建设的单行税法也将对绿色发展发挥积极影响。当前我国在经济发展中暴露出来的环境等问题已日益严重，且我国产能过剩的问题日益凸显，产业结构面临调整，这些都是碳税出台的推动因素。对于碳税税种的设计，当前各大研究机构更倾向于将碳税作为环境税的一个税目。结合中国经济发展的现状，应设定合理的碳税税率以减少碳税产生的经济损失。考虑到淘汰落后、高污染产能以及地方公平发展的需要，建议实施分行业、分地区的差异化碳税，对部分高污染、高耗能行业征收更高的碳税，对部分能源消耗大、经济发展水平高的东部省份以碳税试点的方式先行实施碳税政策，条件成熟后建立起覆盖全国的碳税征收体系。[2]

二、绿色产业与技术创新

中国企业减排意识薄弱，已经造成了我国在对外贸易中出现的"贸易壁垒""碳关税"及"碳标签"等一系列问题，因而有必要在低碳技术和低碳产品开发方面有所突破，制定新的国际标准，

---

[1] 《碳税和碳市场可成政策组合拳》，2016年6月1日，http://www.tanpaifang.com/tanshui/2016/0622/53881.html。

[2] 翁智雄等：《碳税政策视角下的中国碳减排政策研究》，载《环境保护科学》2018年第3期，第1—7页。

引领低碳发展的方向，从而使我们在全球竞争中处于领先地位。在全球经济面临诸多不确定性的背景下，中国发展绿色创新产业的任务变得更加迫切。我国绿色技术创新活动主要集中在替代能源生产、储能、交通、废弃物管理等领域，经济增长、研发投入和“十一五”以来的政策引导是中国绿色技术创新最主要的促进因素，其中政策因素在促进技术进步的绿色转型和质量提升方面扮演着重要的角色。[1]因此，绿色产业与技术创新应关注以下方面：

首先，强化企业的绿色技术创新主体地位。2019年，国家发展改革委、科技部印发《关于构建市场导向的绿色技术创新体系的指导意见》，提出开展绿色技术创新“十百千”行动，培育10个年产值超过500亿元的绿色技术创新龙头企业，支持100家企业创建国家绿色企业技术中心，认定1000家绿色技术创新企业。[2]针对近年来我国沿海地区海平面上升、北部地区干旱、南部地区洪水和大城市雾霾问题，我国政府开始从宏观层面意识到了气候变化对居民生活和经济可持续发展的冲击与影响，尤其是对于我国河流、食品供给和基础设施的影响。绿色创新产业的最新代表是共享单车产业。我国共享单车相比伦敦和巴黎等西方城市的做法更为便捷。消费者取车和还车不再局限于特定地点，同时消费模式也更为便捷。这一绿色创新产业的发展得到了我国政府的支持，未来有助于降低居民对于汽车的依赖度，将促进

[1] 王班班、赵程：《中国的绿色技术创新：专利统计和影响因素》，载《工业技术经济》2019年第7期，第53—66页。

[2]《构建市场导向的绿色技术创新体系》，2019年7月1日，http://stzg.china.com.cn/2019-05/20/content_40756310.htm。

大城市环境改善。

其次，政府的政策支持与投入。自主创新和技术引入一定程度上都是以政府政策为基础的，如果缺乏政策支持，就会形成供需的不对应，产生不利的后果。在现代工业的绿色化转型升级中，政府应当起到主导作用，由于外部性的存在，采用市场主导的方式是不适用的。[1]当前环保技术创新供给仍然严重不足，高杠杆率导致较多企业违约，环保企业未能幸免。因此，必须建立绿色金融体系来激励大量社会资本进入绿色行业。绿色金融体系至少应达到三个目标：一是提高回报率，绿色项目有一定的外部性而回报率不足，政府应想办法弥补，达到企业能接受的回报率；二是降低污染项目的回报率；三是强化消费者的绿色偏好，政府及全社会都应激励绿色投资。[2]

此外，构建市场导向的创新体系。市场导向的绿色基础创新体系可以充分发挥市场对资源配置的决定性作用，通过市场机制激发企业的积极性，弥补政府在方案选择和技术推广等方面的局限，从而能够调节和选择更经济的绿色技术。一项技术创新需要经历从新思想的产生到技术研发、规模化、商业化的过程，才能完全发挥作用。要使突破性低碳技术创新充分发挥空间溢出效应，亟须构建区间联动机制：一方面进一步发挥技术推动的作用，组建中央政府协调下的区域间研发联盟，梳理低碳转型

[1] Tong Zhang, Hongfei Yue, Jing Zhou & Hao Wang, “Technological Innovation Paths Toward Green Industry in China,” *Chinese Journal of Population Resources and Environment*, Vol. 16, No. 2, 2018, pp. 97–108.

[2]《创新供给不足杠杆率过高，万亿级环保产业遭遇发展阵痛》，《科技日报》2018 年 7 月 16 日。

面临的重大技术难题，构建重大课题库，协同区域间经费、技术与人才交流；另一方面则需充分运用市场拉动的力量，进一步放开区域间低碳产业与市场，为突破性低碳技术的规模化与商业化打开更为广阔的空间，促进突破性低碳技术尽早走向成熟。另外，地方政府应注重以突破性低碳技术创新为重要突破口，采取区域联动的方式，协调应对碳泄漏、招商引资门槛在内的各项环境政策与措施，共同推动低碳转型，早日实现经济增长与碳排放脱钩。[1]

三、企业减排

中国经济增长速度已转向中高速、价值链环节拟转向中高端，产业 / 企业（包括在华跨国企业）在经济绩效、环境绩效、社会绩效平衡方面的压力和困境却正加快到达（个别地区甚至已经达到）更加敏感的临界点。企业亟须彻底反思和变革获取、分配利润的传统逻辑，参与经济、社会和环境的民主进程，融合经济效率、社会和谐与环境保护三方面的理念推进可持续性转型，并塑造更可持续的竞争力。[2]

第一，推动企业社会责任从反应型向战略型转变。被誉为“竞争战略之父”的迈克尔·波特（Michael E. Porter）将企业社会责任分为两类：一类是反应型的，一类是战略型的。履行反应型社会责任虽然能给企业带来竞争优势，但这种优势通常很难

[1] 卢娜等:《突破性低碳技术创新与碳排放：直接影响与空间溢出》，载《中国人口资源与环境》2019 年第 5 期。

[2]《中国企业为何急需可持续性转型》，2016 年 1 月 4 日，https://csr-china.net/html/CSRrenzhi/20160104/3527.html。

持久。战略型社会责任就是寻找能为企业和社会创造共享价值的机会，简言之，即实现企业发展和社会利益的双赢。[1]总体来看，中国汽车企业的社会责任更多表现为被动反应型，也就是许多企业还是将企业社会责任作为提升公司形象的一种手段，而没有将它作为一种公司战略，没有实现企业社会责任和企业发展深度结合，由此带来的后果往往是这种效果不可持续。企业的社会责任要求企业必须超越把利润作为唯一目标的传统理念，强调要在生产过程中对人的价值予以关注，强调对消费者、对环境、对社会的贡献。以车企为例，作为汽车产业的主体，车企对产业链上下游、社会、环境有着广泛而深远的影响。因此，汽车企业积极履行社会责任，对于促进经济社会可持续发展、产业转型升级、环境改善等具有重要意义。中国社科院企业社会责任蓝皮书课题组牵头编制的《汽车企业社会责任研究报告（2018）》，对54家主流车企的社会责任管理和社会责任信息披露水平进行分析，通过构建汽车企业社会责任发展指数，辨析了中国汽车行业社会责任发展的阶段性特征。报告指出，2018年，中国汽车企业社会责任发展指数为34.1分，总体仍处于二星级（起步者）阶段。54家车企中五星级（卓越者）企业仅为3家，分别为现代汽车（中国）投资有限公司、东风汽车集团有限公司、中国第一汽车集团有限公司。仍有21家企业处于一星级（旁观者）阶段。[2]2019年6月12日，中国汽车工业协会在北京发布《2018—2019中国汽车行业社会责任发展报告》，称中国汽车行业社会责任治理水平显著提升，但仍有较大提升空间；认为中国汽车行

[1]《2008—2009年度中国汽车企业社会责任报告》，2009年5月10日。

[2]《汽车企业社会责任研究报告（2018）》，2018年11月23日。

业的履责实践正在向纵深发展，科技创新、产品和服务、环境管理成为履责亮点。供应链管理力度增强，但绿色供应链建设能力仍需努力；社区贡献助力美好生活，但结合企业专业优势有待强化。[1]

第二，国家监管与政企关系。我国汽车行业的节能减排政策还不到位。国家需要从节能减排的大计出发重新规划汽车有关税制，强化顶层设计。已有的节能惠民补贴政策，只是一个临时性的政策，对于行业的长期指导作用很弱。相关部门应该从引导汽车消费方向和节能减排的角度出发，制定一个与汽车有关的税费规划，并且要从全局考虑，从设计、制造、生产、购买和使用等多方面、多环节引导节能减排，制定一套科学系统、长期稳定、惠及多方的节能减排政策。[2]同时，应强化标准体系建设，发挥行业组织作用。充分发挥标准的基础性和引导性作用，促进政府主导制定与市场自主制定的标准协同发展，建立适应我国国情并与国际接轨的汽车标准体系。完善汽车安全、节能、环保等领域的强制性标准，健全标准实施效果评估机制。开展重点领域标准综合体的研究，发挥企业在标准制定中的重要作用。鼓励企业积极采用国际标准，推动汽车相关标准法规体系与国际接轨。同时，发挥行业组织熟悉行业、贴近企业的优势，为政府和行业提供双向服务。鼓励行业组织完善公共服务平台，协调组建行业交流及跨界协作平台，开展联合技术攻关，推广先进管理模式，培养汽车科技人才。行业组织应完善工作制度，提高行业素质，加

---

[1]《中国汽车行业社会责任治理水平显著提升》，2019年6月13日，http://www.chinanews.com/auto/2019/06-13/8863517.shtml。

[2]《我国汽车业节能减排政策不到位》，《中国工业报》2013年7月8日。

强行业自律，抵制无序和恶性竞争。[1]

第三，市场地位。就中国汽车减排市场来看，外企影响很大。总部位于德国的科德宝集团占据了中国汽车行业二氧化碳减排很大市场。科德宝的产品包括为各行降低二氧化碳排放，特别是应用于汽车的低排放密封解决方案（Low Emission Sealing Solutions，LESS）技术。LESS 技术能够提供减少汽车零部件损耗和排放的解决方案，从而最大程度减少摩擦，优化摩擦过程。该技术能够支持减小尺寸的现代设计理念和智能启动 / 停止系统，减轻设备重量。此外，科德宝还提供可替代燃料和驱动所需的原料和密封技术。这种现状说明中国自主创新能力还极为不足，在关键核心技术突破问题上，需要国家有关政策提供扶持、政府相关部门的联动支持，产业链各相关方、行业企业协同持续努力。因此，应加强顶层设计与动态评估，建立健全部门协调联动、覆盖关联产业的协同创新机制。完善以企业为主体、市场为导向、产学研用相结合的技术创新体系，建立矩阵式的研发能力布局和跨产业协同平台，推进大众创业、万众创新，形成体系化的技术创新能力。充分发挥企业在技术创新中的主体地位，支持高水平企业技术中心建设。鼓励企业、院所、高校等创新主体围绕产业链配置创新资源，组建动力电池、智能网联汽车等汽车领域制造业创新中心。依托汽车产业联合基金等，推动创新要素向产业链高端和优势企业聚集流动。[2]

除碳交易与碳税政策、技术创新、企业减排外，还应重视公

[1]《汽车产业中长期发展规划》，2017 年，http://www.xinhuanet.com/auto/2017-04/25/c_1120869697.htm。

[2] 同上。

众的气候认知及气候政策和社会政策的协同作用。应对气候变化的本质是保障人类当前和未来的福祉，气候变化不仅是自然危机，也是社会危机，需要通过社会政策来管控。社会政策和环境政策可以相互促进，欧洲福利国家对市场经济运行的社会干预相对较强，倾向于将经济和环境价值相互强化。社会政策和环境政策协同作用体现在三个方面：首先，社会政策可以控制环境改革可能造成的不平等。其次，基础设施和住房政策的改进可能在社会和生态可持续性方面产生互利的结果。第三，政府利用教育和税收、补贴和监管等各种政策工具来改变消费者和生产者的行为。[1]气候议程的紧迫性被欧洲政治精英广泛接受，在美国却成为一个两极分化的问题。这些差异源于两国不同的历史经验、政治文化与社会制度。美国民主制受到自由放任资本主义的影响，西欧国家在二战后受社会民主主义影响，福利国家制度普遍建立，政府承担更多责任保障公民的福利。[2]

随着经济发展水平的提高，东亚各国覆盖全体民众的新公共福利项目应运而生，尤其是全民健康保险和最低生活保障制度。但与已经实现全民福利的北欧国家相比，还有很大差距。作为北欧福利国家的核心特征，普惠主义不仅能为个人和家庭提供一个平等且较为体面的生活条件，而且能为民众参与社会经济生活创造有利的条件。当一个社会的成员不再为衣食住行以及教育、医疗等基本需要而焦虑的时候，他们的追求自然转向了社会经济生

---

［1］ Ian Gough, James Meadowcroft, John Dryzek, Jurgen Gerhards, Holger Lengfeld, Anil Markandya, and Ramon Ortiz, "JESP Symposium: Climate Change and Social Policy," *Journal of European Social Policy*, Vol. 18, No. 4, 2008, pp. 325–331.

［2］ John R. Schmidt, "Why Europe Leads on Climate Change," *Survival*, Vol. 50, Issue 4, 2008, pp. 83–96.

活的丰富、多彩。[1]在中国，绝大多数福利都由企业这一层级组织提供，地方政府机构只扮演补缺的角色。改革的一个主要挑战是，把企业的福利责任转移到当地政府管理机构，把碎片化的体系改造为一个更统一的整体。尽管政府意在扩大福利服务供给的基础，但能力、经济和政治等方面的制约因素影响着实际效果。[2]

中国社科院财经战略研究院2014年2月14日发布的中国财政政策报告称，我国九成以上的税收来自企业，而个税占比不到6%，未来要逐步提高直接税比重；从支出方面来看，我国社会福利性支出比重远低于发达国家，未来应继续加大社会福利性支出比重。[3]2019年，联合国经社事务部发布了2030年可持续发展目标进展报告。报告称，气候变化以及国家间和国家内部日益加剧的不平等正在破坏人类的可持续发展进程。各经济体如果要实现可持续增长，其增长就必须具有包容性——这就需要社会支出。反过来这又为支持增长的政策提供了社会和政治支持，并以此建立信任。[4]今天，由于面临新的挑战，社会支出具有重要意义。应对这些复杂的挑战，没有任何简单的政策应对措施。然而，尽管社会支出不是唯一的应对手段，但无疑是最重要的政策

[1] 顾昕：《中国福利国家的重建：增进市场、创新社会、激活政府》，载《中国公共政策评论》2016年第2期，第1—17页。

[2] [美]托尼·赛奇：《中国社会福利政策：迈向社会公民权》，周凤华译，载《华中师范大学学报》2012年第4期，第24—31页。

[3] 《中国社会福利支出比重远低于发达国家》，http://news.sohu.com/20140215/n395037764.shtml。

[4] UN Department of Economic and Social Affairs, “Sustainable Development Goals Report 2019,” https://www.un.org/en/desa/sustainable-development-goals-report-2019.

手段之一。在许多国家，公众对收入再分配政策的支持不断上升。[1]因此，在宏观经济政策讨论的中心，社会支出应占据应有的位置。中国在高速增长的同时，也出现了收入差距拉大带来的社会问题。促进社会公平和福利的改善，可以促进未来中国经济良性发展。政府有效解决社会经济问题，如基本服务供给、低碳技术等，是推进减排的重要前提。

第四节　中国参与全球气候治理的理念及方略

美国气候政治极化趋势明显，英国脱欧和欧盟内部的多重危机，导致了两者在气候治理领导力的日渐下降，未来全球气候治理格局的多极化趋势将更加明显。中国在全球治理新格局中将发挥更为关键的作用。在可预见的将来，比如在整个21世纪20年代，中国致力于承担新型全球“碳政治”的世界领导者角色，首先仍将是话语性的领导者，而社会主义生态文明建设的成效无疑是最为有力的支撑性因素。[2]

一、全球气候治理格局的特征

（一）美欧气候政策的市场化导向

第一，全球气候治理的市场导向。20世纪70年代以来，西方新自由主义进程逐步加速，这一理念直接塑造了20世纪80年

［1］《打造更健全的社会契约——国际货币基金组织的社会支出方法》，2019年6月13日，https://www.imf.org/zh/News/Articles/2019/06/14/sp061419-md-social-spending。

［2］郇庆治：《“碳政治”的生态帝国主义逻辑批判及其超越》，载《中国社会科学》2016年第3期。

代的联合国可持续发展议程，并深刻影响着之后的全球气候治理进程，被称为市场环境主义。市场环境主义认为经济增长和收入增加是实现人类福利和可持续发展的基本前提，环境恶化的主要原因在于贫穷、市场不健全和政策失败。[1]气候变化被视为一个与市场相关的问题，主要根源在于产权不清晰和市场缺失，主张建立一个资本主导下的自由市场框架，具体措施包括碳税、碳交易等将外部性内化的市场方案，以及技术创新方案。在全球气候治理的手段选择上，美国具有重要影响。美国参与气候谈判的基本立场是保持灵活性，偏重市场手段，以尽可能低的成本实现减排。美国气候立场一以贯之的主线是实用和政治化导向，侧重于商业机会和成本效益。美国在《京都议定书》谈判过程中要求采用市场主导的碳排放交易，迫于美国的压力，欧盟也采用了碳排放交易机制。排放交易之所以更受欢迎在于其与新自由主义相契合，同时也与新兴的、占主导地位的金融行为体的利益相契合。《京都议定书》规定，碳交易是签署国实现减排目标的合法手段，并将清洁发展机制作为发展中国家参与全球碳市场的主要手段。此后，《巴黎协定》确立了碳市场作为履行减排义务的关键政策工具地位。另外，美国拒绝出台国家层面的应对方案，转而依托技术创新以达成减排目标。发达国家政策的重点不在于技术是否足以应对气候变化的挑战，而是技术控制和确保经济竞争优势，并逃避气候责任与公约义务。

《联合国气候变化框架公约》为所有发达国家规定了特殊责

[1] Ian Gough, “Carbon Mitigation Policies, Distributional Dilemmas and Social Policies,” *Journal of Social Policy*, Vol. 42, No. 2, 2013, pp. 191–213.

任。然而国际社会并未形成对气候责任的共识，以美国为首的富裕国家要求新兴经济体控制排放，而中国、印度以及大多数发展中国家坚持富国与穷国之间“共同但有差别的责任”。特别在《巴黎协定》签署以来，这种区别已经在很大程度上被淡化了，发达国家减排责任不断减少，并向非国家行为体扩散。全球气候治理从自上而下的以履约为基础的治理形式向自愿的、以透明度为导向的机制转变，权力重心从国际制度转移到了国内。全球气候治理能够进行的根本变革很少，危机日益加剧，全球气候治理愈益遭遇公平性、合法性与有效性危机。在新自由主义全球气候治理遭遇危机之时，气候民族主义趋势凸显。在这种情况下，如果不解决透明度、公平性和代表性方面的问题，联合国气候变化框架公约将缩减为一个民间和自愿的国际气候变化行动论坛。[1]

第二，国家的立场分歧与责任弱化。由于气候问题对不同国家的利益影响存在巨大差异，不同的国家（集团）往往持差异较大的立场。虽然自从1992年签署了《联合国气候变化框架公约》以来，美国至少在形式上接受了“共同但有区别的责任原则”，承诺发达国家应率先减少温室气体排放。随后在这一原则基础上于1997年达成了《京都议定书》，把这一责任原则具体化为发达国家率先承担量化减排义务，发展中国家不承担减排义务的责任“二分法”。这一具有法律效力的文件规定，39个工业化国家在2008年至2012年之间，将温室气体排放量在

[1] David Cipleta, J. Timmons Roberts, “Climate Change and The Transition to Neoliberal Environmental Governance,” *Global Environmental Change*, Vol. 46, 2017, pp. 148–156.

1990 年基础上减少 5.2%，其中欧盟国家减排指标为 8%，美国为 7%，日本减少 6%。但是，2001 年，美国总统小布什入主白宫，以议定书不符合美国国家利益和没有将特殊责任分配给中国和印度等主要的发展中排放大国为由，宣布退出《京都议定书》，导致其他一些发达国家纷纷效仿或减小减排力度。美国这一举措终止了其在气候政治中的领导地位，并削弱了国际社会中气候责任规范。当时的法外长韦德里纳尖锐地指出，美国一方面声称自己要在世界上发挥其所谓的“领导作用”，另一方面却对气候变化这一重大问题逃避责任、无动于衷。随后，在实施《京都议定书》第二承诺期的时候，加拿大、日本、澳大利亚等“伞型集团”的国家也退出了《京都议定书》。2016 年特朗普上台后推行“美国优先”战略，拒绝承担自己作为发达国家在应对气候变化中的责任和义务。2017 年 6 月，特朗普不顾国际社会的强烈反对，声称《巴黎协定》给美国带来“苛刻财政和经济负担”，宣布退出《巴黎协定》，并采取了一系列“去气候化”的政策行动。[1]在美国的消极影响下，随后召开的 2017 年、2018 年二十国集团领导人峰会宣言关于气候变化问题的表述都采取了“19+1”的方式，把美国单列出来，重申其退出《巴黎协定》的立场。而 2019 年二十国集团领导人第十四次峰会宣言草案中关于气候变化的内容仍然采取了“19+1”的方式，关于《巴黎协定》的表述，并未出现 2018 年峰会宣言中写入的“重申该协定不可逆转”及“完全落实”等措辞，这似乎说明美国的消极影响正在扩大。

---

[1] 李慧明:《特朗普政府“去气候化”行动背景下欧盟的气候政策分析》，载《欧洲研究》2018 年第 5 期，第 43—60 页。

气候治理的棘手之处在于，各国尽管在自然科学方面有越来越多的共识，在政治和社会方面的分歧却难以弥合。主权一直是约束联合国气候变化框架公约建立气候责任共识的主要阻碍，国际社会也因此未能建立环境损害的赔偿责任。《联合国气候变化框架公约》根据里约原则第 2 条和第 7 条定义了气候责任，强调主权和“共同但有区别的责任”原则，即发达国家和发展中国家不能遵循相同的标准，但气候责任必须与本国国情和能力挂钩。[1]总体上，自 20 世纪 70 年代全球气候治理进程开启以来，全球气候政治贯穿始终的主线是发达国家与发展中国家阵营之间的矛盾分歧，而两大阵营内部亦存在分歧，特别是从后京都气候谈判时期发展中国家内部出现了从“G77+ 中国”到基础四国（BASIC）再到金砖国家（BRICS）平台下的分化。这两大阵营之间以及两大阵营内部的分歧在很大程度上影响了对全球气候政治中大国责任的确定与划分，西方大国的总体立场并不积极，在新自由主义的影响下，气候责任愈益分散和转移。

全球气候政治中环境大国这一术语极少使用，更常见的是发达国家与发展中国家二分法，如今发展中国家内部日益分化，传统二分法也弱化了。1992 年《联合国气候变化框架公约》第四条正式明确提出“共同但有区别的责任”原则。1997 年，《京都议定书》第十条确认了这一原则，并以法律形式予以明确、细化。它规定发达国家应承担的减少温室气体排放的量化义务，而没有严格规定发展中国家应当承担的义务。与此同时，《联合国气候变化框架公约》《京都议定书》和各种气候变化的法律文件

[1] Tonny Brems Knudsen, Cornelia Navari, eds., *International Organization in the Anarchical Society*, Palgrave, 2019, pp. 149–173.

都强调“区别”。根据这一原则，发达国家应继续率先减排，并帮助发展中国家特别是小岛屿国家等加强适应和减缓能力、管理能力和融资能力，发展中国家免于承担新的承诺，即使是自愿的承诺。发展中国家自愿承诺的想法是在《京都议定书》谈判期间提出的，但遭到了坚决抵制，并没有被采纳，这主要是由于对历史上的不公正和对全球变暖的责任的担忧。[1]在后续的气候谈判中，美国持续淡化“二分”，在2018年的卡托维兹会议中，原本就在逐渐分裂的发展中国家集团更加分裂。公约决定已经将最不发达国家（LDC）和小岛屿国家（SIDCs）从非附件一国家中“分离”出来，给予特殊考虑；立场相近发展中国家（LMDC）和拉美独立国家联盟（AILAC）、最不发达国家的立场相对；“基础四国”中的巴西一反谈判历史中颇具建设性的姿态，造成市场机制磋商停滞；印度对全球盘点中对公平考虑不充分，持明确保留态度。[2]

（二）气候责任的分散与中国减排压力增大

第一，气候责任的分散。国际环境规范将国家确定为具体的责任承担者。1992年《里约环境与发展宣言》第2条原则规定：根据宪章和国际法原则，国家拥有主权权利利用自己的资源依照本国环境与发展政策开发它们自己的资源，并有责任确保在其管辖或控制范围内的活动不对其他国家或不在其管辖范围内的地区造成危害。这里的责任体现为国家责任。国家责任是有区别的，所涉及的国家范围也在不断扩展。《京都议定书》阶段，只有

[1] David Held and Charles Roger, “Three Models of Global Climate Governance: From Kyoto to Paris and Beyond,” *Global Policy*, Vo1.9, Issue 4, 2018, pp. 527–537.

[2] 朱松丽：《从巴黎到卡托维兹：全球气候治理中的统一和分裂》，载《气候变化研究进展》2019年第2期，第206—211页。

发达国家有减少它们温室气体排放的法定责任。然而，大多数附件一国家要求所有国家都在同一法律制度下行动，《哥本哈根协议》建立了自愿治理基础上的全球气候治理模式。《哥本哈根协议》在设计上向所有国家开放，鼓励附件一和非附件一国家在相对公平的基础上作出承诺，发展中国家正在采取越来越“对称”的义务。参与协议的国家范围比京都议定书要广泛得多。[1]《哥本哈根协定》取代了附件一国家负责减排的《京都议定书》，提出了所有国家都应在减排上发挥作用。除了发达国家自愿采取的减缓行动，需要资金支持的发展中国家还需要采取适当的减缓行动。共同但有区别的责任和各自能力的原则不再被解释为发达国家负有首要责任，除被视为有特殊情况的最不发达国家和小岛屿发展中国家外，所有缔约方均应发挥作用。这一阶段，减缓措施完全出于自愿，基本上不具约束力，呈现出“共同的不负责任”(shared unaccountability)。[2]

《巴黎协定》将气候责任视为所有国家的普遍责任，没有明确提及共同而有区别的责任原则。这种转变淡化了人们对气候责任是必要的大国责任的主张。《巴黎协定》适用于所有国家，允许各国以无法律约束力的“国家自主贡献”形式设定自己的政策目标，并审查各国自主目标。《巴黎协定》将重点放在各国的国家责任上自愿承诺，而不是通过谈判分配承诺和义务来实现总体目标。虽然每五年进行一次全球评估将评估集体进展，但其具体

---

[1] David Held and Charles Roger, “Three Models of Global Climate Governance: From Kyoto to Paris and Beyond,” *Global Policy*, Vo1.9, Issue 4, 2018, pp. 527–537.

[2] David Cipleta, J. Timmons Roberts, “Climate Change and The Transition to Neoliberal Environmental Governance,” *Global Environmental Change*, Vol. 46, 2017, pp. 148–156.

目的是利用对每一缔约方业绩的监测和审查，促使其承诺得到“更新和加强”。国际自主贡献实质上是对共同但有区别的责任原则、各自能力原则、各自国情及其对应的“不对称承诺”在公约框架之下新的再平衡。这一发展趋势，对于发展中国家公约义务的未来发展产生新的、额外的压力。[1]美国一再要求非附件一国家采取“平衡”行动。除此之外，允许差异存在。例如，非约束性的国家自主贡献完全由各国自行决定。可以说，传统差异化（differentiation）观念仍然盛行的主要领域是融资，即较发达的各方将向较不发达的各方提供资金。[2]《巴黎协定》和其他决定还强调非国家和次国家行为者对行动承担更大责任，但问责机制仍然不确定。这些趋势表明，减排责任不仅向“国家责任”一端稳步转移，而且向更广泛的横向和无区别的责任扩散方向转移。[3]

伴随着历史责任的弱化和国家责任的凸显，国家责任向非国家行为体和次国家行为体的扩散进程也日益加速。从《京都议定书》、《哥本哈根协定》到《巴黎协定》的三个阶段的发展进程中，新自由主义的影响日益增大，《联合国气候变化框架公约》“自上而下”的气候谈判和协调模式难以平衡各个国家的利益诉求，主权国家之外的诸多行为体在不同程度上提出了对未来可持续发展具有重要影响的行动倡议，国家监管的作用逐步弱化，市场的

[1] 邓梁春：《“自下而上”气候治理模式的新挑战》，《中外对话》2015年4月12日。

[2] David Held and Charles Roger, “Three Models of Global Climate Governance: From Kyoto to Paris and Beyond,” *Global Policy*, Vo1.9, Issue 4, 2018, pp. 527–537.

[3] Steven Bernstein, “The Absence of Great Power Responsibility in Global Environmental Politics,” *European Journal of International Relations*, Vol. 26, No. 1, 2020, pp. 8–32.

重要性日益提升，非国家和次国家行为体扮演越来越重要的角色，全球气候治理参与主体多元化趋势明显，全球气候治理呈现为国家自主贡献基础上的自下而上治理模式。例如，美国的碳减排主要是在州和地方层面推行。在特朗普宣布美国将退出《巴黎协定》后不久，美国纽约州、加利福尼亚州和华盛顿州等三个州的州长就联合宣布，成立“美国气候联盟”，继续推动温室气体减排，在州的层面继续支持巴黎气候变化协定。《巴黎协定》的支持者认为，尽管美国是唯一宣布退出的国家，但通过各州的努力可能意味着美国仍有可能达成《巴黎协定》设定的温室气体减排目标。但是，其所具有的长期政治影响是不容忽视的。在政治缺位的情况下，这些由非国家和次国家行为进行的实验是否会带来变革值得怀疑，其合法性和有效性也备受争议。某些区域和企业所采取的行动，并不能完全替代联邦立法成为核心，美国不可能在没有联邦主导进一步行动的情况下实现减排目标。欧盟东扩和经济危机的综合影响降低了欧盟气候政策的抱负，以往环境政策的领先国家不愿意再推动更严格的政策，欧洲理事会参与气候谈判的权重增大。[1]

第二，中国减排压力不断增大。21 世纪以来，新兴市场国家和发展中国家崛起，成为不可逆转的时代潮流。2007 年，欧洲议会气候变化临时委员会发布《与发展中国家进行气候变化谈判》的报告，该报告将巴西、印度、中国和南非单列为“快速增长的发展中国家”，声称这四个国家是重要的地区大国，认为它们作为主要的温室气体排放者，若缺乏参与 UNFCCC 和京都机制的

[1] Rüdiger K.W. Wurzel, Duncan Liefferink & Maurizio Di Lullo, “The European Council, the Council and the Member States: Changing Environmental Leadership Dynamics in the European Union,” *Environmental Politics*, Vol. 28, No. 2, 2019, pp. 248–270.

协商能力，可能削弱这些国家的政府威望，因此，这些国家需要加强与欧盟间的多边气候政治互动。[1]发达国家、发展中国家、新兴国家这一新的划分表明，伴随着经济发展和排放的增长，新兴国家的减排责任成为焦点。

自2009年金砖国家会晤机制形成以来，金砖五国在国际经济、金融、气候变化和可持续发展等问题上进行了良好对话与合作。其气候责任立场是理性主义和建构主义的结合，一方面，发达国家由于过去的排放而负有领导气候行动的历史责任，国际气候责任的分担应优先考虑利用发展中国家剩余的碳空间进行发展，这些国家适应和减缓能力较低，这意味着任何应对气候变化的行动都需要援助。对于发展中国家，特别是最不发达国家，基础四国强调了“公平的发展空间”的必要性，而不是任何减少排放的义务。《巴黎协定》强调要在遵循共区原则的基础上，“根据不同的国情”，重视发展中国家内部亚国家群组的差异性，尤其是那些最不发达国家、小岛屿发展中国家的脆弱性。这为强化新兴国家和发展中大国的责任提供了依据，也为发达国家不能有效履行相应责任提供了借口。[2]总体上，新兴国家处于发达国家和发展中国家的中间位置，其高排放量意味将面临与发达国家一起减排的压力，同时还要承担像发展中国家一样所遭受的污染与贫困。新兴大国的这种双重社会经济现实表明，共区原则的意义已经降低，在气候责任分担中弥合理性主义和规范主义是困难的。中国作为发展中大国，如何推出自身的全球气候责任理念和

[1] 赵斌:《新兴大国气候政治群体化的形成机制》，载《当代亚太》2015年第5期，第111—138，159—160页。

[2] 薄燕:《〈巴黎协定〉坚持的“共区原则”与国际气候治理机制的变迁》，载《气候变化研究进展》2016年第5期，第243—250页。

制度，成为重要的理论和现实问题。

中国是全球第二大经济体，温室气体排放量居全球首位，占全球排放量的28.1%。发达国家针对的主要发展中国家就是中国，发达国家强烈要求中国进行减排，最不发达国家和小岛国等发展中国家也有类似诉求。2020年9月22日，在第七十五届联合国大会上，中国提出将提高国家自主贡献力度，力争于2030年前达到碳排放峰值，并努力争取2060年前实现碳中和。然而，从国内看，我国整体处于工业化中后期阶段，传统"三高一低"（高投入、高能耗、高污染、低效益）产业仍占较高比例。相当规模的制造业在国际产业链中还处于中低端，存在生产管理粗放、高碳燃料用量大、产品能耗物耗高、产品附加值低等问题。新形势下我国产业结构转型升级面临自主创新不足、关键技术"卡脖子"、能源资源利用效率低、各类生产要素成本上升等挑战，因此我国实现"双碳"目标时间更紧、幅度更大、困难更多。[1]

从国际看，新冠肺炎疫情导致全球经济萎缩，民粹主义和逆全球化潮流盛行。美国与欧盟在全球气候治理领域积极加强协调，一方面试图利用碳边境调节税之类的机制打压中国的国际经贸活动，加强对国际气候融资的监管，也试图依靠其较强的低碳经济技术通过大力提升其减排力度推高全球碳减排水平，迫使中国在较短时间内跟不上全球减排节奏；另一方面，在诸多科技和经贸领域防范中国，推动与中国的脱钩，制约中国的科技创新。而中国在清洁能源的许多核心技术和关键技术方面仍然

[1] 庄贵阳：《我国实现"双碳"目标面临的挑战及对策》，《人民论坛》2021年第18期。

落后和受制于美国。[1]拜登政府虽然开启了与特朗普截然不同的气候政策，却延续了特朗普时期的对华强硬态度，明确表示，“即使中、美两国正在寻求在气候变化、全球公共卫生安全、防止新冠肺炎疫情扩散方面的共同利益，美国也需要对中国强硬起来”。[2]拜登政府虽然重返《巴黎协定》，但更加强调气候议题与全球安全以及美国外交事务的议题绑定。美国将发布《全球气候变化报告》，要求世界各国对未履行其气候承诺以及破坏全球气候解决方案承担责任。通过借助自身政治地位与经济优势，拜登政府治下的美国试图主导全球气候治理进程，分化发展中国家阵营，修改《巴黎协定》“国家自主贡献”机制，这将增加发展中国家的减排压力。[3]

二、中国的应对方略

（一）中国参与全球气候治理的理念

在全球气候治理实践中，可以看出西方气候责任的不断减少和分散，如今他们热衷于谈论更广泛的责任感和更有效的问责制，倡导参与主体的多元化和多样性，以及个体责任，认为全球气候变化这一挑战不适合自上而下的管理。这种发展趋势容易成为发达国家逃避自身责任与义务的挡板，难以有力、有效、公平地控制全球排放的趋势。作为最大的发展中国家，中国在应对气候变化进程中一直积极贡献中国方案，而如何在发展和国际责

[1] 赵行姝：《拜登政府的气候新政及其影响》，载《当代世界》2021 年第 5 期。

[2] Joseph R. Biden, “Why America Must Lead Again: Rescuing U.S. Foreign Policy After Trump,” *Foreign Affairs*, Vol. 99, No. 2, 2020, p.71.

[3] 于宏源、张萧然、汪万发：《拜登政府的全球气候变化领导政策与中国应对》，载《国际展望》2021 年第 2 期，第 27—44 页。

任之间寻找合理的平衡点，将是今后很长时期内中国国际政治战略的根本性问题。在2018年5月18日至19日召开的全国生态环境保护大会上，习近平总书记强调："要实施积极应对气候变化国家战略，推动和引导建立公平合理、合作共赢的全球气候治理体系，彰显我国负责任大国形象，推动构建人类命运共同体。"针对当前新自由主义主导下的气候责任的分散与转移，特别是发达国家环境责任弱化，中国应积极拓展全球化与国际环境治理的合作空间，引导构建公平合理、合作共赢的全球气候治理体系，把应对气候变化作为构建人类命运共同体的重要载体和环节。

第一，强化发展中大国的责任意识，变革新自由主义全球气候治理。全球气候治理为中国承担新兴大国责任提供了一个重要的实践领域。中国承担大国责任，并不意味着要作出超越国情和自身能力的贡献，更不是要额外分担美国所放弃的责任义务，而是要引领全球气候治理始终坚持公平公正原则，充分反映并维护中国及发展中国家的利益诉求。五十多年来新自由主义主导下的全球气候治理本质上是一个排斥性计划，将其生态代价外部化而实现自身的环境修复。20世纪90年代以来，全球气候政治的南北框架不断弱化，全球气候政治的焦点从国家逐渐转移到企业和非国家行为体上，而近些年来，又转移到新兴大国上。新兴国家的政策在规范性意义上起着重要作用，因为它们能够改变权力分配，并将更广泛的道德问题置于国际议程上，包括代表权和国际机构民主化的重要性、贸易谈判中不同需求的作用，以及历史和当前不平等在气候变化制度中分配责任的作用。[1]在这种

[1] Andrew Hurrell, Sandeep Sengupta, "Emerging Powers, North-South Relations and Global Climate Politics," *International Affairs*, Vol. 88, No. 3, 2012, pp. 463–484.

情况下，重塑全球气候治理并不意味着在短期内摆脱资本主义。就目前而言，由于气候变化影响在各国分布的不均等和资本本身参与积累的形态差异，气候变化对运营于不同国家、地区和部门的资本积累的利润率会产生不同影响，从而造成这些资本之间利益不一致。这为与那些受到气候变化严重威胁的国家和资本结盟，对抗以专门破坏气候环境为代价进行积累的资本势力，提供了可能性。全球气候治理应当充分联合小岛国家和热带国家，并着力争取受到气候变化影响的其他发展中大国，共同遏制以发达国家跨国公司为代表的国际资本势力的过度扩张。[1]中国作为发展中国家减排努力的先行者，必须重新思考当前“自下而上”的气候治理进程的总体方向和制度设计，积极引领气候正义与生态债务偿还、贸易规制等议程的谈判，在议程设置、规则制定、技术标准等方面构建话语权，推动气候治理议程向有利于发展中国家和弱势群体的方向发展。

第二，以金砖机制为依托，推动包容普惠的多边主义。当前国际秩序的转型为中国和其他新兴国家参与未来的全球公共物品提供了一个机遇。然而，新兴大国制定议程的能力有限，考虑到西方正在经历的危机，一些学者谈到后西方世界，从“软实力”的角度来看，金砖国家还不足以填补即将到来的权力真空，它们的影响仍然不是很突出。[2]如果金砖国家要在未来气候谈判中发挥主导作用，应对能源部门排放将是至关重要的，因为它们是迄今为止金砖国家各自最大的排放源。同时，金砖国家在能源效

[1] 谢富胜、程瀚、李安：《全球气候治理的政治经济学分析》，载《中国社会科学》2014 年第 11 期，第 63—82 页。

[2] Francesco Petrone, “BRICS, Soft Power and Climate Change: New Challenges in Global Governance,” *Ethics & Global Politics*, Vol. 12, 2019, pp. 117–128.

率、农业和发展金融领域的合作已趋成熟，金砖国家在这些领域的合作可以继续扩大。此外，金砖国家成员之间的双边关系有助于制定全球气候治理议程，为金砖国家协调行动提供了基础，其中最具潜力的双边关系是中印关系。这不仅仅是因为它们代表了世界三大温室气体排放国中的两个，而且它们的排放概况和一次能源需求表明，这些领域可能是持续合作的基础。[1]2019年11月14日的金砖峰会上，习近平主席发表题为《携手努力共谱合作新篇章》的重要讲话，强调金砖国家要展现应有责任担当，倡导并践行多边主义，把握改革创新的时代机遇，互学互鉴，共同推动构建亚太命运共同体和人类命运共同体。因此，金砖国家不能只局限于谈判联盟这一角色定位，而是需要更好地认识和理解自己的定位，在全球治理的实践中形成符合金砖国家身份和特点的模式，为打通南方与北方隔阂，为促进新型南南合作作出贡献。在世界范围内，多边化的趋势仍是主流，这也是中国深度参与并积极引领全球治理的重要契机。多边主义既要注重效率，也要注重主权国家基础上的合法性，还得注重全球正义。现行多边治理机制中不平衡、不协调、落后于时代发展的一面仍然突出，推动形成公正合理、包容普惠的多边治理机制是世界经济发展的必然要求。未来中国需要以金砖机制为依托，促进新兴国家内部立场的协调，持续在各种多边主义平台中发挥建设性作用，积极提供全球气候治理"公共产品"，不断增强软实力。

第三，坚持人类命运共同体理念，积极构建社会主义生态文明。历史证明，单一霸权国家主导全球公共产品供给的模式，不

[1] Christian Downie, Marc Williams, "After the Paris Agreement: What Role for the BRICS in Global Climate Governance," *Global Policy*, Vol. 9, 2018, pp. 398–407.

仅未能有效维护世界经济及各国经济的稳定，反而可能导致全球化利益与风险分配不均。当前，以“领导国”自居的大国甚至不愿为提供全球公共产品贡献力量，引发人们对全球体系陷入衰退的担忧。[1]特别是在全球气候政治中，新自由主义主导下的气候责任的推卸与个人化势必进一步加剧全球生态危机。尽管“个体良心”对于集体行动是必要的，但更为重要的是“集体意识”，如果没有真正替代资本主义的意识形态，一切都将无从谈起。[2]中国承担气候责任的基础是社会主义生态文明创新实践，社会主义的目标是更好的社会环境和制度条件，使经济发展和气候治理的成果惠及民众，确保人民都拥有足够的满足生活所需的商品和洁净的环境。从气候责任的角度来看，国内行动是承担大国责任的前提。在此基础上，中国超越西方国际关系理论的局限，创造性地提出人类命运共同体理念，拒绝走近代以来弱肉强食、大国争霸的强权政治老路，强调合作中产生的问题只有通过进一步深化合作、互利共赢来解决，指出各国对人类长远未来都承担着一份责任。人类命运共同体理念包含着各国共同参与全球生态文明建设的内容。在社会主义生态文明建设过程中，中国的全球气候治理视野实现了人与自然的生命共同体和人类命运共同体的统一，这种统一体现了社会主义大国引领全球气候治理的质的飞跃。

2021 年 4 月 16 日下午，中法德领导人视频峰会在北京举行，国家主席习近平强调应对气候变化是全人类的共同事业，不

---

[1]《大国肩上都承担着特殊责任》，2019年4月9日，http://www.gov.cn/xinwen/2019- 04/09/content_5380896.htm。

[2][西]豪梅·桑切斯:《生态社会主义及其面临的后现代民主挑战》，何娟译，载《国外理论动态》2018 年第 2 期，第 35—45 页。

应该成为地缘政治的筹码、攻击他国的靶子、贸易壁垒的借口。中欧应从构建人类命运共同体的角度对气候合作进行整体规划。尤其是在对非洲不发达国家的气候援助方面，欧盟的利益在于推动非洲提高气候适应能力，从而阻止新的移民潮。这与中国提倡的“南南合作”在利益上有共同之处。中欧可以利用好 COP26 和《生物多样性公约》第 15 次缔约方会议，加强基于自然的解决方案在城市应对气候变化中的应用合作，支持中欧可持续金融标准对接，推动“一带一路”投资的绿色化，共同为非洲国家提供应对气候变化领域的资金支持，支持其他发展中国家能源供给向高效、清洁、多元化方向发展，共同发起并参与双边、区域和多边碳市场等。[1]

（二）减排与适应并重

中国应通过碳交易与碳税、绿色产业技术创新、企业减排、公众意识等方式全面推进减排。中国提出的碳达峰和碳中和目标既是立足于自身发展的需要，又顺应了国际发展潮流。碳中和是中国引领世界发展的一个机遇。与美国和欧盟相比，中国在发展方式转型过程中有很多独特优势。未来在绿色转型和气候议题全球治理的过程中，中国有条件担任引领者的角色。[2]为此，中国应加强技术创新和相关能力建设。首先，中国必须统筹国际国内两个大局，从构建人类命运共同体的战略高度出发，以更加积极的姿态融入当前的全球“碳中和”潮流。坚定贯彻落实 2030 年和 2060 年的“双碳”目标，立足国内能源结构，聚焦能源体

[1] 周伟铎、庄贵阳：《美国重返〈巴黎协定〉后的全球气候治理：争夺领导力还是走向全球共识？》，载《太平洋学报》2021 年第 9 期。

[2]《中国碳中和：引领国际气候治理和绿色转型》，载《国际经济评论》2021 年第 3 期。

系，加强顶层设计，积极推进以政策为主导，以教育、科技、市场、企业、民众为一体的协同创新机制，强化清洁能源技术研发，实现清洁能源革命，带动国家整体的高质量发展。[1]其次，中国应加强“碳中和”研究，充分了解低碳或零碳技术的研发障碍，同时探索在冷却、交通、建筑、碳中性氢能等领域建立循环经济的可行模式。中国应加强包括人工智能、5G、云计算及物联网等在内的绿色数字技术领域的研发和普及，落实“大数据＋绿色发展合作”数字治理体系。再次，建立符合中国企业共同诉求的减排标准，自下而上形成一套可持续的减排机制。[2]生态环境部环境规划院院长王金南提出，要加快建立地方二氧化碳排放总量控制“梯度”管理体系，分别进行全国、行业部门、地区达峰判断，全面建立自下而上的全国二氧化碳排放统计和核算体系。[3]

除加速减排行动之外，还需要高度重视气候风险监测预防以及适应行动，将气候变化带来的损失降到最低。适应战略与减缓战略相比，在解决全球气候问题上更具现实性和紧迫性，这一点正在成为全球气候治理研究领域的共识。对此，联合国环境规划署执行主任英格·安德森（Inger Andersen）指出：“气候变化就在我们身边，这已经是不争的事实。即使我们兑现了《巴黎协定》目标，即本世纪将全球升温幅度控制在2℃以下并努力实现1.5℃温控目标，气候变化的影响仍会加剧，并对最脆弱的国家

[1] 李慧明：《百年变局下中国与世界的复合生态关系及中国的责任担当》，载《教学与研究》2021年第9期，第5—17页。

[2] 于宏源、张潇然、汪万发：《拜登政府的全球气候变化领导政策与中国应对》，载《国际展望》2021年第2期，第27—44页。

[3] 石毅：《“十四五”目标将如何影响中国减排行动？》，《中外对话》2021年3月8日。

和社区造成最沉重的打击。"[1]中国国家气候中心副主任巢清尘也指出，气候变化造成的影响比我们预期的更为强烈和迅速，而且很多负面影响已经发生；尽管从根本上解决气候变化的问题要靠减排，但减缓气候变化的措施要真正产生效果，也需要很长一段时间；即使目前国际上所有提出碳中和目标的国家均能实现承诺，全球升温到21世纪末仍将比工业化前高2.1摄氏度。因此，加强气候适应性治理，提高社会的气候韧性是最现实和最紧迫的任务。[2]这一点对于发展中国家来说，尤其重要。因为发展中国家现有温室气体排放水平很低，又处于工业化和城市化的历史发展阶段，对能源的需求迅速增长，减排是长期艰巨的任务，而气候变化对发展中国家的不利影响更为突出。因此，与减排相比，适应更具有现实性和紧迫性，广大发展中国家更应优先考虑适应。[3]

适应非常现实而又紧迫，但是，与减缓相比，适应重要性的提升在全球气候安全治理中却经历了一个非常坎坷而又漫长的过程。在20世纪90年代《联合国气候变化框架公约》刚刚实行时，适应只是减缓目标的判断依据，即通过观察生态系统能否自然地适应气候变化来判断二氧化碳减排目标实现的程度。2007年COP13制定的巴厘路线图首次明确了适应与减缓并重的治理策略，但在适应方案的顶层设计、资金保障、相关机构的职能完

---

[1] 联合国环境规划署：《〈2020适应差距报告〉发布》，2021年1月16日，https://www.unep.org/zh-hans/events/publication-launch/2020shiyingchajubaogaofabu。

[2]《为建设气候韧性社会贡献"气象"力量——专访国家气候中心副主任巢清尘》，http://static.cms.xinhua-news.cn/c/2021-01-07/3809094.shtml。

[3] 郑大玮：《专家详解国家适应气候变化战略：适应与减缓并重》，《中国改革报》2014年2月27日。

善等方面仍然进展缓慢。直到2015年《巴黎协定》通过后，气候适应才有了与温控目标相联系的总目标，并开启了全面行动、跨国治理的新时代。[1]尽管现在全球气候安全的治理正在朝着“适应与减缓并重”目标积极迈进，但事实是，适应还远远没有获得与减缓同等的地位。最为突出的表现就是应用于气候适应治理的资金极度缺乏。2018年全球气候治理总融资约6000亿美元，但是其中只有5%的资金用于适应性方面。[2]为此，联合国秘书长古特雷斯曾公开呼吁，全球气候融资总额的一半应被应用于气候适应，气候适应不能成为气候方程式中“被忽略的另一半”。[3]针对适应在减缓“这个巨人”面前的弱势地位，一些西方学者也把“适应”形象地比喻为“气候变化中被忽视的‘小孩’”。[4]

全球气候变化带来的安全风险愈益严峻，然而国际社会并未形成系统性、全局性的制度安排，发展中国家的适应需求难以满足。自2018年全球适应委员会（Global Commission on Adaptation）成立以来，全球气候适应治理取得不断进步，但是一些深层问题始终困扰着治理行动的实际展开。[5]首先，适应作为一个公共目标缺乏明确的衡量标准。《巴黎协定》虽然构建

[1] 陈敏鹏：《〈联合国气候变化框架公约〉适应谈判历程回顾与展望》，载《气候变化研究进展》2020年第1期。

[2] 金立群：《现在迫切需要对气候适应性进行投资》，https://new.qq.com/omn/20210801/20210801A0BTSO00.html。

[3] 凯瑟琳·厄尔利：《气候适应峰会：将气候适应和韧性议题推向前台》，2021年1月29日，https://chinadialogue.net/zh/3/69977/。

[4] 爱德华·曼宁：《适应性：气候变化中被忽视的“小孩”》，http://www.cbcgdf.org/NewsShow/4937/10052.html。

[5] Åsa Persson, “Global Adaptation Governance: An Emerging but Contested Domain,” *Wiley Interdisciplinary Reviews: Climate Change*, Vol. 10, No. 6, 2019, pp. 1–18.

了全球适应目标，但由于全球适应目标的落实涉及一系列复杂政治和技术问题，各缔约方对适应目标的衡量指标、监测、评估、分解和全球盘点及其与资金、透明度等议题之间的关系分歧较大，在过去5年中其谈判一直处于停滞状态。特别是以美国为首的伞形集团与发展中国家则有本质性分歧，它们认为适应是国家驱动的，不应设立集体目标，坚决反对量化和分解全球适应目标，更不同意发展中国家利用全球适应目标要求发达国家提供适应资金。[1]在2021年年底召开的COP26上，发达国家也并没有对适应尤其是相关的资金和技术支持等发展中国家的核心关切给予充分回应。[2]其次，全球适应作为一个新兴领域缺乏明确的顶层规划框架，相关举措的合法性有限。在“后巴黎时代”自下而上的气候行动中，将适应治理作为一种全球公共产品似乎不那么重要。[3]在适应治理中，发达国家更为强调私营部门和市场的作用。这种立场坚持的是市场理性，它与新自由主义巧妙结合，既体现为“自由”市场的公正性，又体现为其不愿意在一个复杂和相互依存的体系中致力于中央规划。[4]这种治理方式导致的结果就是国家作为公共权力对气候治理责任的推卸以及将

[1] 左佳鹭、陈敏鹏：《全球适应目标的谈判进展和展望》，载《气候变化研究进展》2021年第5期，第621—627页。

[2] 《COP26达成“格拉斯哥气候协议”——外交部回应》，2021年11月15日，http://content-static.cctvnews.cctv.com/snow-book/index.html?share_to=wechat&item_id=3368226968975778825&track_id=E0431883-B708-404B-AFD0-FE75852AB4AE_658662751497。

[3] Åsa Persson, “Global Adaptation Governance: An Emerging but Contested Domain,” *Wiley Interdisciplinary Reviews: Climate Change*, Vol. 10, No. 6, 2019, pp. 1–18.

[4] Olaf Corry, “From Defense to Resilience: Environmental Security beyond Neo-liberalism,” *International Political Sociology*, Vol. 8, 2014, pp. 256–274.

这种责任向公民个体和地方社区的转嫁。最后，资金缺口庞大，融资渠道单一。世界资源研究所最新发布的《加速中国气候韧性基础设施建设》报告显示，全面提高中国基础设施的气候适应能力将会在未来五年内带来近5000亿元的年均资金缺口。然而，中国国内目前社会资本撬动能力和金融工具创新仍有待发展，导致上述资金缺口仍将主要由公共部门资金填补。高度依赖公共资金的问题不仅出现在中国，全球范围内，气候适应公共资金占比高达79%。因此，拓宽融资渠道刻不容缓，优质私营资本需要加速、加量地参与其中。[1]

中国要深度参与全球气候治理，必须直面上述问题，从制度设计、领导机制、议程设置等方面进一步推进适应领域的国际合作。

第一，提高适应气候变化能力。中国是全球气候变化的敏感区和影响显著区，中国把主动适应气候变化作为实施积极应对气候变化国家战略的重要内容，推进和实施适应气候变化重大战略，开展重点区域、重点领域适应气候变化行动，强化监测预警和防灾减灾能力，努力提高适应气候变化能力和水平。[2]

如前所述，全球气候适应面临的一个主要矛盾就是发达国家与发展中国家的分歧。发达国家一般认为“减排是全球的事，适应则是各国自己的事”，因此，与减排这个全球公共责任相比，适应这个责任在很多发达国家的意识中是缺位的。比如

[1] “WRI’s Latest Flagship Report: Adapt Now to Accelerate China’s Climate-Resilient Infrastructure,” 8 Nov. 2021, https://wri.org.cn/insights/wri-china-resilient-infrastructure.

[2]《中国应对气候变化的政策与行动》，2021年10月，http://www.scio.gov.cn/ztk/dtzt/44689/47315/index.htm。

在《巴黎协定》的谈判中，发达国家明显表现出“回避适应”的倾向。[1]问题在于，一些面临气候安全威胁的国家或地区并没有足够的反应能力，因此帮助脆弱国家适应气候变化就变得格外重要。德国非政府组织“德国观察社”(Germanwatch)的气候变化适应专家斯文·哈默林(Sven Harmeling)指出，“发展中国家之所以能够获得适应基金，是因为发达国家造成的温室气体排放危害”。发展中国家有一个道德基础，应该在资金的筹集和使用问题上拥有决定权。因此，这种帮助的本质是发达国家对自身历史责任的承担，它“不是施舍，而是偿还”。[2]适应当然是各国根据自己不同的国情进行的具有特殊性质的适应，但是，适应所需的战略规划、资金技术却是发展中国家依赖发达国家才能解决的普遍性问题。中国应作为发展中国家在气候适应问题上的代言人，坚持气候安全治理的整体性和普遍安全理念，充分利用全球适应委员会这个高级别国际合作平台，在气候适应议题设置、谈判以及具体实施过程中，督促发达国家“少一点推诿塞责，多一点真诚担当，少一点零和博弈，多一点务实合作”[3]，切实履行起对发展中国家在气候适应上的帮扶义务。如果没有以中国为代表的发展中国家的推动，气候适应问题很难得到实质性的推动。中国应重新思考当前全球气候治理的总体方向和制度设计，将从适应科学到适应政策等广泛领域内的议题纳入气候安全治理结构，重点任务包括：构建包括气候变化

[1] Åsa Persson, “Global Adaptation Governance: An Emerging but Contested Domain,” *Wiley Interdisciplinary Reviews: Climate Change*, Vol. 10, No. 6, 2019, pp. 1–18.

[2] [美]谭·科普塞：《围绕气候适应资金分配的热议》，2010年10月21日，https://chinadialogue.net/zh/3/40382/。

[3] 钟声：《“国家自主贡献”彰显中国担当》，《人民日报》，2015年7月2日。

适应—脆弱性—风险—能力研究的各环节的基础研究体系，增强适应措施的针对性；加强气候变化检测、预测和数据信息平台建设，夯实适应科学研究基础；[1]引领发展中国家关于全球适应目标的谈判，加强气候适应、防灾减灾与应急准备的协同配合。

第二，中国应积极推动完善全球适应的集体领导机制。全球气候治理当前仍局限于《联合国气候变化框架公约》下的自愿性的制度框架，以促进减排、清洁能源技术共享和气候适应投资，尚无专门关注由气候变化所引发的安全影响的全球治理机制。除了制度差距之外，缺乏领导力和政治意愿是气候安全风险管理不足的核心问题。[2]全球气候适应治理需要在充分考虑"减缓与适应并重"原则的基础上，不断完善集体领导机制。首先，中国要不断支持强化联合国气候治理的权威性，支持在联合国层面建立一个政府间气候安全协调机制，促进气候治理与安全治理之间的协同配合。在西方民粹主义和逆全球化的背景下，全球气候治理呈现出复杂形势，围绕气候治理的谈判每进展一步都比以往更加艰难，而这就更加凸显了联合国的重要性。中国应推动与《巴黎协定》的主要批准国家共同发挥领导作用，努力消除减排和适应机制的非强制性带来的不确定性，并从政治层面提高气候适应行动的地位，增强对气候安全风险的防范和管理。其

[1] 马宝成、张伟:《中国应急管理发展报告(2021)》，社会科学文献出版社2021年版，第44页。

[2] Caitlin Werrell and Francesco Femia, "The Responsibility to Prepare and Prevent A Climate Security Governance Framework for the 21st Century," https://climateandsecurity.org/the-responsibility-to-prepare-and-prevent-a-climate-security-governance-framework-for-the-21st-century/.

次，中国也需要构建《巴黎协定》外的集体领导机制。[1]气候适应与减缓紧密相关，解决适应问题，不能抛开减缓问题。全球适应委员会是中国参与全球气候治理的一个专业平台，但是，气候治理更多的是在一个综合平台上运行的。因此除了加强与全球适应委员会的国际合作外，中国还可以考虑通过其他国际气候治理机制来推动适应问题的解决，如加强与财政部长气候行动联盟（Coalition of Finance Ministers for Climate Action）、易受气候影响脆弱国家论坛（the Climate Vulnerable Forum，V20）、非洲适应倡议（Africa Adaptation Initiative）等国际平台的合作，推动各国将气候风险纳入其规划、预算和财政决策的计划。[2]随着 G20 替代 G7 成为全球治理的主要平台，中国完全可以赋予 G20 以全球气候治理领导机制的角色，发挥其雄厚实力和制度优势，将气候适应问题设置为 G20 峰会的优先议题，推动全球气候适应问题的解决。

第三，中国应在全球气候适应议程设置上聚焦适应资金缺乏问题。虽然在以《联合国气候变化框架公约》为核心的各种国际气候治理机制的推动下，全球气候适应被重视的程度越来越高，适应行动也取得了一定的成效，但总的来说，气候适应的步伐迈得还不够大，其中一个最为突出的问题就是资金缺乏问题。据联合国环境规划署发布的《2020 适应差距报告》分析，针对适应的

---

[1] 李强：《“后巴黎时代”中国的全球气候治理话语权构建：内涵、挑战与路径选择》，载《国际论坛》2019 年第 6 期。

[2] World Resources Institute, “Release: Global Commission on Adaptation Launches ‘Year of Action’ to Accelerate Climate Adaptation,” 24 Sep. 2019, https://www.wri.org/news/release-global-commission-adaptation-launches-year-action-accelerate-climate-adaptation.

融资步伐虽然在加速，但是仍赶不上适应成本的快速增长。仅发展中国家的年度适应成本估计就达 700 亿美元。预计这一数字在 2030 年将上升至 1400—3000 亿美元，2050 年将达到 2800—5000亿美元。但是实际的融资进展远远没有达到所需的水平。[1]而融资问题的关键就在于发达国家没有履行起向发展中国家提供适应资金的义务。比如，发达国家 2009 年曾承诺，到 2025 年之前将向发展中国家提供每年 1000 亿美元的气候融资，该承诺在 2015 年的《巴黎协定》中得到重申。但是，令人遗憾的是，发达国家至 2022 年仍未能就如何决定 1000 亿美元的出资额分配达成一致。对此，孟加拉国际气候变化与发展中心（International Centre for Climate Change and Development）的萨利姆·胡克（Saleemul Huq）表示，发达国家在气候融资上的拖延明确显示出其缺乏诚意。[2]2021 年年底的COP26再次印证了这一点。会上，发达国家并没有就上述 1000 亿美元作出进一步的财政承诺，只是承诺将从 2023 年开始每年提供 1000 亿美元。[3]

实际上，发展中国家所需的资金量可能不是千亿级而是万亿级。由此可见资金缺乏问题的严重性。因此，中国要作全球气候适应治理的引领者，必须主动设置关于适应资金的议程，特别是针对基于自然的适应方案资金不足问题，中国应推动官方发展援助规模的进一步扩大，协调相关技术支持，支持发展中国家基

[1] UN Environment Program, “Adaptation Gap Report 2020,” 2021, https://www.unep.org/resources/adaptation-gap-report-2020?_ga=2.39227047.58644821.1610538759-1015696374.1609761054.

[2] [美]凯瑟琳·厄尔利：《国际气候谈判仍受困于资金问题》，2021 年 7 月 1 日，https://chinadialogue.net/zh/3/72347/。

[3] 《COP26解读：新全球气候协议达成，未来变得更有希望？》，2021 年 11 月 15 日，https://baijiahao.baidu.com/s?id=1716470687279499567&wfr=spider&for=pc。

于自然适应方案的投资。[1]在积极推动“他助”的同时，中国也需要努力“自助”，也即通过各种方式充分调度适应资金的投入。中国主导的亚投行可以积极打造“一个鼓励机构投资者加大适应性融资力度的有力金融基础设施体系”，充分发挥公共资金对于私人投资的撬动作用，在动员私营资本参与发展中国家适应气候变化投融资方面发挥重要作用。[2]

---

[1] World Resources Institute, “Public International Funding of Nature-based Solutions for Adaptation: A Landscape Assessment,” 12 March 2021, https://www.wri.org/research/public-international-funding-nature-based-solutions-adaptation-landscape-assessment.

[2] 金立群:《现在迫切需要对气候适应性进行投资》, https://new.qq.com/omn/20210801/20210801A0BTSO00.html。

参考文献

1. 中文文献

［英］阿尔弗雷多·萨德-费洛、黛博拉·约翰斯顿编:《新自由主义批判读本》, 陈刚等译, 江苏人民出版社 2006 年版。

［英］安德鲁·格林编:《新自由主义时代的社会民主主义》, 刘庸安等译, 重庆出版社 2010 年版。

［德］安德里亚斯·讷克:《英国脱欧: 迈向组织化资本主义的全球新阶段?》, 刘丽坤译, 载《国外理论动态》2018 年第 6 期, 第 50—57 页。

［英］保罗·皮尔逊编:《福利制度的新政治学》, 汪淳波、苗正民译, 商务印书馆 2004 年版。

［美］彼得·J. 卡岑斯坦:《世界市场中的小国家——欧洲的产业政策》, 叶静译, 吉林出版集团有限责任公司 2009 年版。

［英］彼得·纽厄尔、［加］马修·帕特森:《气候资本主义: 低碳经济的政治学》, 王聪聪译, 载《中国地质大学学报》2013 年第 1 期。

薄燕:《〈巴黎协定〉坚持的"共区原则"与国际气候治理机制的变迁》, 载《气候变化研究进展》2016 年第 5 期。

［英］布尔:《无政府社会》, 张小明译, 世界知识出版社 2015 年版。

［美］大卫·哈维:《新自由主义简史》, 王钦译, 上海译文出版社 2016 年版。

丁开杰、林义选编:《后福利国家》, 上海三联书店 2004 年版。

［德］弗里德里希·艾伯特基金会编:《社会民主主义的未来》, 夏庆宇译, 重庆出版社 2014 年版。

［丹麦］哥斯塔·埃斯平-安德森:《福利资本主义的三个世界》, 苗正民、腾玉英译, 商务印书馆 2010 年版。

顾昕:《中国福利国家的重建: 增进市场、创新社会、激活政府》, 载《中国公共政策评论》2016 年第 2 期。

[西班牙]豪梅·桑切斯:《生态社会主义及其面临的后现代民主挑战》,何娟译,载《国外理论动态》2018 年第 2 期。

[德]海因里希·盖瑟尔伯格:《我们时代的精神状况》,孙柏等译,上海人民出版社 2018 年版。

洪大用、范叶超:《公众对气候变化认知和行为表现的国际比较》,载《社会学评论》2013 年第 4 期。

郇庆治:《"碳政治"的生态帝国主义逻辑批判及其超越》,载《中国社会科学》2016 年第 3 期。

[英]吉登斯:《第三条道路及其批评》,孙相东译,中央党校出版社 2001 年版。

杰瑞·哈里斯、卡尔·戴维森、保罗·哈里斯:《右翼权力阵营与美国法西斯主义》,高静宇译,载《国外理论动态》2018 年第 12 期。

[英]卡尔·波兰尼:《大转型:我们时代的政治与经济起源》,商务印书馆 2007 年版。

[德]克劳斯·奥菲:《福利国家的矛盾》,郭忠华等译,吉林人民出版社 2011 年版。

[德]鲁道夫·希法亭:《金融资本》,曾令先、胡天寿译,重庆出版社 2008 年版。

卢娜等:《突破性低碳技术创新与碳排放:直接影响与空间溢出》,载《中国人口·资源与环境》2019 年第 5 期。

[澳]罗宾·艾克斯利:《绿色国家:重思民主与主权》,郇庆治译,山东大学出版社 2012 年版。

[美]罗伯特·布伦纳:《全球动荡的经济学》,郑吉伟译,中国人民大学出版社 2016 年版。

[英]马丁·怀特:《权力政治》,宋爱群译,世界知识出版社 2004 年版。

[美]米尔斯海默:《大国政治的悲剧》,王义桅、唐小松译,上海人民出版社 2003 年版。

冉冉:《合法性与环境治理:研究议程、范式与来源》,载《国外理论动态》2019 年第 11 期。

[法]热拉尔·迪梅尼尔、多米尼克·莱维:《大分化:正在走向终结的新自由主义》,商务印书馆 2015 年版。

[法]热拉尔·迪梅尼尔、多米尼克·莱维:《新自由主义的危机》,魏怡译,商务印书馆 2011 年版。

沈尤佳、张嘉佩:《福利资本主义的命运与前途:危机后的思考》,载《政治经济学评论》2013年第4期。

[丹]托本·安德森等:《北欧模式:迎接全球化与共担风险》,陈振声等译,社会科学文献出版社2014年版。

[美]托尼·赛奇:《中国社会福利政策:迈向社会公民权》,周凤华译,载《华中师范大学学报》2012年第4期。

王班班、赵程:《中国的绿色技术创新:专利统计和影响因素》,载《工业技术经济》2019年第7期。

王远、阙川棋:《论福利资本主义国家的右转:分析框架及去商品化指标的证明》,《国外理论动态》2019年第11期。

[美]温特:《国际政治的社会理论》,秦亚青译,上海人民出版社2000年版。

翁智雄等:《碳税政策视角下的中国碳减排政策研究》,载《环境保护科学》2018年第3期。

谢富胜、程瀚、李安:《全球气候治理的政治经济学分析》,载《中国社会科学》2014年第11期。

[美]约翰·福斯特:《生态危机与资本主义》,耿建新等译,上海译文出版社2006年版。

[美]约翰·福斯特:《绝对资本主义:新自由主义规划与马克思—波兰尼—福柯的批判》,王爽、车艳秋译,载《国外理论动态》2019年第8期。

[美]约翰·朱迪斯:《民粹主义大爆炸:经济大衰退如何改变美国和欧洲政治》,马霖译,中信出版集团2018年版。

[英]詹森·海耶斯等:《资本主义多样性、新自由主义与2008年以来的经济危机》,海燕飞译,载《国外理论动态》2015年第8期。

赵斌:《新兴大国气候政治群体化的形成机制》,载《当代亚太》2015年第5期。

朱松丽:《从巴黎到卡托维兹:全球气候治理中的统一和分裂》,载《气候变化研究进展》2019年第2期。

2. 英文文献

Aronoff, Kate, "The European Far Right's Environmental Turn," *Dissent*, 2019.

Bailey, Daniel, "The Environmental Paradox of the Welfare State: The Dynamics of Sustainability," *New Political Economy*, Vol. 20, No. 6, 2015, pp. 793–811.

Bausch, Camilla, Benjamin Görlach & Michael Mehling, "Ambitious

Climate Policy through Centralization? Evidence from the European Union," *Climate Policy*, Vol. 17, No.S1, 2017, pp. S32–S50.

Benegal, Salil, "Correcting Misinformation about Climate Change: The Impact of Partisanship in an Experimental Setting," *Climatic Change*, Vol. 148, 2018, pp. 61–80.

Bernstein, Steven, "The Absence of Great Power Responsibility in Global Environmental Politics," *European Journal of International Relations*, Vol. 26, No. 1, 2020, pp. 8–32.

Biedenkopf, Katja, Patrick Müller, Peter Slominski & Jørgen Wettestad, "A Global Turn to Greenhouse Gas Emissions Trading? Experiments, Actors, and Diffusion,"*Global Environmental Politics*, Vol. 17, No. 4, 2017, pp. 1–11.

Block, Fred, "Swimming Against the Current: The Rise of a Hidden Developmental State in the United States," *Politics & Society*, Vol. 36, No. 2, 2008, pp. 169–206.

Bocquillon, Pierre, Tomas Maltby, "EU Energy Policy Integration as Embedded Intergovernmentalism: The Case of Energy Union Governance," *Journal of European Integration*, Vol. 42, No. 1, 2020, pp. 39–57.

Boffo, Marco, Alfredo Saad-Filho, Ben Fine, "Neoliberal Capitalism: The Authoritarian Turn," *Socialist Register*, Vol. 55, 2019, https://socialistregister.com/index.php/srv/article/view/30951.

Bourbeau, Philippe, "Resilience and International Politics: Premises, Debates, Agenda," *International Studies Review*, Vol. 17, 2015, pp. 374–395.

Brenner, Johanna, Nancy Fraser, "What Is Progressive Neoliberalism: A Debate," *Dissent*, Vol. 64, No. 2, 2017, pp. 130–140.

Brewer, Thomas L., "US Public Opinion on Climate Change Issues: Implications for Consensus-Building and Policymaking," *Climate Policy*, Vol. 4, Issue 4, 2005, pp. 359–376.

Bruff, Ian and Cemal Burak Tansel, "Authoritarian Neoliberalism: Trajectories of Knowledge Production and Praxis," *Globalizations*, Vol. 16, No. 3, 2019, pp. 233–244.

Bruff, Ian, "The Rise of Authoritarian Neoliberalism," *Rethinking Marxism*, Vol. 26, No. 1, 2014, pp. 113–129.

Burak Tansel, Cemal, ed., *States of the Discipline: Authoritarian Neoliberalism and the Contested Reproduction of the Capitalist Order*, New York, NY: Rowman and Littlefield, 2017.

Bush, Sasha Breger, "Trump and National Neoliberalism: And Why the World is About to Get Much More Dangerous," 2016, https://www.commondreams.org/views/2016/12/24/trump-and-national-neoliberalism.

Cahill, Damien, "Beyond Neoliberalism? Crisis and the Prospects for Progressive Alternatives," *New Political Science*, Vol. 33, No. 4, 2011, pp. 479–492.

Caroline, de la Porte, Philippe Pochet, "Boundaries of Welfare between the EU and Member States during the 'Great Recession'," *Perspectives on European Politics and Society*, Vol. 15, No. 3, 2014, pp. 281–292.

Castles, Francis G. ed., *Families of Nations: Patterns of Public Policy in Western Democracies*, Aldershot: Dartmouth, 1993, pp. 93–128.

Cipleta, David, J. Timmons Roberts, "Climate Change and The Transition to Neoliberal Environmental Governance," *Global Environmental Change*, Vol. 46, 2017, pp. 148–156.

Compston, Hugh, Ian Bailey, "Climate Strength Compared: China, the US, the EU, India, Russia, and Japan," *Climate Policy*, Vol. 16, No. 2, 2016, pp. 145–164.

Deeming, Christopher, "The Lost and the New 'Liberal World' of Welfare Capitalism: A Critical Assessment of Gøsta Esping-Andersen's The Three Worlds of Welfare Capitalism a Quarter Century Later," *Social Policy & Society*, Vol. 16, No. 3, 2017, pp. 405–422.

Delbeke, Jos, Peter Vis, EU Climate Policy Explained, London: Routledge, 2015.

Dennis, Brady, "Trump Administration Halts Obama-era Rule Aimd at Curbing Toxic Wastewater from Coal Plants," *Washington Post*, 13 April 2017.

DeSombre, Elizabeth R., "Individual Behavior and Global Environment Problems," *Global Environmental Politics*, Vol. 18, No. 1, 2018, pp. 5–12.

Downie, Christian, Marc Williams, "After the Paris Agreement: What Role for the BRICS in Global Climate Governance," *Global Policy*, Vol. 9, 2018, pp. 398–407.

Drews, Stefan, et al, "What Explains Public Support for Climate Policies? A Review of Empirical and Experimental Studies," *Climate Policy*, Vol. 16, Issue 7, 2016, pp. 855–876.

Dunlap, Riley E., Aaron M. McCright & Jerrod H. Yarosh, "The Political Divide on Climate Change: Partisan Polarization Widens in the U.S.," *Environment: Science and Policy for Sustainable Development*, Vol. 58, No. 5, 2016, pp. 4–23.

Durkman, Jame, Mary McGrath, "The Evidence for Motivated Reasoning in

Climate Change Preference Formation," *Nature Climate Change*, Vol. 9, 2019, pp. 111–119.

Egan, Patrick, Megan Mullin, "Climate Change: US Public Opinion," *Annual Review of Political Science*, Vol. 20, 2017, pp. 209–227.

Evans, Trevor, "The Crisis of Finance-led Capitalism in the United States," in Eckhard Hein, Daniel Detzer and Nina Dodig eds., *Financialisation and the Financial and Economic Crises: Country Studies*, Edward Elgar, 2016.

Faber, Daniel, "Global Capitalism, Reactionary Neoliberalism, and the Deepening of Environmental Injustices," *Capitalism Nature Socialism*, Vol. 29, No. 2, 2018, pp. 8–28.

Faber, Daniel, Jennie Stephens, Victor Wallis, Roger Gottlieb, Charles Levenstein, Patrick CoatarPeter & Boston Editorial Group of CNS, "Trump's Electoral Triumph: Class, Race, Gender, and the Hegemony of the Polluter-Industrial Complex," *Capitalism Nature Socialism*, Vol. 28, No. 1, 2017, pp. 1–15.

Ferrera, Maurizio, "the European Welfare State: Golden Achievements, Silver Prospects," *West European Politics*, Vol. 31, No. 1–2, 2008, pp. 82–107.

Ferrera, Maurizio, Manos Matsaganis, and Stefano Sacchi, "Open Coordination Against Poverty: The New EU 'Social Inclusion Process'," *Journal of European Social Policy*, Vol. 12, No. 3, 2002, pp. 227–239.

Foster, John Bellamy, "Capitalism Has Failed-What Next," *Monthly Review*, Vol. 70, No. 9, 2019, https://monthlyreview.org/2019/02/01/capitalism-has-failed-what-next/.

Foster, John Bellamy, "Trump and Climate Catastrophe," *Monthly Review*, Vol. 68, No. 9, 2017, https://monthlyreview.org/2017/02/01/trump-and-climate-catastrophe/.

Fraser, Nancy, "The End of Progressive Neoliberalism: A Chance to Build a New, New Left," January 6, 2017, https://publicseminar.org/2017/01/the-end-of-progressive-neoliberalism/.

Gluch, Pernilla, Mathias Gustafsson, Liane Thuvander & Henrikke Baumann, "Charting Corporate Greening: Environmental Management Trends in Sweden," *Building Research & Information*, Vol. 42, No. 3, 2014, pp. 318–329.

Gosta, Esping-Anderson, et al., *Why We Need a New Welfare State*, Oxford University Press, 2002, pp. 96–129.

Gough, Ian, "Carbon Mitigation Policies, Distributional Dilemmas and Social Policies," *Journal of Social Policy*, Vol. 42, No. 2, 2013, pp. 191–213.

Gough, Ian, et al., "Climate Change and Social Policy," *Journal of European Social Policy*, Vol. 18, No. 4, 2008, pp. 325–344.

Greenwald, Bruce, Joseph E. Stiglitz, "Helping Infant Economies Grow: Foundations of Trade Policies for Developing Countries," *American Economic Review*, 2006, pp. 141–146.

Hacker, Jacob and Paul Pierson, *Winner Take All Politics*, New York: Simon & Schuster, 2010.

Hall, Peter A., David Soskice, *Varieties of Capitalism: The Institutional Foundations of Comparative Advantage*, Oxford: Oxford University Press, 2001.

Harring, Niklas, Sverker Jagers, "Should We Trust in Values? Explaining Public Support for Pro-environmental Taxes," *Sustainability*, Vol. 5, Issue 1, 2013, pp. 210–227.

Healey, Evan, et al, "The Divergent Climate Change Approaches of the EU and the US: An Analysis of Contributing Factors," *Journal of Energy & Natural Resources Law*, Vol. 37, Issue 4, 2019, pp. 469–470.

Heidenreich, Martin, Norbert Petzold, Marcello Natili, Alexandru Panican, Active Inclusion as An Organisational Challenge, "Integrated Anti-poverty Policies in Three European Countries," *Journal of International and Comparative Social Policy*, Vol. 5, Issue 2, 2014, pp. 180–198.

Held, David, Charles Roger, "Three Models of Global Climate Governance: From Kyoto to Paris and Beyond," *Global Policy*, Vo1.9, Issue 4, 2018, pp. 527–537.

Herranz-Surrallés, Anna, Israel Solorio, and Jenny Fairbrass, "Renegotiating authority in the Energy Union: A Framework for Analysis," *Journal of European Integration*, Vol. 42, No. 1, 2020, pp. 1–17.

Hessa, David J., Madison Renner, "Conservative Political Parties and Energy Transitions in Europe: Opposition to Climate Mitigation Policies," *Renewable and Sustainable Energy Reviews*, Vol. 104, 2019, pp. 419–428.

Hildingsson, Roger, Annica Kronsell and Jamil Khan, "The Green State and Industrial Decarbonisation," *Environmental Politics*, Vol. 28, No. 5, 2019, pp. 909–928.

Hirukawa, Masayuki, Masako Ueda, "Venture Capital and Innovation: Which is First," *Pacific Economic Review*, Vol. 16, Issue 4, 2011, pp. 421–465.

Höhne, Niklas, Takeshi Kuramochi, etal, "The Paris Agreement: Resolving the Inconsistency Between Global Goals and National Contributions," *Climate*

Policy, 2017, Vol. 17, No. 1, 2017, pp. 16–32.

Howard, Christopher, *The Welfare State Nobody Knows: Debunking Myths about US Social Policy*, Princeton, NJ: Princeton University Press, 2008.

Hurrell, Andrew, Sandeep Sengupta, "Emerging Powers, North-South Relations and Global Climate Politics," *International Affairs*, Vol. 88, No. 3, 2012, pp. 463–484.

Jeffries, Elisabeth, "Nationalist Advance," *Nature Climate Change*, Vol. 7, 2017, pp. 469–471.

Kennedy, Brian, "U.S. Concern about Climate Change is Rising, but Mainly Among Democrats," Pew Research Center, Apr. 16, 2020.

Koch, Max, et al., "Sustainable Welfare in the EU: Promoting Synergies between Climate and Social Polices," *Critical Social Policy*, Vol. 36, Issue 4, 2016, pp. 704–715.

Konisky, David M., "Public Preferences for Environmental Policy Responsibility," *Publius*, Vol. 41, No. 1, 2011, pp. 76–100.

Konisky, David M., "Regulatory Competition and Environmental Enforcement: Is There A Race to the Bottom?" *American Journal of Political Science*, Vol. 51, No. 4, 2007, pp. 853–872.

Kono, Daniel, "Compensating for the Climate: Unemployment Insurance and Climate Change Votes," *Political Studies*, Vol. 68, Issue 2, 2019. pp. 167–186.

Laborde, Cécile, "The Reception of John Rawls in Europe," *European Journal of Political Theory*, Vol. 1, No. 2, 2002, pp. 133–146.

Latouche, Serge, *Farewell to Growth*, Cambridge: Polity Press, 2009.

Levinson, Arik, "Environmental Regulatory Competition: A Status Report and Some New Evidence," *National Tax Journal*, Vol. 56, No. 1, 2003, pp. 91–106.

MacNeil, Robert, "Death and Environmental Taxes: Why Market Environmentalism Fails in Liberal Market Economies," *Global Environmental Politics*, Vol. 16, No. 1, 2016, pp. 21–37.

Marcinkiewicz, Kamil, Jale Tosun, "Contesting Climate Change: Mapping the Political Debate in Poland," *East European Politics*, Vol. 31, No. 2, 2015, pp. 187–207.

McCright, Aaron et al, "Political Ideology and Views about Climate Change in the European Union," *Environmental Politics*, Vol. 25, Issue 2, 2016, pp. 338–358.

Mead, Lawrence, *Beyond Entitlement: The Social Obligations of Citizenship*, New York: Free Press, 1986.

Meckling, Jonas, Steffen Jenner, "Varieties of Market-based Policy:

Instrument Choice in Climate Policy," *Environmental Politics*, Vol. 25, No. 5, 2016, pp. 853–874.

Mikler, John, Neil E. Harrison, "Varieties of Capitalism and Technological Innovation for Climate Change Mitigation," *New Political Economy*, Vol. 17, No. 2, 2012, pp. 179–208.

Milker, John, "Framing Environmental Responsibility: National Variations in Corporations' Motivations," *Policy and Society*, Vol. 26, Issue 4, 2007, pp. 67–104.

P. J. Mol, Arthur, Frederick H. Buttel ed., *The Environmental State Under Pressure*, Emerald Group Publishing Limited, 2002.

Palm, Risa, et al., "What Cause People to Change Their Opinion about Climate Change," *Annals of the American Association of Geographers*, Vol. 107, Issue 4, 2017, pp. 883–896.

Paterson, Matthew, "Who and What are Carbon Markets for? Politics and the Development of Climate Policy," *Climate Policy*, Vol. 12, No. 1, 2012, pp. 82–97.

Peacock, Marcus, "Implementing a Two-for-One Regulatory Requirement in the U.S.," George Washington University Regulatory Studies Working Paper, 2016.

Pearsall, Hamil, "Moving Out or Moving In? Resilience to Environmental Gentrification in New York City," *Local Environment*, Vol. 17, No. 9, 2012, pp. 1013–1026.

Peters, John, "Neoliberal Convergence in North America and Western Europe: Fiscal Austerity, Privatization, and Public Sector Reform," *Review of International Political Economy*, Vol. 19, No. 2, 2012, pp. 208–235.

Petrone, Francesco, "BRICS, Soft Power and Climate Change: New Challenges in Global Governance," *Ethics & Global Politics*, Vol. 12, 2019, pp. 117–128.

Pickett, Kate, Richard Wilkinson, *The Spirit Level: Why More Equal Societies Almost Always Do Better*, London: Penguin, 2009.

Pidgeon, Nick, et al, "European Perceptions of Climate Change: Socio-political Profiles to Inform a Cross-national Survey in France, Germany, Norway and the UK," 2016.

Popovich, Nadja, Livia Albeck-Ripka, "52 Environmental Rules on Way Out Under Trump," *New York Times*, October 6, 2017.

Powell, Martin, "'A Re-Specification of the Welfare State': Conceptual

Issues in 'The Three Worlds of Welfare Capitalism'," *Social Policy & Society*, Vol. 14, No. 2, 2015, pp. 247–258.

Rodrik, Dani, "Green Industrial Policy," *Oxford Review of Economic Policy*, Vol. 30, No. 3, 2015, pp. 469–491.

Rudolph, Alexandra, Lukas Figge, "Determinants of Ecological Footprints: What is the role of globalization," *Ecological Indicators*, Vol. 81, 2017, pp. 348–361.

Schaller, Stella, Alexander Carius, "Convenient Truths, Mapping Climate Agendas of Right-wing Populist Parties in Europe," 2019, https://www.adelphi.de/en/publication/convenient-truths.

Scheberle, Denise, *Federalism and Environmental Policy: Trust and The Poltics of Implementation*, Washington, DC: Georgetown University Press, 1997, pp. 38–69.

Schmidt, John R., "Why Europe Leads on Climate Change," *Survival*, Vol. 50, Issue 4, 2008, pp. 83–96.

Schmidt, Vivien A., Mark Thatcher eds., *Resilient Liberalism in Europe's Political Economy*, Cambridge University Press, 2013.

Scruggs, Lyle, Salil Benegal, "Declining Public Concern about Climate Change: Can We Blame the Great Recession?" *Global Environmental Change*, Vol. 22, Issue 2, 2012, pp. 507–508.

Sivaram, Varun, Teryn Norris, "The Clean Energy Revolution: Fighting Climate Change with Innovation," *Foreign Affairs*, Vol. 95, No. 3, 2016.

Skovgaard, Jakob, "EU Climate Policy After the Crisis," *Environmental Politics*, Vol. 23, No. 1, 2014, pp. 1–17.

Soskice, David, "German Technology Policy, Innovation, and National Institutional Frameworks," *Industry and Innovation*, Vol. 4, Issue 1, 1997, pp. 75–96.

Staley, Willy, "When 'Gentrification' Isn't About Housing," *New York Times*, 23 Jan. 2018.

Steinebach, Yves, Christoph Knill, "Still an Entrepreneur? The Changing Role of the European Commission in EU environmental Policymaking," *Journal of European Public Policy*, Vol. 24, No. 3, 2017, pp. 429–446.

Sumner, Jenny, Lori Bird & Hillary Dobos, "Carbon Taxes: A Review of Experience and Policy Design Considerations," *Climate Policy*, Vol. 11, No. 2, 2011, pp. 922–943.

Tankersley, Jim, Michael Tackett, "Trump Proposes a Record $4.75 Trillion Budget," *New York Times*, Mar. 11, 2019.

Taylor, Mark Zachary, "Empirical Evidence against Varieties of Capitalism's Theory of Technological Innovation," *International Organization*, Vol. 58, No. 3, 2004, pp. 601–631.

Tingley, Dustin, Michael Tomz, "International Commitments and Domestic Opinion: The Effect of the Paris Agreement on Public Support for Policies to Address Climate Change," *Environmental Politics*, 22 Dec. 2019.

Urry, John, Scott Lash, *The End of Organized Capitalism*, Madison, WI: University of Wisconsin Press, 1987.

Vogel, David, *Trading up: Consumer and Environmental Regulation in A Global Economy*, Cambridge, MA: Harvard University Press, 1998, pp. 56–150.

Walker, Benjamin, et al., "Towards an Understanding of When Non-climate Frames Can Generate Public Support for Climate Change Policy," *Environment and Behavior*, Vol. 50, Issue 7, 2017, pp. 781–806.

Warlenius, Rikard, "Linking Ecological Debt and Ecologically Unequal Exchange: Stocks, Flows, and Unequal Sink Appropriation," *Journal of Political Ecology*, Vol. 23, No. 1, 2016, pp. 364–380.

Weise, Zia, "Climate Package 'Doesn't Go Far Enough' Poll Says," *Politico*, 2019, https://www.politico.eu/article/majority-of-germans-say-governments-e54bn-climate-package-doesnt-go-far-enough/.

Wiidegren, Örjan, "The New Environmental Paradigm and Personal Norms," *Environment and Behavior*, Vol. 30, Issue 1, 1998, pp. 75–100.

World Bank, "International Trade and Climate Change: Economic, Legal, and Institutional Perspectives (2007)," Washington, DC. https://openknowledge.worldbank.org/handle/10986/6831.

Wurzel, Rüdiger K.W., Duncan Liefferink & Maurizio Di Lullo, "The European Council, the Council and the Member States: Changing Environmental Leadership Dynamics in the European Union," *Environmental Politics*, Vol. 28, No. 2, 2019, pp. 248–270.

Zhang Tong, Hongfei Yue, Jing Zhou & Hao Wang, "Technological Innovation Paths Toward Green Industry in China," *Chinese Journal of Population Resources and Environment*, Vol. 16, No. 2, 2018, pp. 97–108.

3. 网站资料

European Commission, "Implementing the Community Lisbon Programme: A Policy Framework to Strengthen EU Manufacturing-Towards a More Integrated

Approach for Industrial Policy, COM (2005) 474 final," Brussels: European Commission, 2005.

European Commission, "Communication from the Commission to the Council, the European Parliament, the European Economic and Social Committee and the Committee of the Regions-Limiting Global Climate Change to 2 Degree Celsius: The Way ahead for 2020 and beyond," Brussel: European Commission, 2007.

European Commission, "Communication from the Commission to the European Council—A European Economic Recovery Plan," Brussel: European Commission, 2008.

European Council, "Brussels European Council 13 and 14 March 2008—Presidency Conclusions," Brussel: European Council, 2008.

European Commission, "Communication from the Commission to the European Parliament, the Council, the European Economic and Social Committee and the Committee of the Regions-Preparing for Our Future: Developing a Common Strategy for Key Enabling Technologies in the EU," Brussel: European Commission, 2009.

European Commission, "Communication from the Commission-Europe 2020: A Strategy for Smart, Sustainable and Inclusive Growth," Brussel: European Commission, 2010.

Europe Economic and Social Committee, "Opinion of the Europe Economic and Social Committee on A Stronger European Industry for Growth and Economic Recovery-Industrial Policy Communication Update—COM (2012) 582 final," Brussel: Europe Economic and Social Committee, 2013.

European Commission, "European Commission Guidance for the Design of Renewables Support Schemes-Accompanying the Document Communication from the Commission Delivering the Internal Market in Electricity and Making the Most of Public Intervention," Brussel: European Commission, 2013.

European Commission, "Green Paper—A 2030 Framework for Climate and Energy Policies," Brussel: European Commission, 2013.

European Commission, "Communication from the Commission to the European Parliament, the Council, the European Economic and Social Committee and the Committee of the Regions—A Policy Framework for Climate and Energy in the Period from 2020 to 2030," Brussel: European Commission, 2014.

European Council, "European Council 23 and 24 October 2014—Conclusions,"

Brussel: European Council, 2014.

European Commission, "Communication from the Commission to the European Parliament, the Council, the European Economic and Social Committee and the Committee of the Regions and the European Investment Bank—A Clean Planet for all A European Strategic Long-term Vision for a Prosperous, Modern, Competitive and Climate Neutral Economy," Brussel: European Commission, 2018.

European Commission, "Clean Energy—The European Green Deal," Brussel: European Commission, 2019.

European Commission, "EU Energy System Integration Strategy," Brussel: European Commission, 2019.

European Commission, "Building and Renovating—The European Green Deal," Brussel: European Commission, 2019.

European Commission, "A Hydrogen Strategy for a climate neutral Europe—EU Green Deal," Brussel: European Commission, 2019.

European Commission, "Communication from the Commission to the European Parliament, the Council, the European Economic and Social Committee and the Committee of the Regions-Powering a limate-neutral economy: An EU Strategy for Energy System Integration," Brussel: European Commission, 2020.

European Commission, "Communication from the Commission to the European Parliament, the Council, the European Economic and Social Committee and the Committee of the Regions—A New Circular Economy Action Plan for a Clearer and More Competitive Europe," 2020.

European Commission, "Communication from the Commission-Europe 2020: A Strategy for Smart, Sustainable and Inclusive Growth," Brussel: European Commission.

U.S. Environmental Protection Agency, "EPA Takes another Step to Advance President Trump's America First Strategy, Proposes Repeal of 'Clean Power Plan'," October 10, 2017.

UN Environment, "Green Industrial Policy: Concept, Politics, Country Experiments," 2017, https://www.un-page.org/files/public/green_industrial_policy_book_aw_web.pdf.

UN Environment and DIE, "Green Industrial Policy: Concept, Policies, Country Experiences," 2017.

UNIDO, *Green Industry: Policies for Supporting Green Industry*, 2011, http://

www.unido.org/fleadmin/user_media/Services/Green_Industry/web_policies_green_industry.pdf.

UNIDO, "Practitioner's Guide to Strategic Green Industrial Policy and Supplement to the Guide 2016," http://www.un-page.org/files/public/practitioners_guide_to_green_industrial_policy.pdf.

United States Environmental Protection Agency, "Summary of the Clean Air Act," https://www.epa.gov/laws-regulations/summary-clean-air-act.

后 记

从政治经济学视角出发切入气候议题研究是一个相对“年轻”的研究领域，围绕这一议题，美国学派、英国学派、马克思主义等不同理论流派学者拓宽了国际问题研究的视野，推动了理论范式的多元化。本书主要从福利资本主义的危机出发来探讨美欧气候政策的差异。20 世纪 70 年代以来，福利资本主义的“三个世界”在新自由主义的影响下出现了普遍右转的趋势。福利资本主义的右转对美欧气候政策的利益导向、推动主体、资金保障等方面都带来了巨大影响，使美欧气候政策日益朝着市场化、金融化方向发展。这一趋势的集中体现便是市场环境主义，气候问题被商品化，导致了全球气候治理的危机。虽然美欧在发展方向上出现了新自由主义的趋同，但它们的差异仍将长期存在，这种差异表现为气候政策领域的盎格鲁—撒克逊模式和欧洲模式。本书仍然存在很多不完善的地方，其主要表现在于，随着新自由主义理念和政策的日益强化，福利资本主义的“三个世界”划分在当今是否还适用？这一理论突出了美欧差异，但忽略了资本主义的“统一性”，从而使它难以从理论上把握美欧资本主义的内在矛盾与危机，而这种局限也必然会表现在二者的气候政策上。美欧气候政策在新自由主义模式的主导下日益走向倒退，实际上所反映的正是福利资本主义这个共性制度所蕴含的内在矛盾。这也是未来研究需要思考和应对的问题。

完稿之时，我深深感谢教过我的老师，他们的教诲与帮助让我终生难忘。感谢我的学生，他们勤奋认真，思想活跃，带给我很多启发。潘光逸、欧阳瑞泽、李文见、雷可馨参与了本书相关议题的研究，在此向他（她）们特别表示感谢。囿于学识水平，书中难免有疏漏及不当之处，敬请学界前辈、同仁批评指正。

图书在版编目(CIP)数据

福利资本主义的危机与美欧气候政策/刘慧著. —
上海:上海人民出版社,2023
ISBN 978-7-208-18082-6

Ⅰ. ①福… Ⅱ. ①刘… Ⅲ. ①气候-政策-研究-美国、欧洲 Ⅳ. ①P46-01

中国版本图书馆 CIP 数据核字(2022)第 241880 号

责任编辑 刘华鱼
封面设计 一本好书

福利资本主义的危机与美欧气候政策
刘 慧 著

出　　版 上海人民出版社
(201101 上海市闵行区号景路 159 弄 C 座)
发　　行 上海人民出版社发行中心
印　　刷 上海商务联西印刷有限公司
开　　本 890×1240 1/32
印　　张 9.5
插　　页 2
字　　数 211,000
版　　次 2023 年 3 月第 1 版
印　　次 2023 年 3 月第 1 次印刷
ISBN 978-7-208-18082-6/D·4060
定　　价 58.00 元